JN409597

자동차 보수도장 실무

"완전정복"을 위한 지침서

AUTOMOTIVE REFINISHING

유창배 저

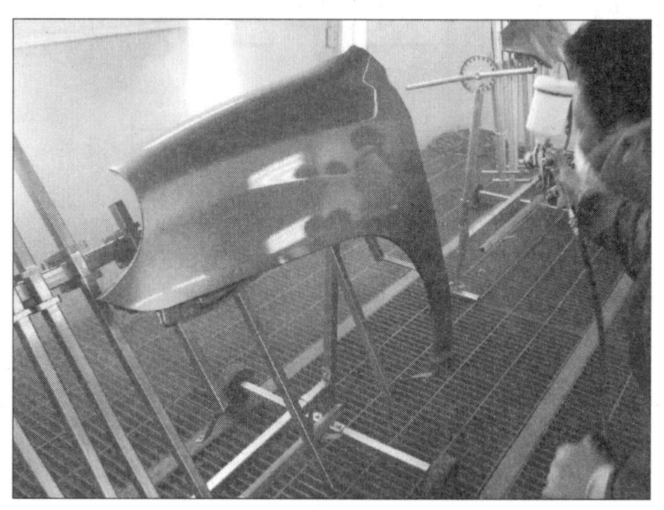

[수록내용]

- 자동차 보수도장 실기에 대한 개념정리
- 실기과제별 상세 요구사항 설명
- 실기과제(1, 2, 3과제)별 작업방법 따라하기

머리말

자동차 보수도장은 최근의 친환경제품에 대한 높은 시장의 요구에 따라 국내외 유명 도료회사에서는 앞 다퉈 수용성도료 및 관련 제품들을 계속해서 개발하고 적용하려는 노력을 이어가고 있는 추세에 있습니다. 또한, 신차의 고급화 및 도막의 고기능성에 맞는 고도의 도장기술이 요구되고 있는 것이 사실입니다. 날로 변하고 개발되는 도료 및 도장기술에 비해 자동차 보수도장에서의 응용기술과 그 흐름은 작업장 및 사업장, 또 작업자와 그 환경 조건이 천차만별이기 때문에 뭐라 정확하게 이것이다 라고 할 수 있는 것들이 없다는 것이 바로 현실입니다.

이 책을 통해 자동차 보수도장에 관심을 갖고 도장기술자로 입문하고자 하는 초심자(초보)에게는 실기시험을 대비하는 동시에 정확한 기본을 습득할 수 있는 책으로, 아울러 현재 도장기술자로써 현업에서 도장을 하고 있는 숙련자들에게는 실기시험에 대한 정확한 정보를 제공하여 오랜 경험과 경력을 갖고 있음에도 불구하고 불합격을 해왔던 분들이 100% 합격할 수 있기를 바라는 마음입니다.

대부분 A/S센터 및 일반 정비공장에서 일을 몇 년에서 심지어는 10년, 20년이 넘는 많은 경험과 경력을 보유하고도 실기시험에 탈락하는 경우가 종종 있습니다. 이는 무엇보다 실력이 없다기보다는 검정에 필요한 정보가 부족하고 검정에서 요구하는 사항에서 다소 벗어난 결과라고 할 수 있을 것입니다. 따라서 본 교재에서는 가장 쉽고 또 빨리 전체적인 과제 유형별 흐름을 파악하여 혼동을 막고 실제로 실기시험에 적용할 수 있는 정확한 작업방법만을 수록하였기에 표지 내용처럼 "완전정복을 위한 지침서"라고 판단하며 실기시험을 대비하는 전문계고등학교, 직업전문학교 및 학원 그리고 전문대학, 또 도료, 도장관련 업체와 같은 교육기관에서도 실기교재로 좋은 참고서적이 될 것입니다.

따라서 이 책의 구성은 이론을 합격하고 실기시험을 준비하는 수험생들을 위한 책이기 때문에 이론 적인 부분을 최대한 배제하고 실기시험을 치러온 최근까지의 실제 실기시험이 진행되어진 그대로를 작업사진을 위주로 만든 책이며 그 순서는 우선, PART Ⅰ자동차 보수도장 기능사 실기시험에 대한 전체 개념과 과제별로 요구하는 상세한 설명을, Ⅱ에서는 실제 실기시험 과제별 작업방법 따라하기를, Ⅲ에서는 자동차 보수도장에 대해 수록하였습니다.

이 책을 잘 따라한다면 분명히 100% 합격할 수 있을 것으로 판단하지만 무엇보다 많은 반복적인 연습과 훈련이 필요하다는 것 또한 수반되는 부분이라는 것을 꼭 기억하시기 바랍니다.

2013년 8월

유 창 배

차 례

PART Ⅰ

자동차 보수도장 기능사 실기시험에 대한

예상 과제 유형별 요구사항 알아보기

PART Ⅰ 에서는 자동차 보수도장 기능사 실기시험을 준비하고 응시하려는 모든 수검자들의 100% 합격을 위해 보다 쉽게 접근하고 이해할 수 있도록 제1장 실기시험 전체문제의 과제별 요구사항을 요약, 제2장에서는 예상과제별로 요구사항을 상세하게 설명하고 있다.

따라서 자동차 보수도장 기능사 실시시험에 대한 전체과제가 어떻게 구성되었고 또한, 과제별로 어떤 것을 요구하고 있는지 그 중요성과 목적을 정확히 인식하길 바란다.

1과제 표준보수도장작업

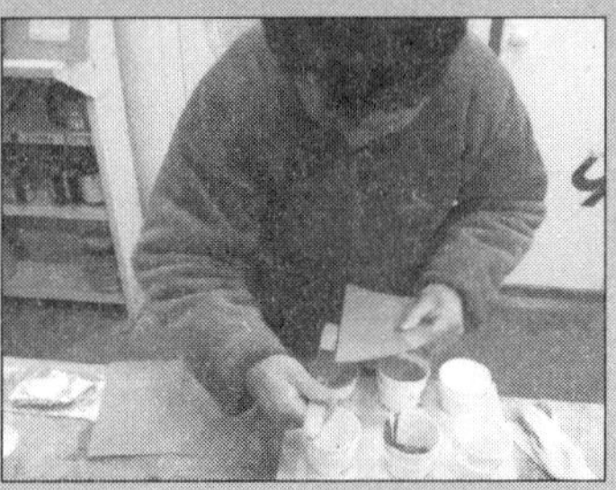

2과제 조색작업

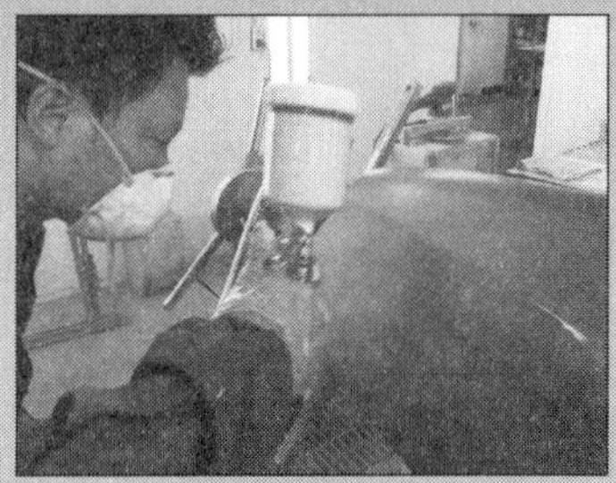

3과제 부분도장작업

제1장

실기시험 문제개요

(과제 전체에 대한 요구사항)

국가기술자격검정실기시험문제

자격종목	자동차보수도장기능사	작품명	자동차보수도장작업

비번호 :

시험시간 : 6시간 30분

(표준도장작업 : 3시간, 조색작업 : 1시간 30분, 부분도장 : 2시간)

가. 요구사항

1. 표준보수도장작업

(3시간 : 주어진 도료를 이용하여 표준도장하는 작업)

1-1 주어진 패널의 전착면을 샌더를 활용하여 연마하시오.

1-2 주어진 퍼티를 사용하여 손상부분을 복원하시오.

1-3 프라이머 서페이서는 퍼티 도포 부위에만 적용하시오.

1-4 주어진 베이스코트 색상 도료와 클리어를 이용하여 도장하시오.

1과제 표준보수도장작업 중 클리어코트(투명)도장

2. 조색작업(1시간 30분 : 주어진 마스터 칩과 같이 색상을 일치시키는 작업)

2-1 주어진 조색제만을 사용하여 마스터 칩의 색상으로 계량과 목측을 사용하여 조색을 하시오.
[조색 안료는 5가지가 주어지며, 색상(____ color)계열의 마스터 칩에 의거 조색작업을 시행하며, 수지는 300g(수지:안료=1:1)을 기준]

2-2 조색은 연습용 시편과 제출용 시편을 구분하여 사용한다.

2-3 클리어는 주어진 재료를 사용하여 도장하시오.

2-4 최종 조색이 완료된 색상은 제출용 시편에 도장하여 건조한 후 제출한다.
[조색을 완료하고 남은 도료는 개인이 보관하였다가 부분도장(블렌딩) 작업에서 재사용함]

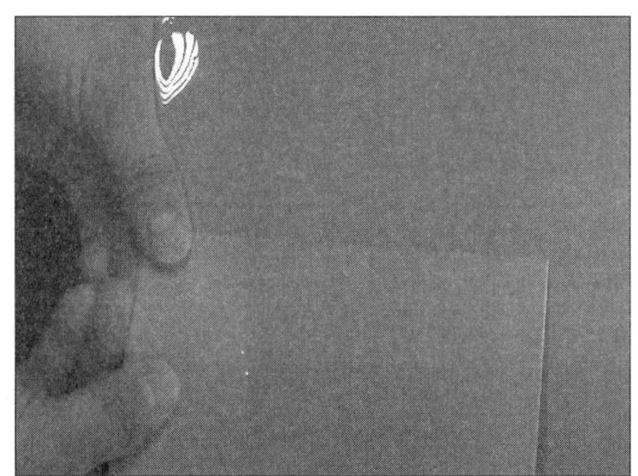

2과제 조색작업중 색을 비교

3. 부분도장(블렌딩) 작업

(2시간 : 손상된 패널을 복원시키고, 보수도장하는 작업)

3-1 작업부위와 방법은 시험위원의 지시와 시험 도면에 따라 작업을 한다.

3-2 손상된 부위는 퍼티를 사용하지 않고, 샌더를 활용하여 연마하시오. (모든 연마작업은 건식연마를 해야 한다. 습식(물을 사용한)연마는 금지)

3-3 손상부위는 주어진 프라이머 서페이서를 사용하여 도장한다.

3-4 베이스코트는 조색작업에서 조색된 색상으로 부분도장(블렌딩)작업을 하고, 클리어는 주어진 도료를 사용하여 도장하시오.

3과제 부분(블렌딩)도장작업 사진

제2장 예상과제 유형별 요구사항 상세설명

[예상과제 1] 표준보수도장작업

1. 보수도장작업이란?

일반적인 보수도장작업은 사고로 인한 차체 손상을 원래대로 복원하는데 있다고 알고 있다. 하지만, 좀 더 자세히 설명한다면 손상된 차체나 패널의 강성 및 외관을 신차와 동등 또는 그 이상으로 재현하는 도장작업을 의미한다.

여기서 표준보수도장작업은 시스템대로 하도(퍼티)작업, 중도도장 및 상도도장작업을 요구사항에 맞게 진행하는 것이다.

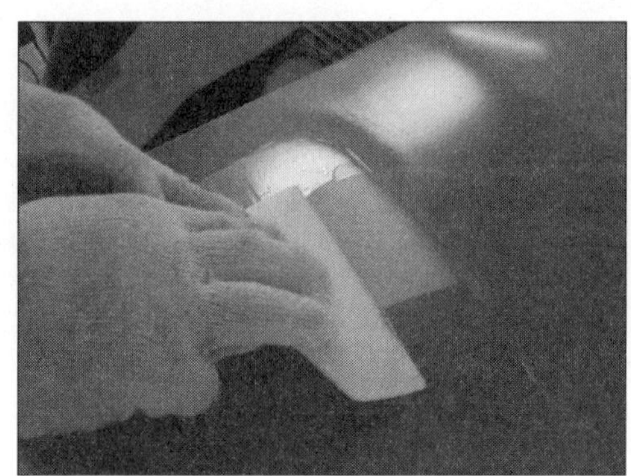

하도(퍼티)작업

중도 도장작업

상도 도장(베이스코트)작업

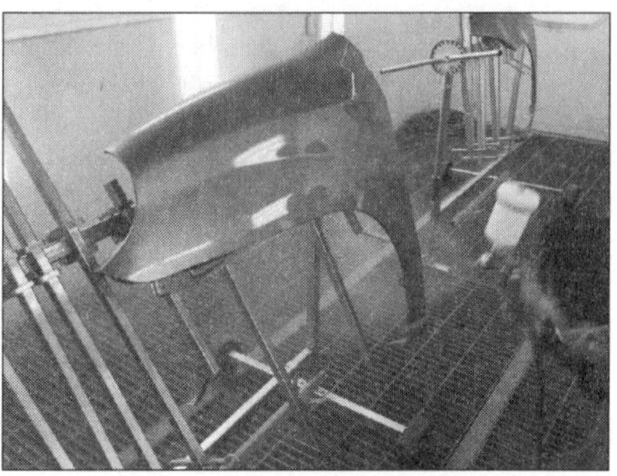

상도 도장(클리어코트)작업

2. 요구사항 이해하기

- 시험시간 : 표준보수도장작업 3시간
- 작업내용
  - 주어진 도료를 이용하여 표준도장하는 작업을 말한다.
  - 3시간 이내에 과제를 모두 완료해야 한다.
  - 시험장의 작업여건 및 상황에 따라 작업시간은 유동적일 수 있다는 것을 감안해야 한다.

1) 주어진 패널의 전착면을 샌더를 활용하여 연마하시오

일반적으로 실기시험에 사용되는 패널은 전착면(Primer)이 도장된 새(New Part) 것의 포장된 패널이 주어지며 전착 도장면은 평균 23~25㎛ 정도의 도막두께로 도장되어 있기 때문에 연마작업시 도막이 과도하게 벗겨져 철판면이 드러나지 않도록 하는 것이 매우 중요한 포인트라 할 수 있다.

특히, 포장지를 벗겨낼 때 칼과 같은 날카로운 도구를 사용하게 되므로 주의해서 포장지를 벗겨내고 패널이 손상되지 않도록 주의한다.

포장된 패널

전착도막(하도면, Primer)을 연마하기 위한 적절한 연마지는 시험장에 주어진 연마지(P80, P180, P320, P400, P600, P1000 등) 중 P600을 사용하는 것이 도막의 과도한 연마로 인한 철판면이 드러나는 것을 방지할 수 있다.

여기서의 요구사항에는 샌더를 이용하여 연마하라고 되어 있지만 샌더가 구비되어 있지 않거나 철판면이 드러날 것이 우려된다면 스펀지로 된 부드럽고 고운 방수의 연마지를 사용하여 손연마하는 것도 하나의 방법이기도 한다.

만약, P600 연마지가 준비되지 않을 경우에는 P600에 가장 근접한 고운 연마지를 사용하거나 P400 연마지를 중간패드에 붙여 연마하면 매우 효과적이다.

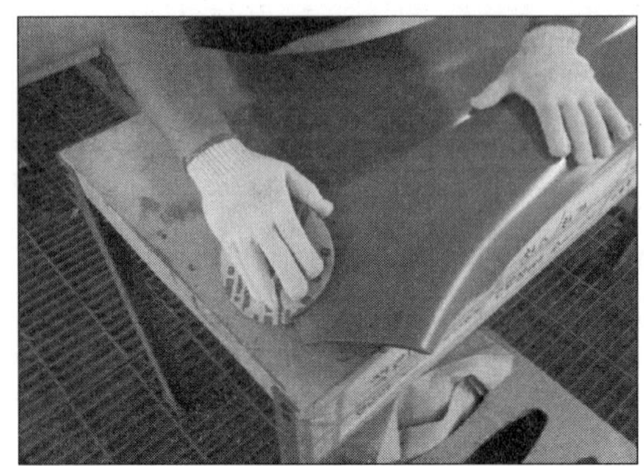

하도(전착)도막 연마

2) 주어진 퍼티(putty)를 사용하여 손상부분을 복원하시오

일반적으로 자동차 보수도장시 사용하는 퍼티는 폴리에스테르 퍼티로 주제와 경화제의 혼합비가 100:1~3으로 되어 있다. 현장과 달리 실기시험에서의 퍼티는 1차 퍼티(초벌)와 2차 퍼티(마무리)를 기본으로 하고 3회 이상 도포하지 않도록 규정하고 있기 때문에 퍼티도포시 주의해야 한다. 특히, 2차 퍼티로 마무리하였는지 감독관에게 확인을 받아야 하기 때문에 반드시 지키도록 한다.

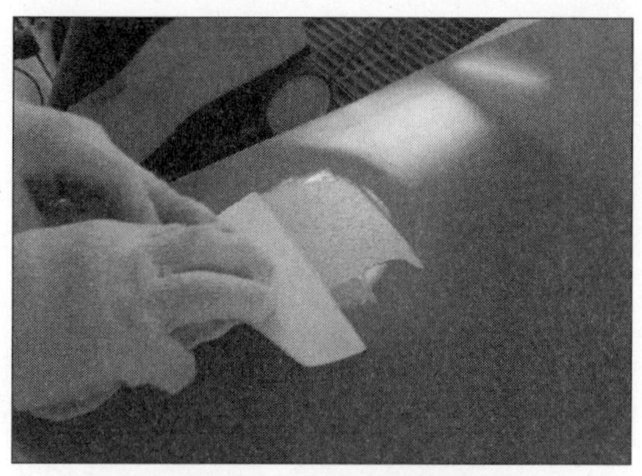

퍼티도포(1차퍼티, 초벌퍼티)

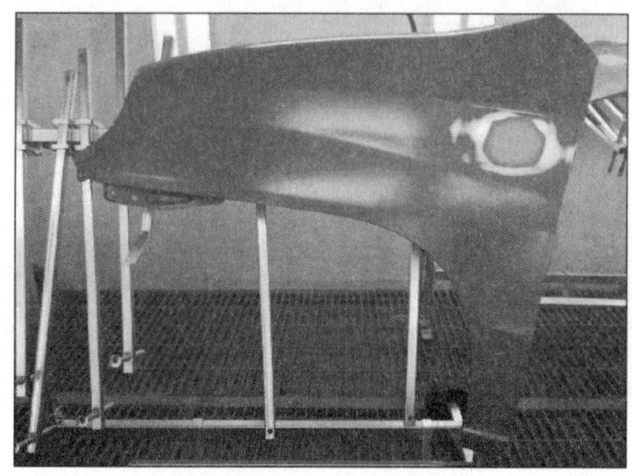

퍼티작업(1차, 2차)완료

3) 프라이머 서페이서(primer surfacer)는 퍼티 도포 부위에만 적용하시오

일반적으로 손상이 없는 신(新) 패널인 경우, 프라이머 서페이서를 패널 전체에 도장하는 것이 보통이지만 출제과제의 유형에 따라 "퍼티가 도포된 부위에만 적용하시오"또는 "퍼티가 도포된 부위를 포함한 패널 전체에 적용하시오"라고 되어 있을 수 있다. 이럴 경우에는 출제과제에서 요구하는 대로 적용을 해야 하므로 요구사항을 반드시 숙지해야 한다.

프라이머 서페이서 도장작업(퍼티도포부위에 적용)

4) 주어진 베이스코트(base coat) 색상 도료와 클리어코트(clear coat) 투명도료를 이용하여 도장하시오

도장현장에서는 일반적으로 교환하는 패널의 내부(안쪽)를 도장한다. 하지만 검정에서는 편의상 내부를 도장하기 위한 마스킹과 도장작업을 하지 않는 것이 통상적이다.

표준보수도장작업의 과제 시험시간이 3시간으로 되어 있기 때문에 오전 9시경에 시작한다고 가정할 때 오전에 작업을 마무리하고 중식시간을 활용하여 열처리(60℃×30분)를 하게 되므로 오전중에 작업이 모두 완료되어야만 한다는 것을 숙지해야 한다.

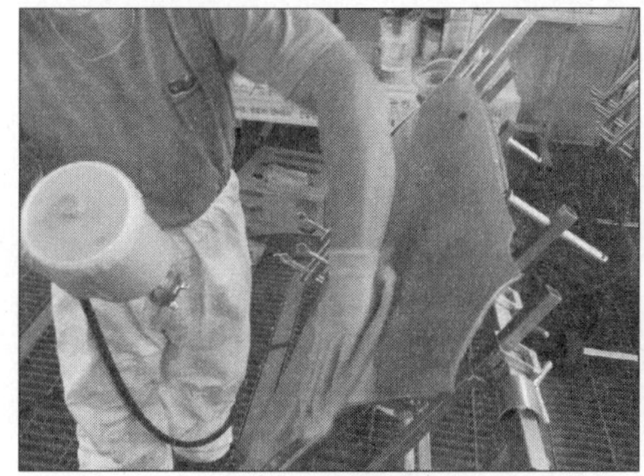

미세먼지제거작업

베이스코트 도장완료

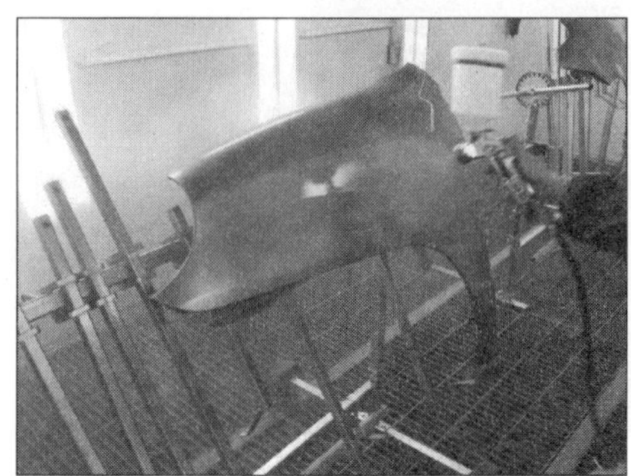

클리어코트 도장작업

클리어코트 도장완료

[예상과제 2] 조색작업

1. 조색작업이란?

조색작업이란 요구사항에서 표현한 것처럼 주어진 마스터 칩의 색상과 동일하게 도료를 가지고 색을 일치시키는 일련의 작업을 말한다.

실제 자동차를 수리하는 공업사(Auto Body Repair Shop)에서의 조색작업과 국가기술자격시험에서의 조색작업의 큰 차이점은 자동차 색상과 도료의 색을 일치시키는 작업은 동일하지만 실제 도장현장에서는 여기서 끝나지 않고 자동차 패널에 직접 도장하여 패널과 패널간의 컬러이색이 없는 완벽한 상태까지 만든다는 것이 큰 차이라 할 수 있다.

여기서 조색작업은 주어진 마스터 칩(표준색상 시편)의 색상과 일치하도록 색을 맞추는 작업을 요구사항에 맞게 진행하면 된다.

주어진 조색제만을 사용하여 도료 만들기

조색한 도료로 테스트시편에 도장하기

도장한 테스트시편 건조하기

건조된 테스트시편 마스터시편과 비교하기

☞위의 그림에서 본 것과 같이 조색이 완료될 때까지 계속 반복한다.

2. 요구사항 이해하기

- 시험시간 : 조색작업 1시간 30분
- 작업내용
  - 주어진 조색제(Tinter)를 이용하여 마스터 칩 색상과 일치하는 표준색상을 만든다.
  - 1시간 30분 이내 조색작업 과제를 모두 완료한 후 칩(마스터, 제출용)을 제출해야 한다.
  - 조색이 완료되어 남은 도료는 제3과제[부분도장(블렌딩)작업]에 사용해야 하므로 버리지 말고 보관하였다가 사용해야 한다.
  - 시험장의 작업여건 및 상황에 따라 작업시간은 유동적일 수 있다는 것을 감안해야 한다.

1) 주어진 조색제만을 사용하여 마스터 칩의 색상으로 계량과 목측을 사용하여 조색을 하시오[조색안료는 5가지가 주어지며, 예 ; Yellow color계열의 마스터 칩에 의거 조색작업을 시행하며, 수지는 300g(수지:안료=1:1)을 기준]

보통 자동차 보수도장 기능사 실기시험에 사용되는 조색제의 종류는 빨강(Red color)계열, 주황(Orange color)계열, 노랑(Yellow color)계열, 녹색(Green color)계열, 파랑(Blue color)계열이 사용된다. 조색이 시작되면 우선, 감독관으로부터 마스터 칩, 제출용 칩, 연습용 시편(보통, 5장) 및 수지(Binder or Resin) 150g을 받은 다음 기본 조색제(빨강, 주황, 노랑, 녹색, 파랑)와 흰색 및 검정색을 가지고 수지와 안료의 합이 300g이 넘지 않는 범위에서 조색을 진행하면 된다.

요구사항에서처럼 주어진 조색제만을 사용해서 조색을 해야 하며 무엇보다 수지와 안료의 혼합이 300g이 넘지 않도록 주의해야 한다. 검정시 집중하지 않으면 혼합해야 하는 양을 넘기는 경우가 종종 발생하므로 주의한다.

특히, 조색작업을 진행하다보면 배합이 잘못되어 도료를 버리고 다시 배합을 하는 경우가 많은데 이때를 대비하여 항상 백업(전체 수지를 사용하지 않고 1/2 정도의 양을 따로 담아 두었다 사용하는 것) 받아 두었다가 조색이 잘못되어도 다시 할 수 있도록 하는 것이 매우 중요한 포인트라 할 수 있다.

마스터 칩, 제출용 칩 및 연습용 칩(시편)

주어진 수지 및 종류별 조색제

2) 조색은 연습용 시편(칩)과 제출용 시편을 구분하여 사용하시오

조색작업시 감독관으로부터 받는 시편은 총 3종류인데 그 중 하나가 조색을 하는데 가이드가 되는 시편인 마스터 칩(시편)이며 두 번째는 마스터 시편을 보고 조색작업을 완료한 후 제출하기 위해 사용하는 시편인 제출용 시편이 있다. 그리고 끝으로 조색작업을 하는 과정에서 사용하는 연습용 시편으로 크게 구분하여 사용한다.

주어진 시편(마스터, 제출용, 연습용)의 종류

3) 클리어코트(Clear coat)는 주어진 재료를 사용하여 도장하시오

일반적으로 검정에서 주어지는 클리어코트 즉, 투명 도료를 사용하게 되어있다. 개인이 평소 사용하던 재료를 지참하여 사용할 수 없다는 것을 숙지하여야 할 것이다. 보통, 실기시험에서 사용되는 클리어코트는 국내 도료메이커 제품들이 사용되고 있고 그 대표적인 메이커가 KCC와 NOROO 제품이다. 작업현장 또는 학교에서 사용하던 제품이 아니어서 검정시 다소 당황할 수 있기 때문에 평소 다양한 제품을 사용해보는 것이 중요하다.

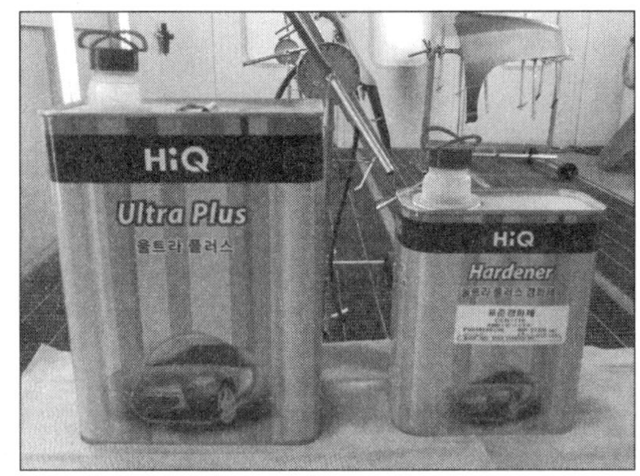

클리어코트(clearcoat) 주제와 경화제(Noroo제품)

클리어코트(clearcoat) 주제와 경화제(KCC제품)

4) 최종 조색이 완료된 색상은 제출용 시편에 도장하여 건조된 후 제출한다[조색이 완료된 잔여 도료는 개인이 보관하였다가 부분도장(블렌딩) 작업에서 재사용함]

앞서 3)에서 조색된 시편에 주어진 클리어코트를 도장한다. 그리고 나서 도장한 시편을 그림에서처럼 파트오븐에 시편을 넣고 건조를 시킨다. 여기서 중요한 부분은 검정시 여러 수검자들(보통, 8~15명 정도)이 한꺼번에 파트오븐 하나를 사용하기 때문에 수검에 집중하다보면 다른 수검자의 시편위에 자기 시편을 올려놓을 수 있기 때문에 건조를 시키기 위해 시편을 파트오븐에 넣을 때 늘 주의해야 한다는 점이다. 그리고 건조된 시편은 감독관에게 제출용 시편과 마스터 시편을 제출해야 완료된다. 이때 연습용 시편은 제출하지 않아도 무방하다.

또한, 여기서 중요한 포인트는 조색작업에서 사용하고 남은 도료는 반드시 각자 보관하였다가 제3과제인 부분도장(블렌딩)작업에서 사용해야 하므로 실수로 버리지 않도록 해야 한다.

제출용 시편 도장하기

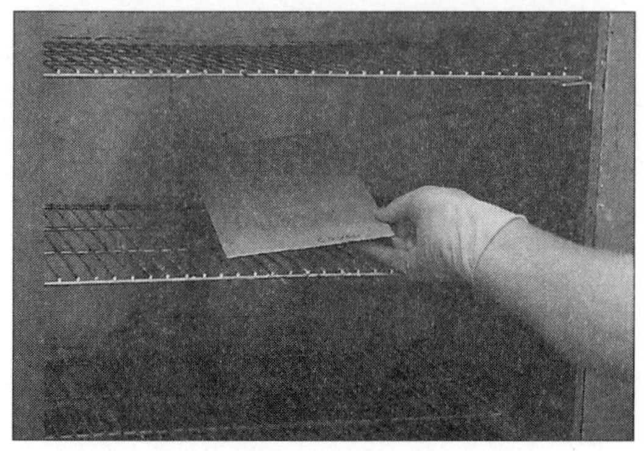

제출용 시편 건조하기(파트오븐, 시편건조기)

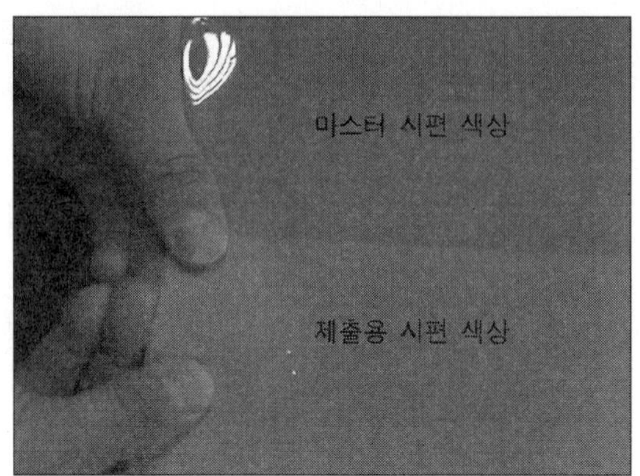

색상(조색한 시편과 마스터 시편)비교하기

제출된 시편과 마스터 시편 색상 비교

위 그림에서 감독관에게 제출된 제출용 시편과 마스터 시편을 비교해 볼 때 색상 차이가 발생한다는 것을 알 수 있다.

[예상과제 3] 부분도장(블렌딩)작업

1. 부분도장(블렌딩)작업이란?

일반적인 보수도장작업이 접촉사고 또는 그와 유사하게 발생된 사고로 인한 차체 손상을 원래대로 복원하기 위해 하는 패널의 교환, 블록도장작업이 위주라고 한다면 부분도장(블렌딩)작업은 표현 그대로 패널 전체를 도장하지 않고 도장할 면적을 최소화시켜 패널의 형태와 손상의 유형을 감안하여 효율적으로 도장하기 위해 일부분만 도장하는 것을 말한다.

부분도장작업은 표준보수도장작업의 축소된 작업의 형태라고 봐도 될 것이다. 하지만, 전체적인 도장 공정은 표준도장작업에 비해 다소 많은 편에 속한다고 볼 수 있다. 표준도장작업에서는 사용하지 않는 블렌딩신너가 사용되고 그 테크닉이 필요하기 때문이다. 또한, 표준보수도장작업에서는 기본적인 도장시스템을 추구하기 위해 하도(퍼티)작업, 중도도장 및 상도도장작업으로 구분되었다면 부분도장에서는 하도작업에서 사용했던 퍼티를 사용하지 않는 다는 것이 큰 특징이라 하겠다. 전체적인 작업을 요약하면 손상부위를 단낮추기하여 작업준비를 하고 프라이머서페이서로 도장, 건조, 연마작업 후 베이스 코트 블렌딩 및 클리어코트 블렌딩 그리고 블렌딩 전용신너를 이용한 블렌딩 신너 블렌딩으로 이어진다.

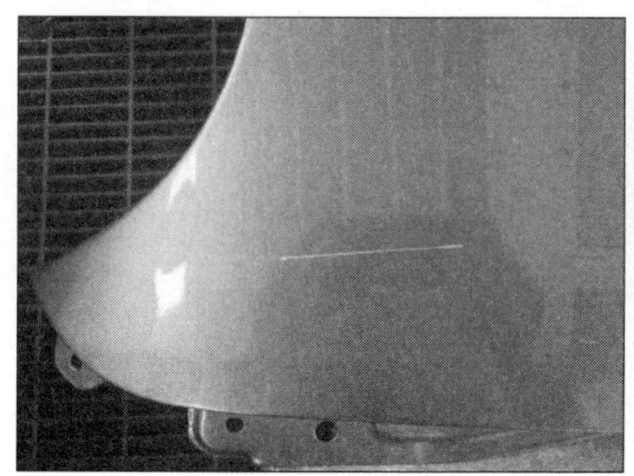
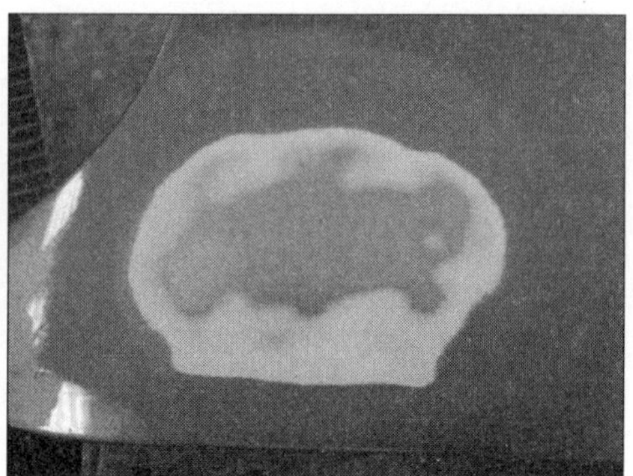

손상부위 표시한 부분(하얗게 그은 부분)을 자연스럽게 턱이 발생하지 않도록 단 낮추기 작업을 한다

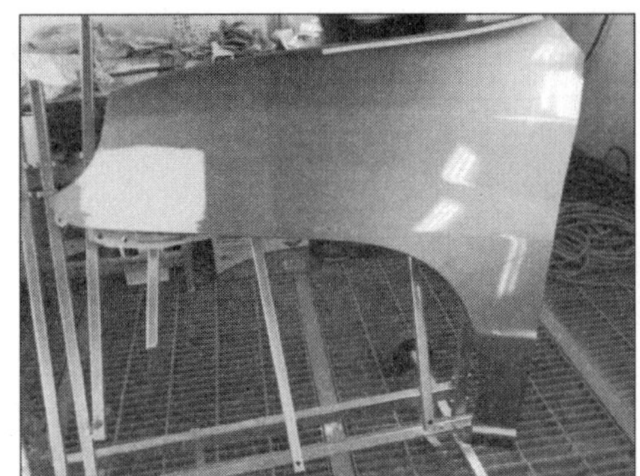

프라이머 서페이서 도장작업이 완료되면 베이스코트(조색작업에서 조색한 도료)로 부분도장(블렌딩)작업을 한다

베이스코트 블렌딩이 끝나면 클리어코트(투명 도료) 부분도장작업을 하고 곧이어 블렌딩 전용신너를 이용하여 블렌딩 도장작업을 마무리한다

2. 요구사항 이해하기

- 시험시간 : 부분도장(블렌딩) 작업 2시간
- 작업내용
  - 손상된 패널을 복원시키고 부분도장(블렌딩)하는 것을 말한다.
  - 2시간 이내에 과제를 모두 완료해야 한다.
  - 시험장의 작업여건 및 상황에 따라 작업시간은 유동적일 수 있다는 것을 감안해야 한다.

1) 작업부위와 방법은 시험위원의 지시와 시험 도면에 따라 작업을 하도록 한다

작업부위와 그 방법에 대해서는 그림에서와 같이 시험(감독)위원의 지시에 따라야 하며 그 자세한 기준과 방법은 도면에 잘 나타나 있다.

일반적으로 실기시험에 사용되는 패널은 전착면(Primer)이 도장된 새(New Part) 것의 포장된 패널이 주어지며 전착 도막은 평균 23~25㎛ 정도의 도막두께로 도장되어 있기 때문에 연마작업시 도막이 과도하게 벗겨져 철판면이 드러나지 않도록 하는 것이 매우 중요하다.

특히, 포장지를 벗겨낼 때 칼과 같은 날카로운 도구를 사용하게 되므로 주의해서 포장지를 벗겨내고 패널이 손상되지 않도록 주의한다.

전착도막(하도도막, Primer)을 연마하기 위한 적절한 연마지는 시험장에 주어진 연마지(P80, P180, P320, P400, P600, P1000 등) 중 P600을 사용하는 것이 도막의 과도한 연마로 인한 철판면이 드러나는 것을 방지할 수 있다.

요구사항에서 요구하는 것은 샌더를 이용하여 연마하라고 되어 있지만 샌더가 구비되어 있지 않거나 샌더작업으로 인해 철판면이 드러날 것이 우려된다면 스펀지로 된 부드럽고 고운 방수의 연마지를 사용하여 연마하는 것도 하나의 방법이라 할 수 있다.

여기서 만약, P600 연마지가 준비되지 않을 경우에는 P600에 가장 근접한 고운 연마지를 사용하거나 P400 연마지를 중간패드에 붙여 연마하면 P600 연마지로 연마한 효과를 얻을 수 있다.

■ 출제되는 과제의 유형 1

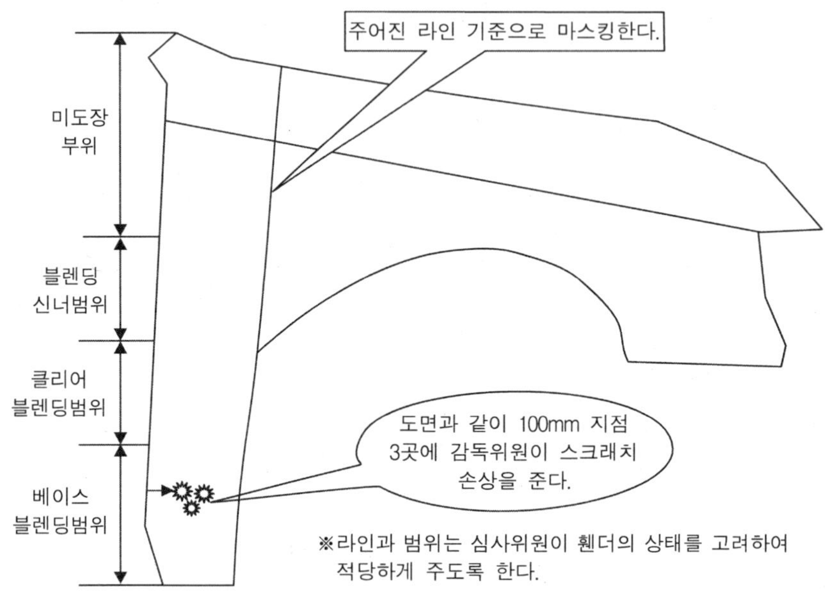

부분도장(블렌딩) 과제도면 1

■ 출제되는 과제의 유형 2

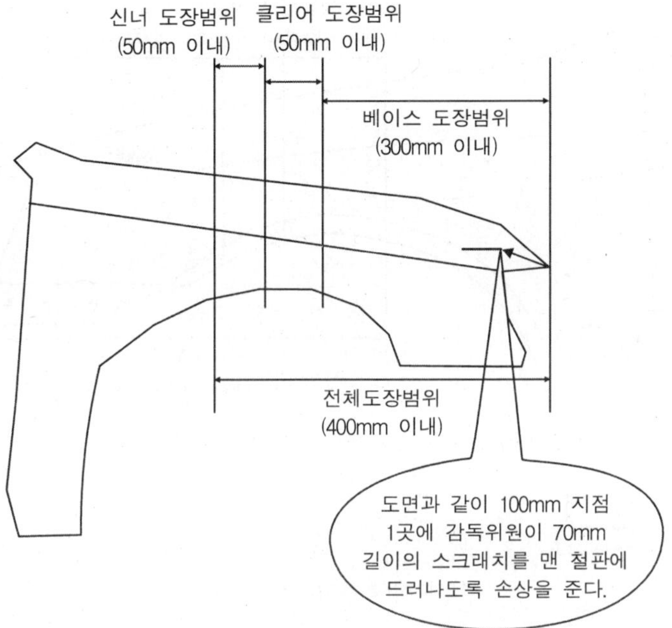

부분도장(블렌딩) 과제도면 2

■ 출제되는 과제의 유형 3

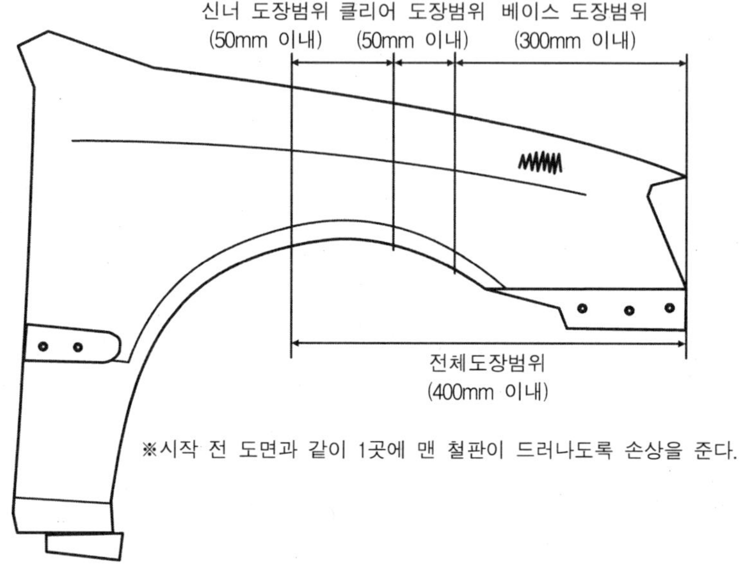

부분도장(블렌딩) 과제도면 3

■ 출제되는 과제의 유형 4

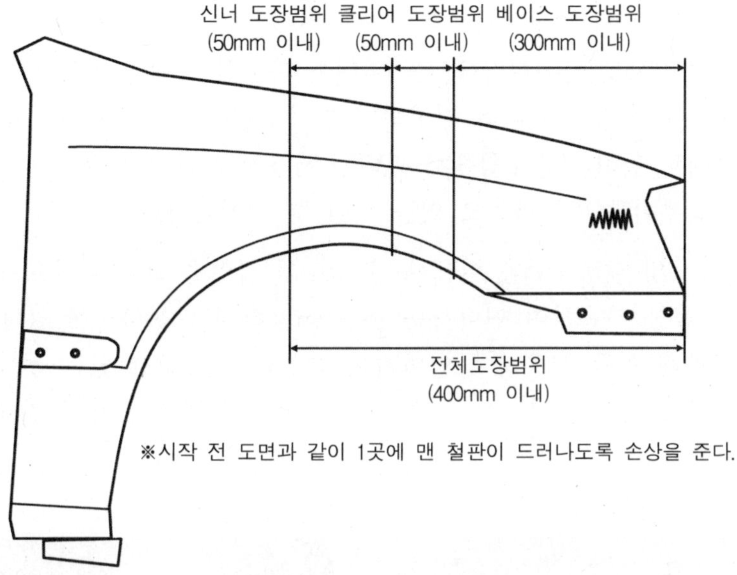

부분도장(블렌딩) 과제도면 4

※ 휀더의 상태를 고려하여 라인과 도장범위는 감독위원이 변경가능하며 도면에서의 도장범위는 최대허용범위임(주어진 치수보다 좁은 범위로 블렌딩 도장이 되어야 하며 초과시 감점처리함)

2) 손상된 부위는 퍼티를 사용하지 않고, 샌더를 활용하여 연마하시오(모든 연마작업은 건식연마를 해야 한다. 습식(물)연마는 금지)

여기서 중요한 포인트는 손상부위를 단 낮추기 한 후 퍼티를 사용하지 않는다는 점이다. 일반적으로 도장현장에서는 퍼티를 사용할 것인지 또는 사용하지 않을지에 대해서는 손상정도에 따라 결정하게 된다. 하지만, 수검자 수, 시간과 장소 및 설비의 한계로 인해 부분도장에서 퍼티를 사용하지 않고 프라이머 서페이서를 도장하여 손상부위를 마무리하고 있는 것이 현 실정이다.

따라서, 샌더 및 핸드블럭을 이용한 단 낮추기 작업을 하여야 하고 또 한 가지 중요한 점은 물을 사용하여 연마하는 것을 허용하지 않는다는데 있다. 현장에서는 일부분에 한해 물을 사용하여 연마하는 습식연마를 하고 있는 것이 사실이지만 이 시험에서 요구하는 사항은 물을 전혀 사용하지 않고 오로지 건식연마를 요구하고 있으므로 반드시 건식연마작업을 수행하도록 한다.

스크래치 발생부위

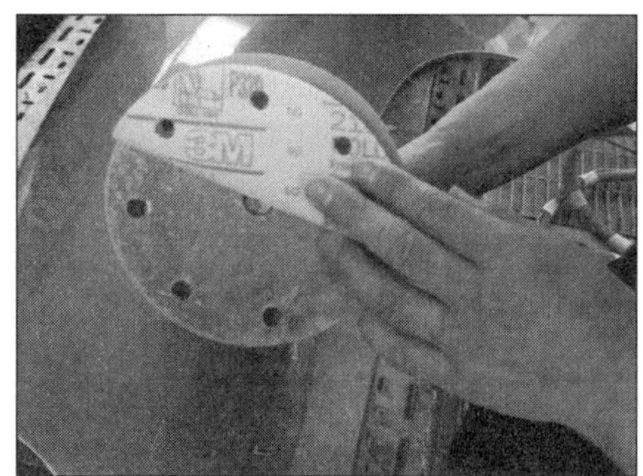

샌더에 연마지 부착하기

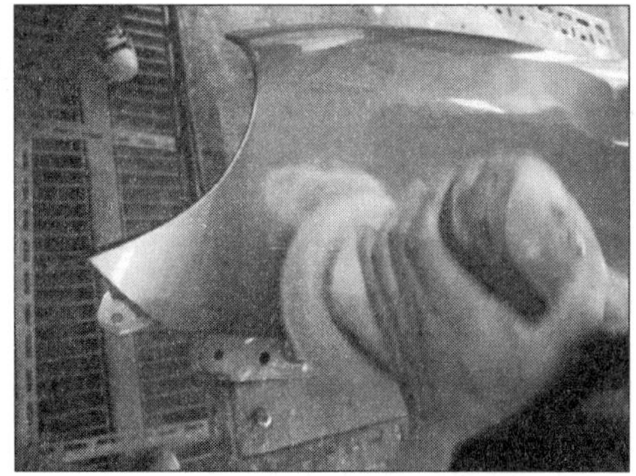

샌더로 손상부분 단낮추기

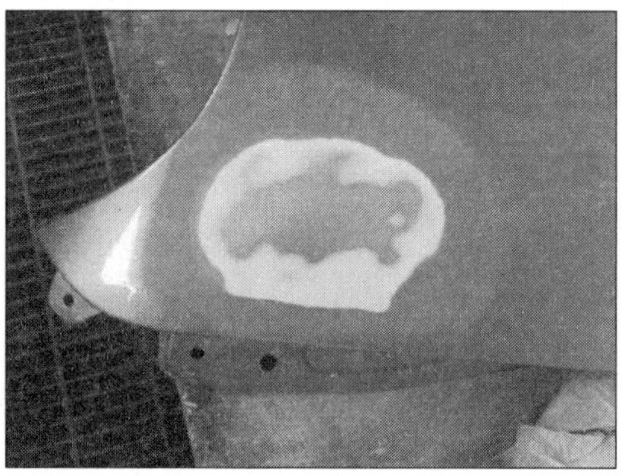

단낮추기 완료된 모습

3) 손상부위는 주어진 프라이머 서페이서를 사용하여 도장한다

여기서 요구하는 사항은 단 낮추기 작업이 완료되고 나서 손상부위를 주어진 프라이머 서페이서를 사용하여 도장하는 것이다. 이때 출제과제에서 요구하는 대로 적용해야 하는 것이 매우 중요하며 평소 도장현장에서 하던 대로 작업을 진행해서는 안되며 반드시 과제에서 요구하고 있는 내용이 어떤 것인지 정확히 숙지한 후 그대로 진행하는 것이 무엇보다 중요하다.

프라이머 서페이서 주제 담기

프라이머 서페이서 경화제 담기

프라이머 서페이서 주제와 경화제 혼합

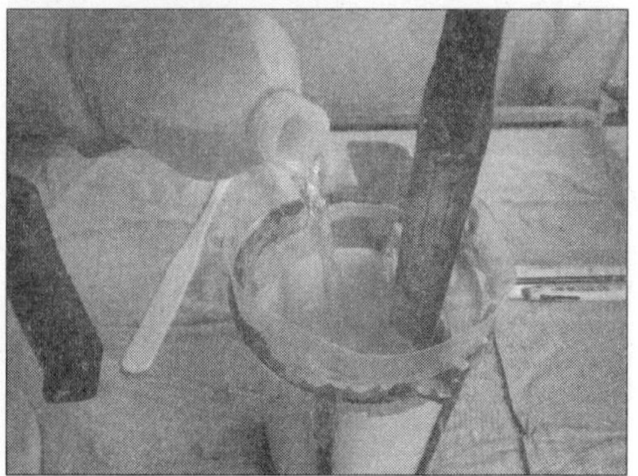

원액도료에 희석제 혼합하기

프라이머 서페이서 도료 점도조절

여과지를 사용, 건에 담기

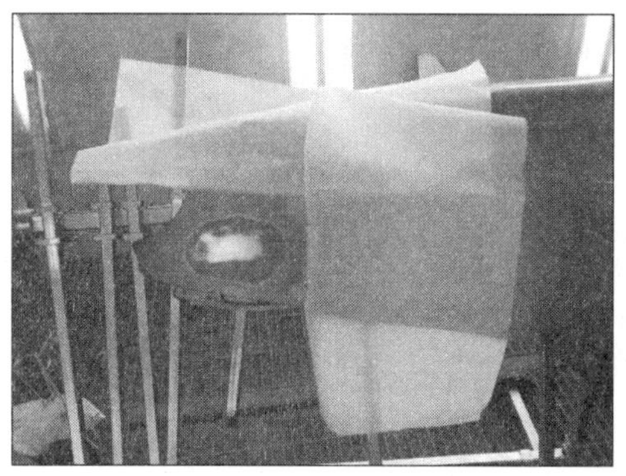
역(거꾸로 하는)마스킹하기

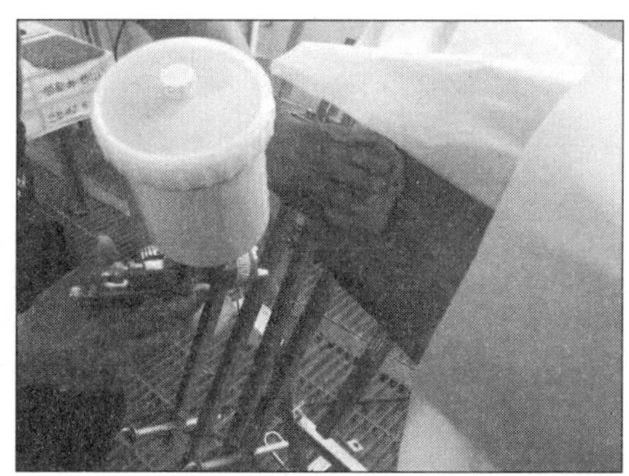
송진포로 미세먼지제거

프라이머 서페이서 부분도장

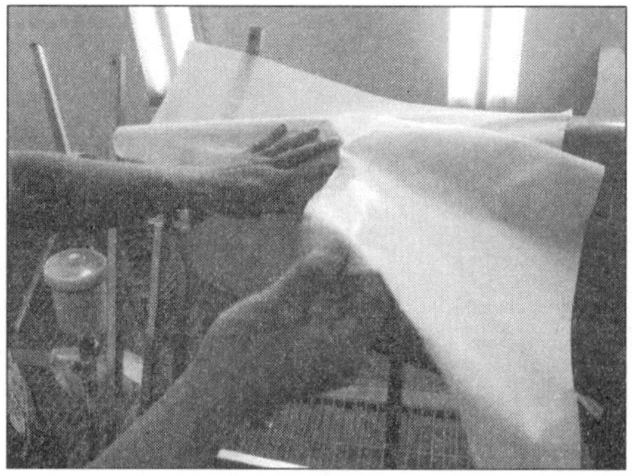
마스킹종이 제거

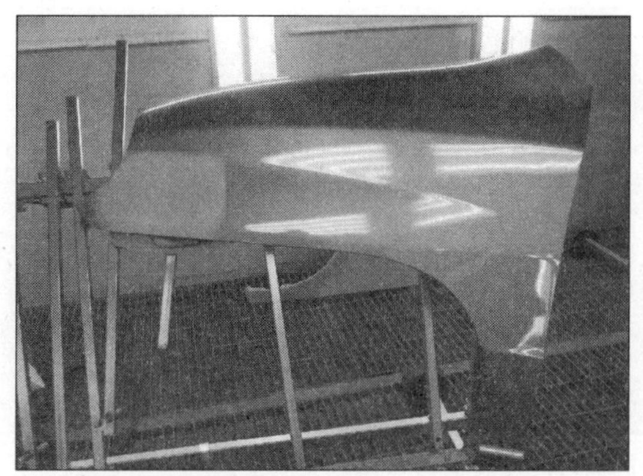

프라이머 서페이서 부분도장 완료된 모습

4) 베이스코트(base coat)는 조색작업에서 조색된 색상으로 부분도장(블렌딩) 작업을 하고, 클리어코트는 주어진 도료를 사용하여 도장하시오

부분도장에서 사용하는 베이스코트는 2과제 조색작업에서 조색해둔 도료를 사용하여 부분도장에 사용하는 것이 여기서 요구하는 가장 중요한 포인트라 할 수 있다. 따라서 2과제에서 조색작업을 완료한 후 제출용 시편에 조색한 도료로 도장한 후 사용하고 남은 도료를 버리지 않고 잘 보관해 두었다가 3과제인 부분도장작업에 사용해야 한다는 점이다.

베이스코트의 부분도장작업이 완료되면 주어진 클리어코트로 베이스코트 및 그 주변을 요구하는 대로 블렌딩 전용신너를 함께 사용하여 블렌딩 부위가 끊어져 보이지 않고 자연스럽게 연결될 수 있도록 잘 마무리하면 된다.

조색된 생상도료 신너혼합 및 점도조절

베이스코트 도료 건에 담기

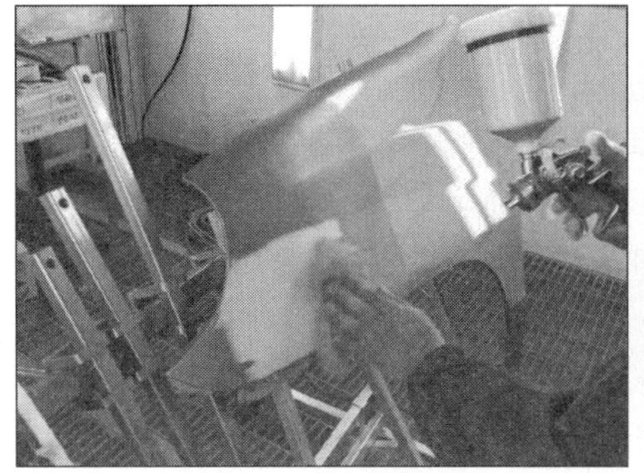
송진포로 미세먼지 제거

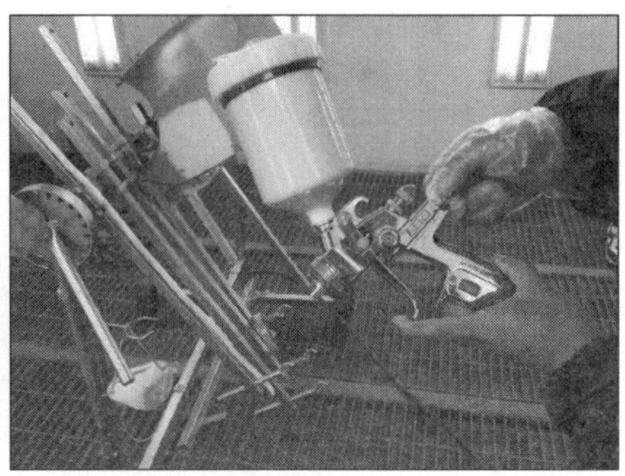
스프레이 건 조절(에어압력, 토출량, 패턴폭 등)

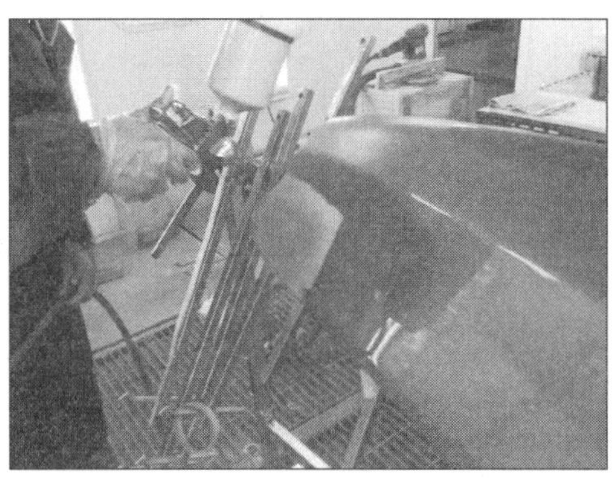
베이스코트 도장하기

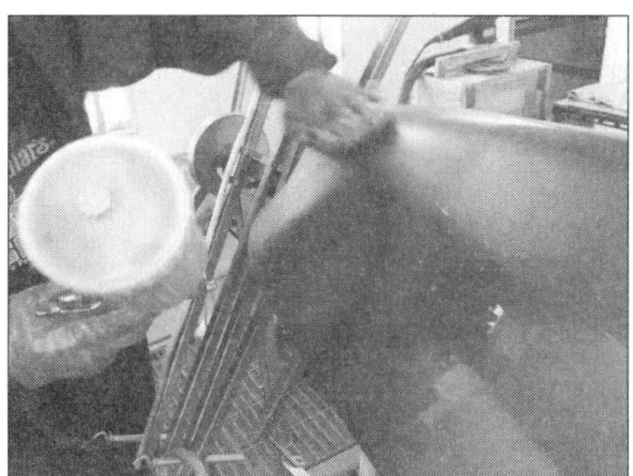
송진포로 주변에 날린 도료 더스트 닦아내기

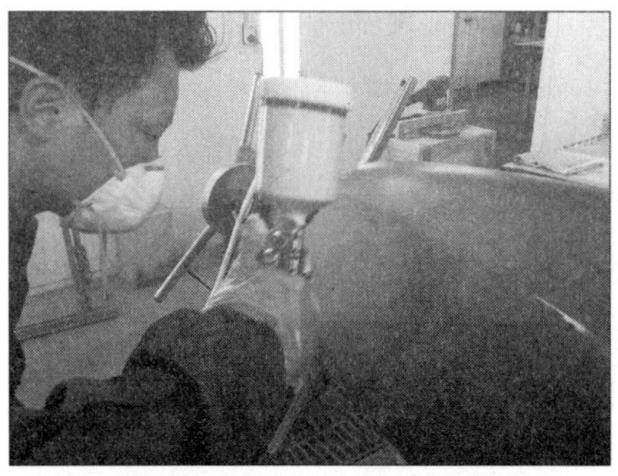
본격적인 색상 도료 블렌딩

송진포로 주변에 날린 도료 더스트 닦아내기

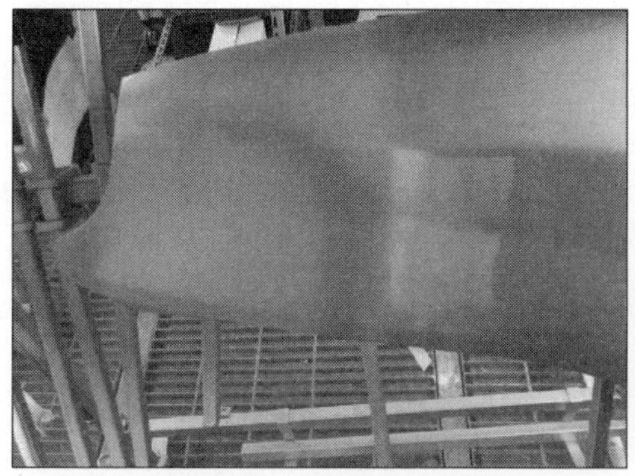

베이스코트 블렌딩 완료

클리어코트 주제 비닐컵에 담기

클리어코트 경화제 담기

클리어코트 주제 경화제 혼합

클리어코트 건에 담기

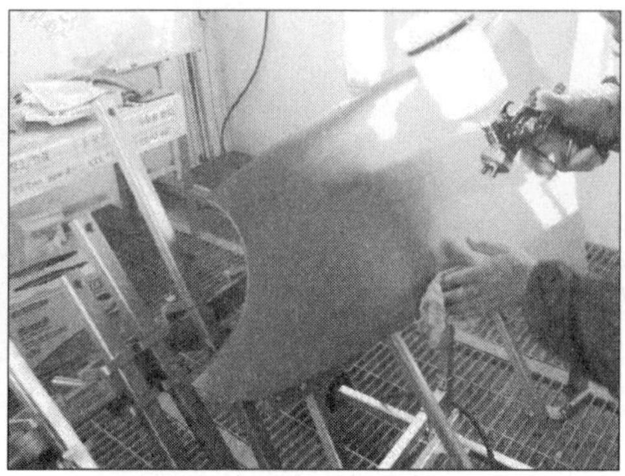

송진포로 블렌딩부위 닦아내기

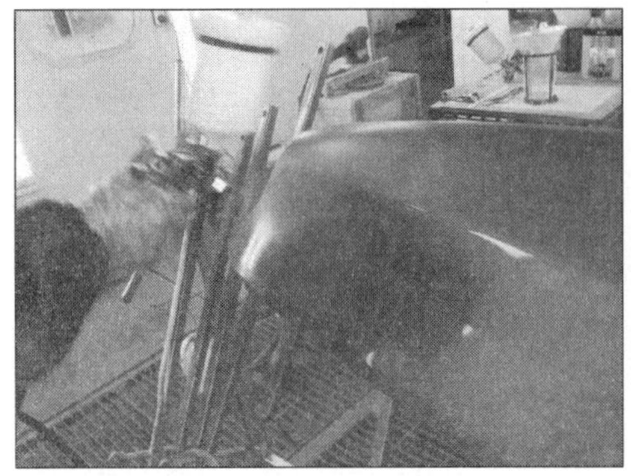
클리어코트 도장하기(베이스코트 위)

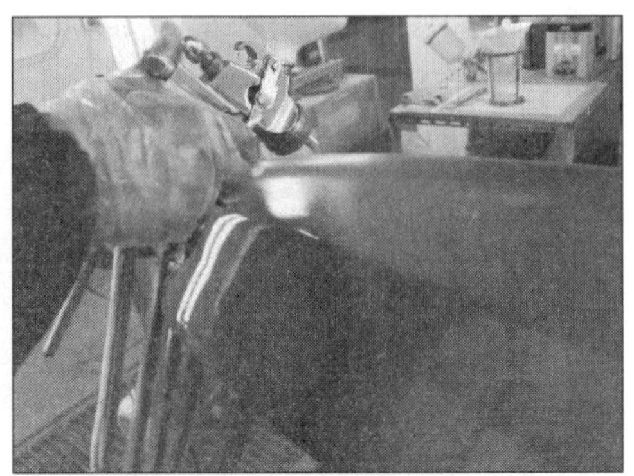
클리어코트 도장하기(블렌딩 부위)

클리어코트 도료 건에 비우기

블렌딩 전용신너 건에 담기

블렌딩영역을 블렌딩 신너로 마무리

블렌딩 도장작업이 완료된 모습

PART Ⅱ

자동차 보수도장 기능사 실기시험에 대한

과제 유형별 상세 작업방법 따라하기

PART Ⅱ 에서는

PART Ⅰ 에서 자동차 보수도장 기능사 실기시험 과제별 요구사항을 숙지한 후 실제 과제 유형별로 작업을 어떻게 진행하는지 또, 진행되는 과정에서 무엇을 주의해야 하고 감독관으로부터 확인(작업에 대한 검사)을 받아야 할 때는 언제인지에 대해 제1과제 표준보수도장작업 제2과제 조색작업 그리고 제3과제 부분도장(블렌딩)작업에 이르기까지 실제 검정을 진행하는 순서를 표시하였으므로 잘 따라하기를 바란다.

1과제 표준보수도장작업

2과제 조색작업

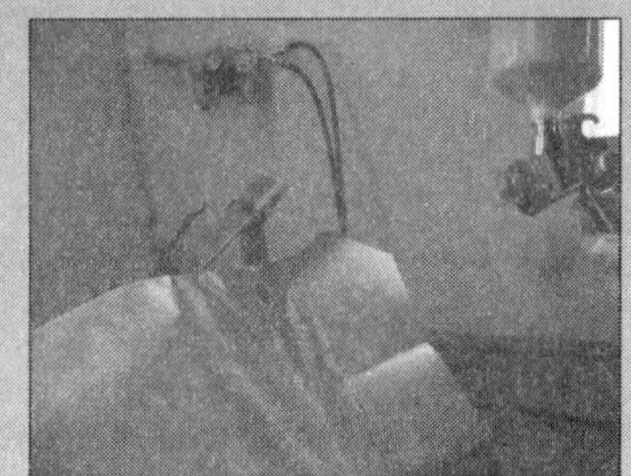
3과제 부분도장(블렌딩)작업

제1장 1과제 표준보수도장작업 따라하기

1. 1과제 표준보수도장작업 요구사항에 따른 상세 작업방법 따라하기

표준보수도장작업은 일반적으로 블록(패널)도장을 시스템에 맞게 작업하는 것을 말하는데 여기서 시스템이라고 하면 철판을 기준해서 볼 때 하도공정, 중도공정 및 상도공정으로 진행되어 도막이 로딩(도막이 올라가는)되는 형태를 말한다. 하지만, 신차도장공정의 도막시스템과 보수도장공정의 도막시스템은 다소 차이가 있으며 검정이기 때문에 더더욱 그럴 수 있다는 것을 감안해야 할 것이다.

가장 기본이 되는 1과제 표준보수도장작업에 대한 전반적인 작업방법 및 그 순서는 다음과 같다.

① 감독관의 지시에 따라 수검자 준수사항을 잘 숙지한 후 작업대에 개인공구 및 준비물을 정리하여 올려놓는다.

② 패널(NEW PART) 손상부분 유무를 확인하고 패널에 손상부분이 있을 시 감독관의 확인을 받는다.

③ 작업 전, 탈지제로 탈지작업을 한 다음 샌더 및 부직포를 이용하여 전착면(하도)을 연마한다(작업 후 탈지작업).

④ 손상부분(두 군데 정도)을 퍼티도포를 위해 단(턱) 낮추기 작업을 한다(작업 후 탈지작업). ➡감독관 확인 받기

⑤ 퍼티작업(1차: 초벌퍼티, 2차: 마무리퍼티)을 진행한다(작업 후 탈지작업). ➡감독관 확인 받기

⑥ 중도도장작업(도료혼합, 도장, 건조, 연마)을 한다(도장전 송진포작업). ➡감독관 확인 받기

⑦ 상도도장작업(도료혼합(base coat, clear coat), 도장, 열처리) ➡감독관 확인 및 채점

이와 같이 표준보수도장작업에 대한 전반적인 작업순서를 숙지한다면 작업 도중에 큰 실수 없이 과제를 수행할 수 있을 것이다. 보편적으로 자동차 보수도장 기

능사를 취득하고자하는 수검자들을 분류해볼 때 검정 초기('05, '06년)만 해도 완성차 메이커에서 운영하는 직영서비스센터와 1, 2급 자동차공업사 및 덴트샵에서 근무하는 도장기술자들이 대부분이었으나 최근('11년 이후)에는 전문대학(폴리텍대학 포함) 및 전문계고교 학생들의 수검이 늘고 있는 추세라 할 수 있다. 따라서 도장현장의 도장기술자든 학생이든 관계없이 큰 흐름도 중요하지만 소홀히 넘길 수 있는 작은 디테일한 부분까지 섬세하게 다루었기 때문에 상세 작업방법 따라하기에서 좀 더 집중해서 학습하기를 바란다. 그럼 앞서 설명한 작업순서에 대해 그 작업방법을 상세히 알아보기로 하겠다.

수검자 준수사항

우선, 작업에 들어가기 앞서 수검 당일 수검자가 주의해야 할 것들에 대해 간단히 살펴보기로 하자.

- 수검 당일 늦지 않도록 수검 장소에 도착한다.
- 수검자의 지참목록을 잘 챙긴다(특히, 주민등록증과 같은 신분증 및 수험표).
- 검정 본부요원으로부터 수험표와 신분증을 확인한 후 실기문제를 받아 확인한다.
- 감독관이 실기시험문제를 설명할 때 자세히 듣는다.
- 설명한 부분이 이해가 안될 경우에는 바로 질문한다.
- 과제에 대한 요구사항에 대해 상세히 질문하여 이해하도록 한 후 작업에 임한다.
- 평소, 연습할 때의 작업방법과 검정당일의 시험문제는 상이할 수 있음을 명심하고 문제에서 요구하는 사항을 정확히 파악하는 것이 무엇보다 중요하다.

1) 작업준비 및 패널 확인하기(감독관 확인 필요함)

우선, 국가기술자격검정 실기시험문제, 사용할 공구 및 소모품 등을 사용하기 편하도록 정리, 정돈하여 작업대 위에 올려놓고 비닐포장을 조심스럽게 벗겨낸다.

패널전체를 고루 살펴 손상부분(덴트 및 녹슨 곳, 찌그러진 곳 등)이 있는지 확인한 후 감독관의 확인을 받는다.

【주의사항】

1. 패널 확인시 가장자리 부분이 매우 날카로워 손가락이 다칠 수 있으므로 주의한다.
2. 포장지를 벗겨낼 때 칼에 의해 패널이 손상되지 않도록 주의한다.

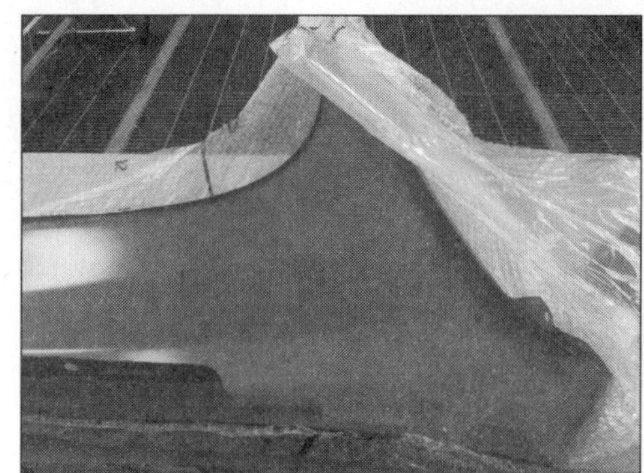
비닐 포장을 뜯는 중

비닐 포장을 벗겨낸 패널

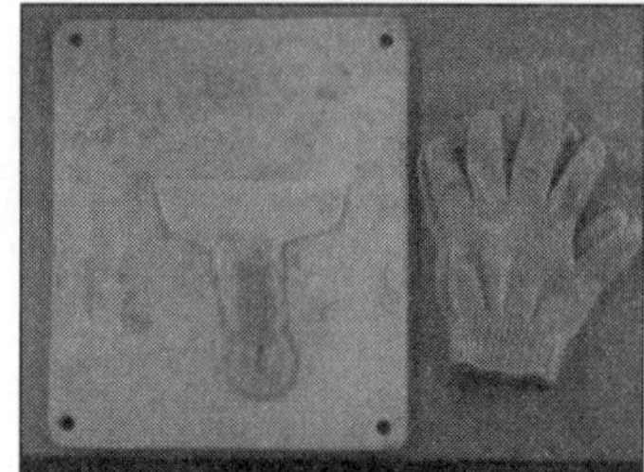
퍼티이김판, 주걱, 장갑

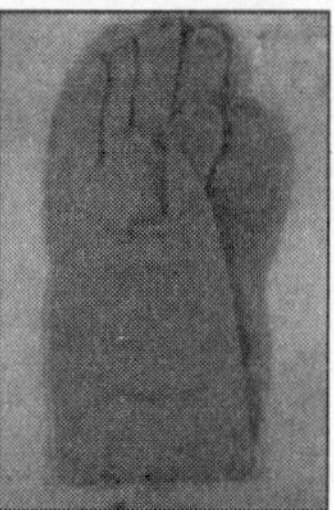
내용제성장갑

탈지제

종이타월(탈지용)

작업용 개인공구 및 소모품 재료준비

히터건(퍼티 및 서페이서 건조용), 더블액션샌더, 스크레이퍼(끌칼), 플라스틱 퍼티주걱, 퍼티이김판(혼합판), 목장갑, 내용제성 장갑(또는 비닐장갑), 방진마스크 또는 방독마스크, 스프레이 부스복, 보안경, 종이타월, 연마지(P80, P180, P320, P600, P1200), 마스킹 테이프, 칼, 비닐 마스킹, 스프레이 건(중도용, 상도용) 등을 준비한다.

2) 패널 전체 탈지하기

작업준비 및 패널의 손상유무를 확인하고 감독관의 패널에 대한 펀칭작업(손상(덴트)을 만드는 것)이 끝나면 가장 먼저 해야 할 작업이 마스크와 내용제성 장갑을 착용한 후 탈지작업을 하는 것이다.

여기서 완전하게 탈지하기 위한 포인트는 한쪽 종이타월에는 탈지제를 묻히고 다른 한쪽은 탈지제를 묻히지 않은 상태에서 탈지제를 묻힌 타월로 먼저 닦은 다음 깨끗한 타월로 마무리해서 탈지제가 남아 있지 않을 때까지 깨끗하게 닦으면 된다.

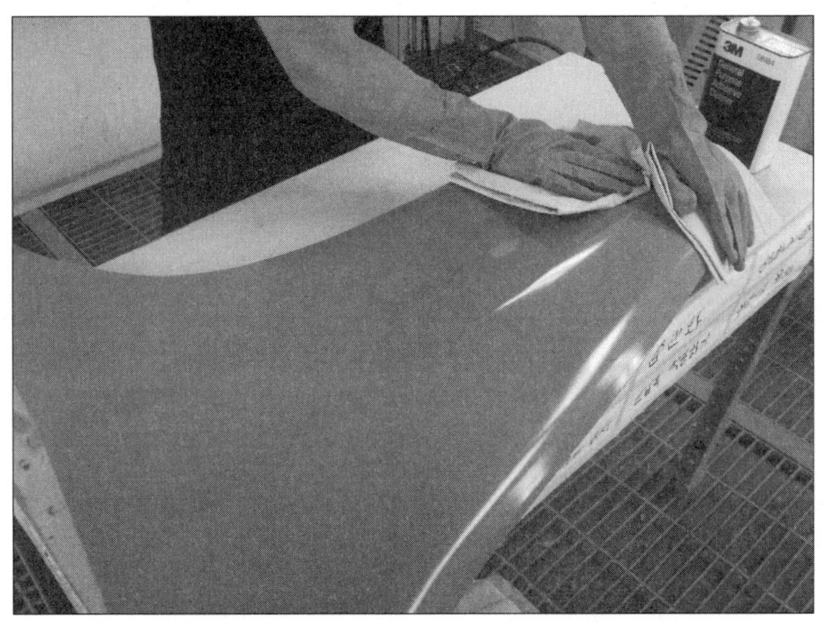

우선, 본격적인 작업에 들어가기 전 패널 전체를 깨끗하게 닦는다

【주의사항】

1. 내(耐)용제성 장갑 또는 일회용 비닐장갑을 반드시 착용한 후 탈지한다.
2. 유기용제용 방진마스크를 착용한 후 탈지한다.
3. 보호안전장구를 반드시 착용한 후 작업해야 감점을 받지 않으므로 보호구 착용 및 안전 준수 사항을 참고하여 감점 받지 않도록 한다.

작업순서

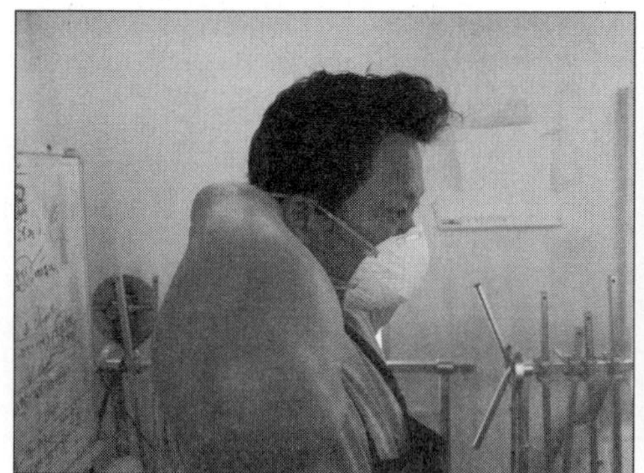

작업 전, 방진마스크 착용

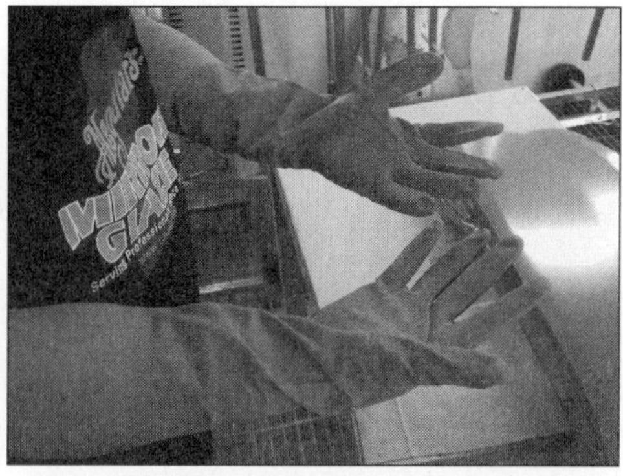

탈지작업을 위해 내용제성 장갑착용

한쪽 종이타월에는 탈지제를 묻히고 나머지 타월에는 묻히지 않은 것으로 준비

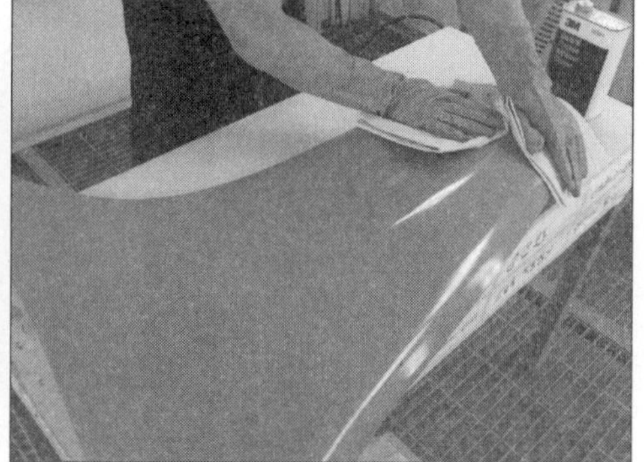

패널의 표면에 묻은 왁스끼를 제거하기 위해 탈지한다(탈지작업을 하지 않고 탈지작업에 들어가면 감점요인이 됨)

3) 전착면(하도) 연마하고 탈지하기(감독관 확인필)

패널 전체의 탈지작업을 완료하고 나서 P(또는 #)600 이상의 고운 연마지(Sand Paper)를 사용하여 패널(Fender) 전체를 가볍게 연마하는 것을 말한다. 이때 사용하는 연마지를 거친 것을 사용할 경우에는 전착면의 도막두께(20~25㎛=0.025mm 정도로)가 얇기 때문에 쉽게 도막이 벗겨져 철판면이 드러날 수 있고 이로 인해 감점을 받을 수 있으므로 고운 연마지 또는 부직포(일명 수세미)를 사용하여야 한다.

【주의사항】

1. 패널의 가장자리 부분이나 프레스라인 등 철판면이 드러나지 않도록 한다.
2. 가장자리 부분을 연마할 때 날카롭게 돌기된 부분으로 인해 손이 다칠 수 있으므로 부직포 또는 스펀지 형태의 부드러운 연마지를 사용한다.

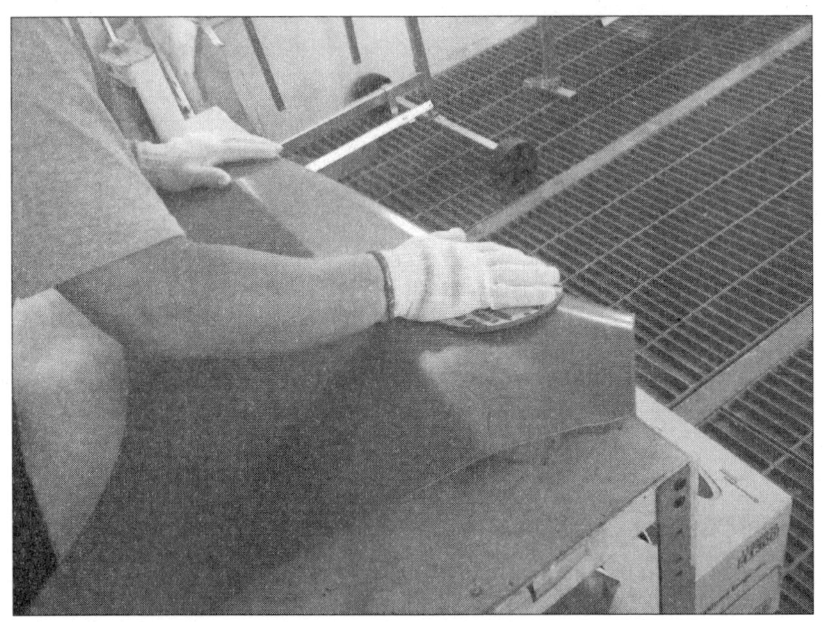

전착면은 매우 얇은 하도도막이기 때문에 거친 연마지를 사용하지 않고 고운 연마지 P600 이상의 것 또는 스펀지로 된 연마지를 사용하여 고운 스크래치면을 확보하는 동시에 가장자리 및 프레스라인 등에 철판이 드러나지 않아야 감점을 받지 않으니 주의해서 연마해야 한다

작업순서

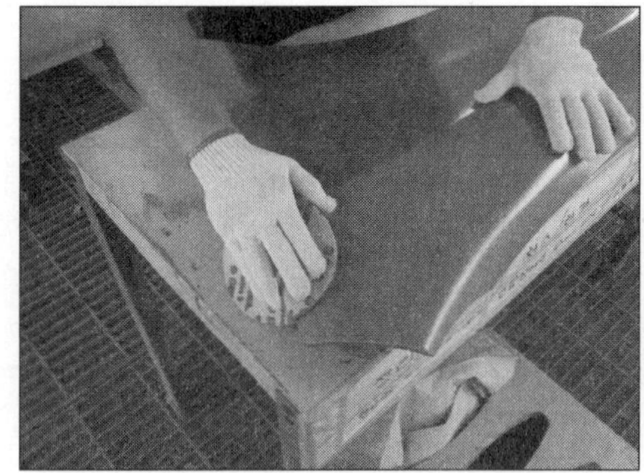
전착도막을 모서리부분부터 연마

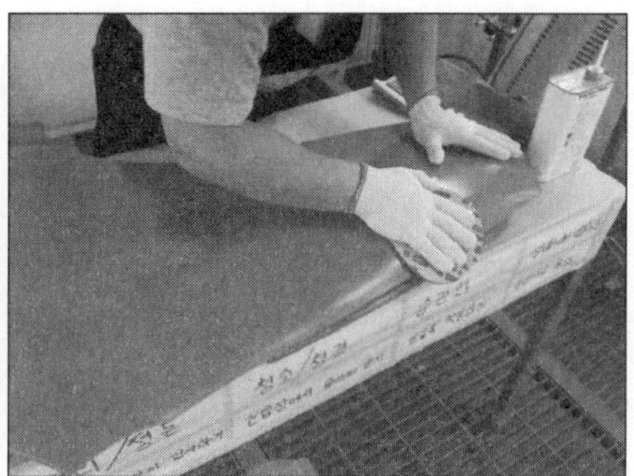
전착면 가장자리 부분 연마

전착도막의 면부분을 연마

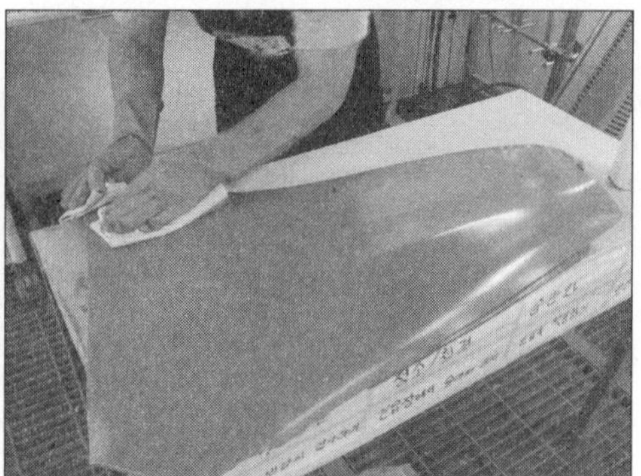
패널전체를 탈지한다

포인트

1. 전착면을 연마할 때 가장 중요한 것은 스펀지로 된 연마지를 사용하던 부직포로 연마를 하든 가장자리 및 프레스라인 부위 등에 철판이 드러나지 않도록 하는데 있다(철판이 드러나면 감점요인이 된다).
2. 모든 작업이 완료되면 감독관으로부터 작업에 대한 확인을 반드시 받도록 한다.

4) 퍼티도포를 위한 단 낮추기하고 탈지하기(감독관 확인필)

전착(하도)면 연마와 탈지가 완료되고 감독관의 확인이 끝나면 다음 공정으로 손상부분에 대한 퍼티작업이 이루어진다. 그런데 손상이 있는 부분에 그대로 퍼티를 도포할 경우에는 도막과 문제가 발생하기 때문에 이러한 문제를 없애기 위한 작업으로 패널의 손상정도를 파악하고 퍼티가 도포될 수 있는 자리를 마련하는 동시에 그 범위를 설정하는 작업이 바로 단 낮추기 작업이다.

【주의사항】

1. 단 낮추기에 의해 드러난 철판면의 범위가 너무 좁거나 넓지 않도록 한다.
2. 펀치로 인한 다소 깊지 않은 손상이라면 손상부위를 중심으로 반경 5~6cm 정도가 적당하다.

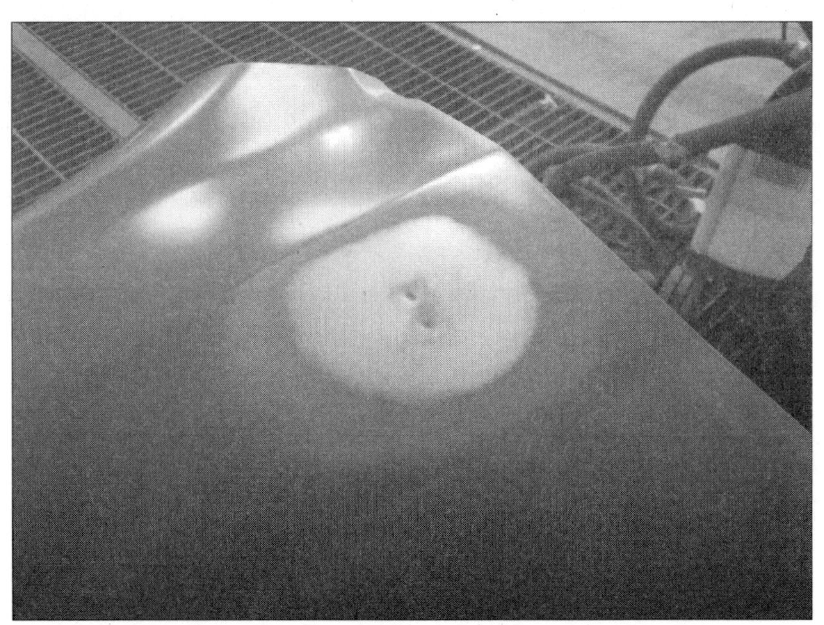

손상된 부분에 있는 도막을 모두 벗겨내고 단낮추기 작업을 완료하고 탈지작업까지 마무리한 모습

작업순서

패널에 손상이 있는지 확인

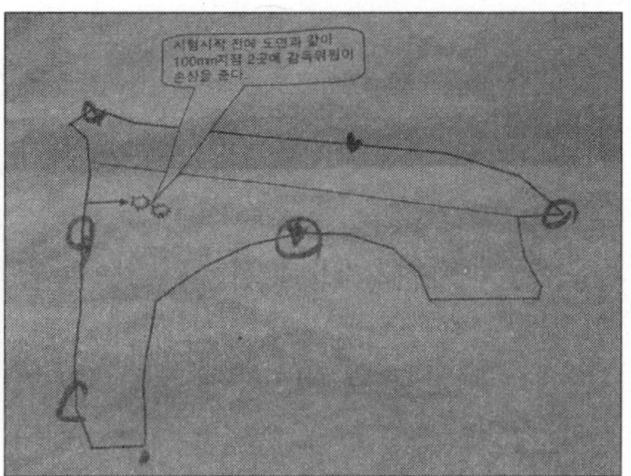

1과제 표준도장작업 도면

연마지 샌더에 부착

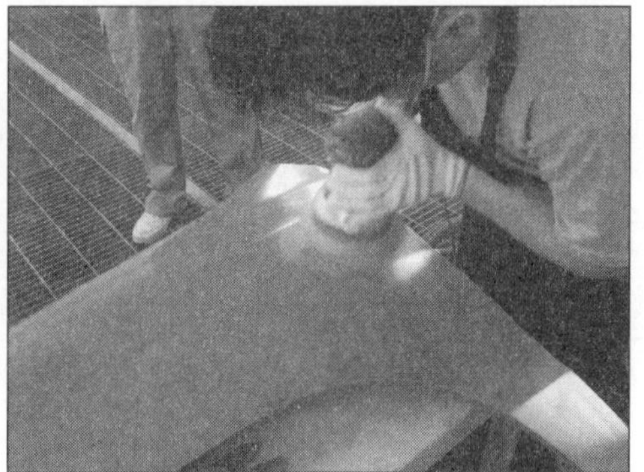

단낮추기작업

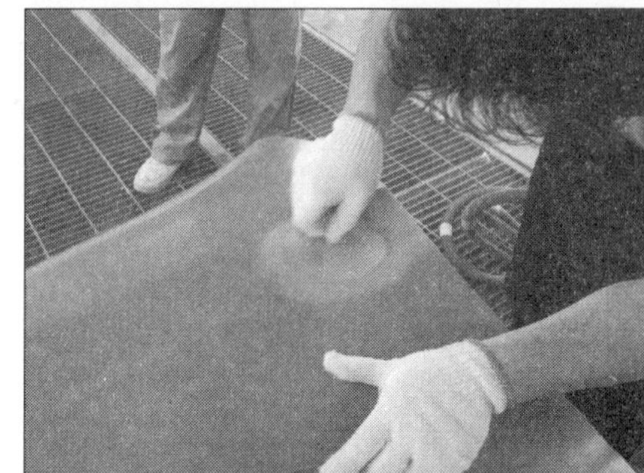

덴트(dent)부위 도막을 벗겨낸다

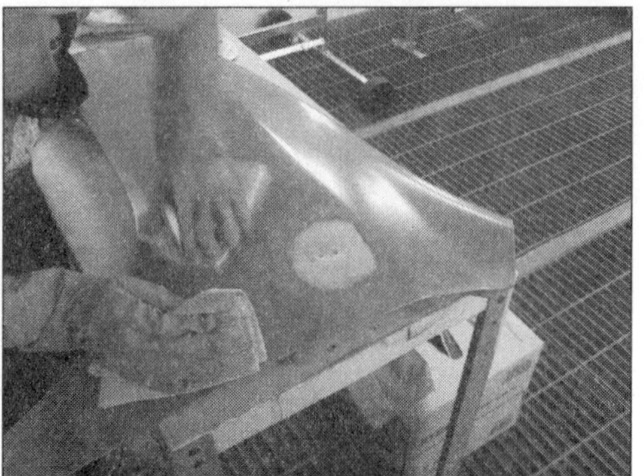

패널전체 탈지

포인트

1. 모든 작업이 완료되면 패널을 깨끗하게 탈지한 후 감독관으로부터 작업에 대한 확인을 반드시 받는다.
2. 덴트(dent) 부위에 묻어 있는 페인트 도막을 반드시 벗겨내어 철판면이 드러나도록 한다.
3. 탈지작업시에는 반드시 안전보호장구인 마스크 및 내용제성장갑을 착용한다.
4. 손상부위에서 최소 반경 5cm 이상 넓게 단낮추기를 하여 퍼티가 놓여질 자리를 확보한다.
5. 단낮추기를 좁게 한 후 퍼티를 도포할 경우에는 퍼티가 전착도막위에 얹어지는 결과를 초래하므로 감점이 된다.

5) 1차 초벌퍼티 도포 및 건조하기(감독관 확인 필요없음)

손상부위의 단 낮추기 작업이 완료되고 감독관 확인이 끝나면 손상부분을 메우기 위한 작업(요철부분을 평활하게 하는)을 해야 하는데 그것이 바로 퍼티작업이다. 시험에서는 작업현장과는 달리 1차 및 2차 퍼티로 마무리하도록 요구하고 있다(현장은 숙련도에 따라 한 번에 작업하는 경우도 있음).

여기서 1차는 초벌퍼티를, 2차는 마무리퍼티를 의미한다. 즉, 1차에서는 거의 대부분의 굵고 거친부분의 요철을 담당하고 2차 마무리에서는 미세하고 경미한 부분을 담당하여 마무리한다고 볼 수 있다.

【주의사항】

퍼티 횟수(두 번까지 퍼티를 사용할 수 있음)를 정확히 지켜야 함(3회부터는 감점됨)

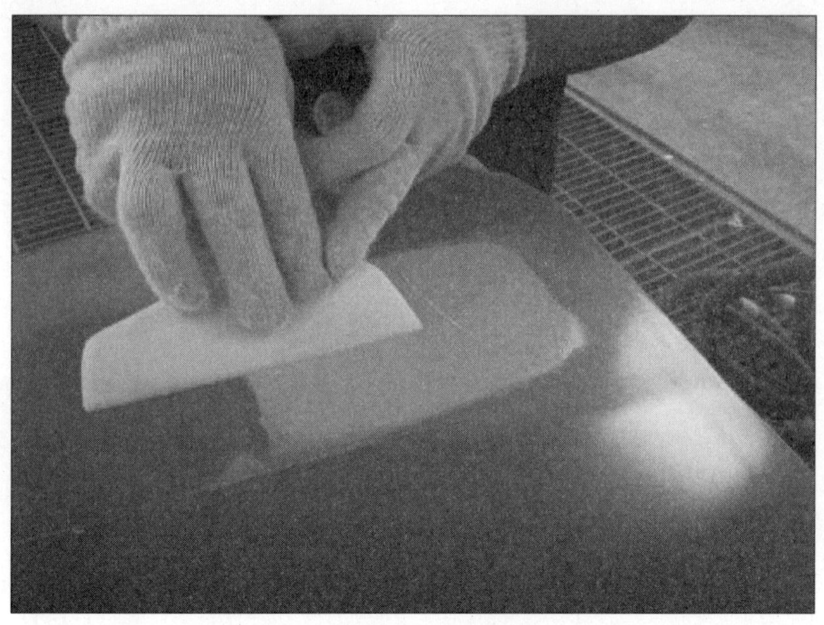

1차 초벌퍼티 도포하기

작업순서

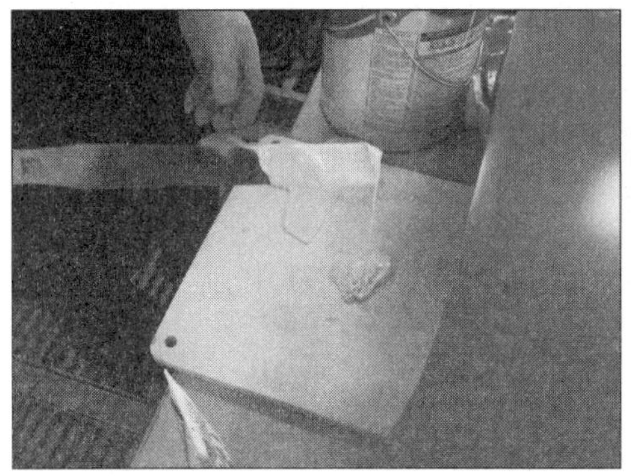
퍼티(주제)를 이김(혼합)판에 준비

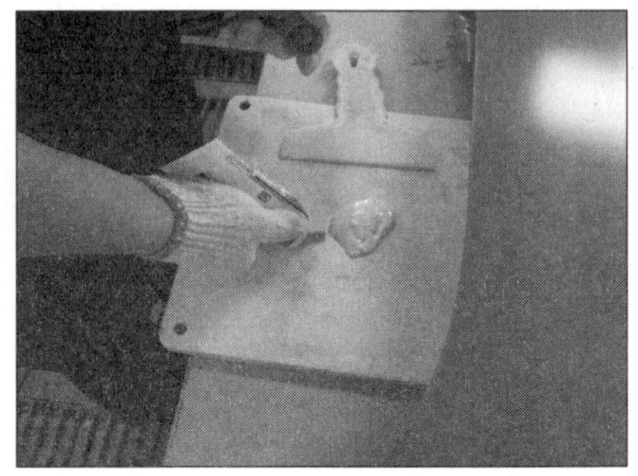
퍼티(경화제)를 이김(혼합)판에 준비

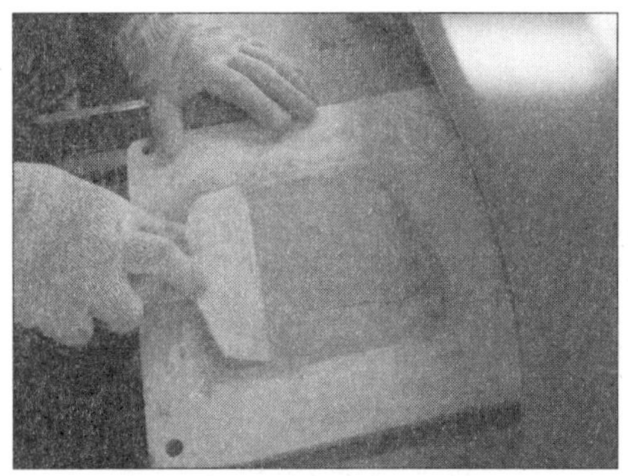
퍼티(주제+경화제)를 골고루 혼합

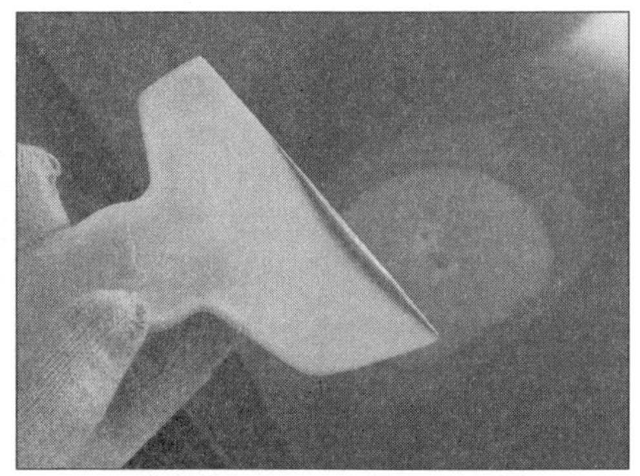
홈(덴트)부분에 넣을 퍼티를 준비

홈부분을 적은 양으로 퍼티를 도포

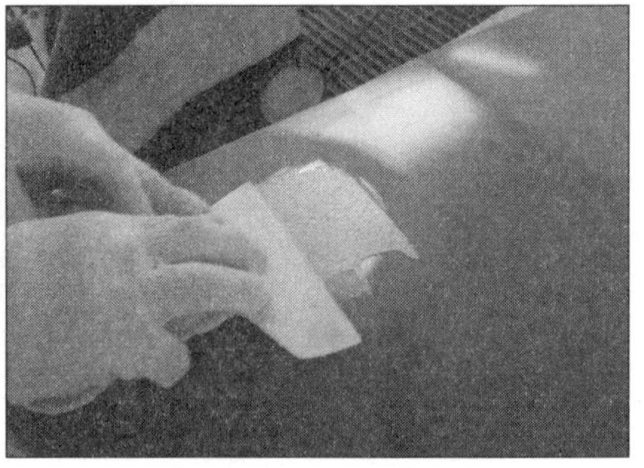
퍼티의 양을 늘려 두께를 올린다

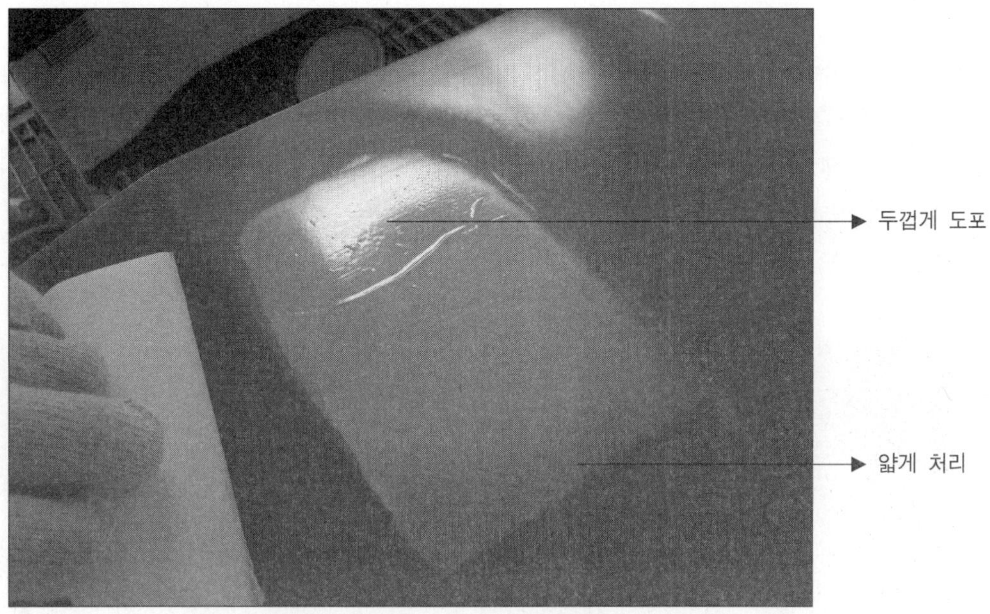

적당한 두께로 1차퍼티 도포를 마무리한다

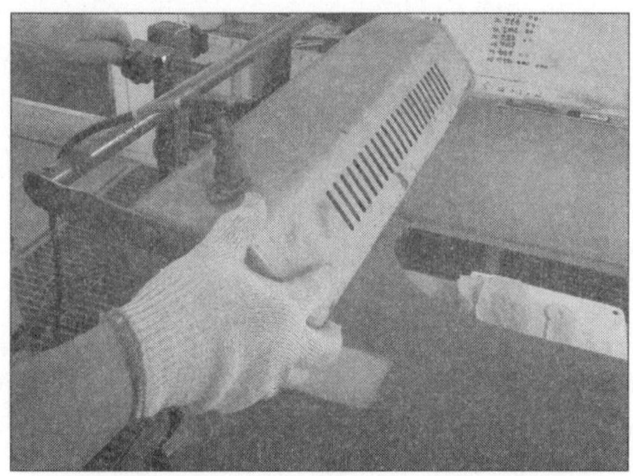

1차(초벌)퍼티를 건조(약 10min 정도)

포인트

작업(홈(덴트)부분을 적은 양으로 퍼티를 도포)에서와 같이 가장자리 부분은 두껍지 않도록 얇게 도포하고 가운데 부분(덴트, 손상이 있던 자리)은 두껍게 도포하여 1차 초벌 퍼티를 마무리하는 것이 매우 중요하다.

6) 1차 초벌 퍼티 연마 및 탈지하기(감독관 확인 필요없음)

1차 초벌퍼티 건조가 끝나면 연마지(P80, P180, P320)중 P80 또는 P180을 사용하여 퍼티면을 연마한다. 초벌퍼티면 상태가 거칠거나 퍼티두께가 두꺼운 경우에는 P80을 사용하여 연마하고 적당하게 도포된 경우라면 P180 연마지로 퍼티를 연마하여 평활하게 만들면 된다. 퍼티를 연마할 때에는 기계식 샌더와 핸드블럭을 번갈아 사용하는 편이 훨씬 유리하다 할 수 있다.

1차(초벌)퍼티를 더블액션샌더로 연마한 후 퍼티부위에서 바깥쪽으로 연마)

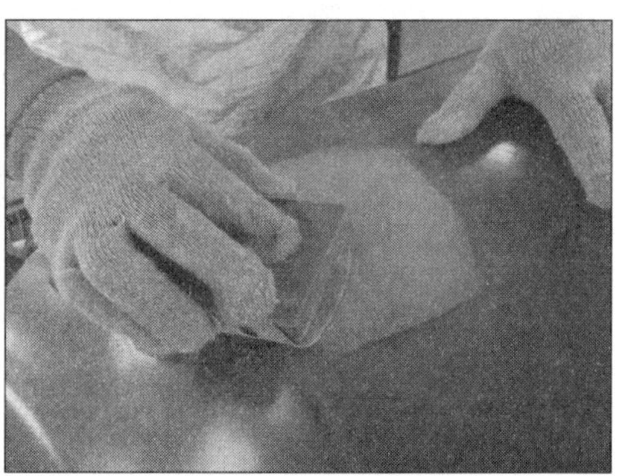

핸드블럭으로 마무리한다

【주의사항】

1. 연마지 사용을 고운 것에서 거친 것 순으로 해서는 안된다.
2. 연마지 사용의 옳은 방법은 P80→P180→P320순으로 거친 것을 시작으로 고운 것으로 마무리한다.
3. 샌더의 백업패드에 연마지를 직접 부착하여 사용해야 한다(스펀지패드는 부적합).

작업순서

더블액션샌더에 p180연마지를 부착한 후(p180이 없는 경우 220, 240도 가능)

샌더로 중앙에서 바깥쪽으로 연마한다

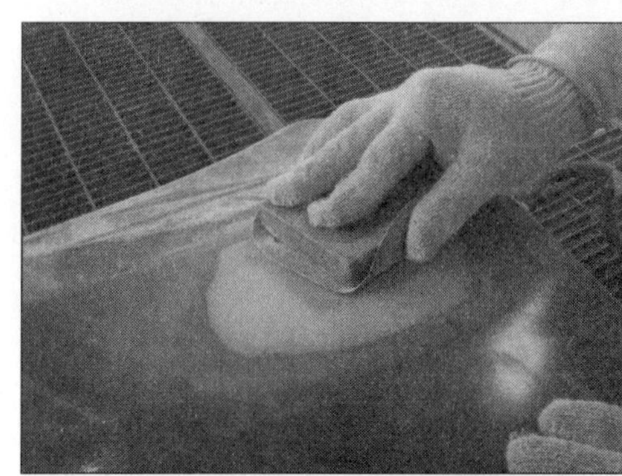

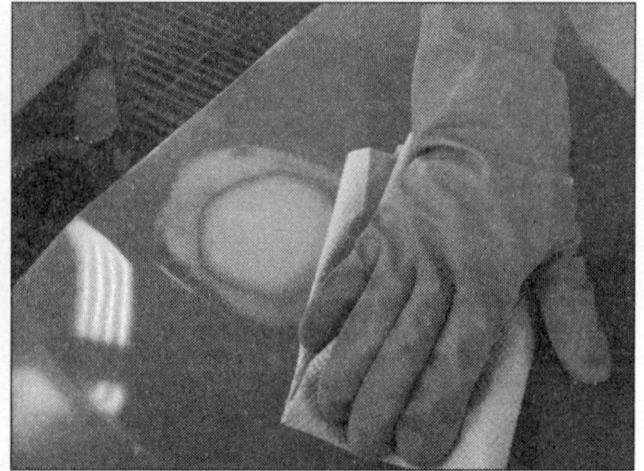

샌더로 연마한 초벌퍼티를 핸드블럭으로 마무리하고 퍼티부위 및 그 주변을 탈지제로 깨끗하게 닦아낸다(이때 내용제성 장갑과 마스크 착용은 필수)

7) 2차 마무리 퍼티 도포 및 건조하기(감독관 확인 필요없음)

1차 초벌퍼티 연마가 끝나면 퍼티면을 깨끗하게 탈지한 다음 2차 마무리퍼티 도포를 한다. 2차 마무리퍼티를 작업하는 목적은 1차 초벌퍼티 작업에서 발생한 굵은 연마자국(P80 또는 P180)이나 퍼티에서 발생된 기공 및 초벌퍼티에서 평활하게 잡지 못한 미세한 요철 등을 마무리퍼티로 매끈하게 작업하기 위함이다.

【주의사항】

1. 마무리퍼티를 도포할 경우, 퍼티의 양을 적게 사용하여 도포해야 한다.
2. 플라스틱 주걱에 힘을 주어 얇게 당겨 도포한다(긁어 내듯 힘주어 당겨 도포함).

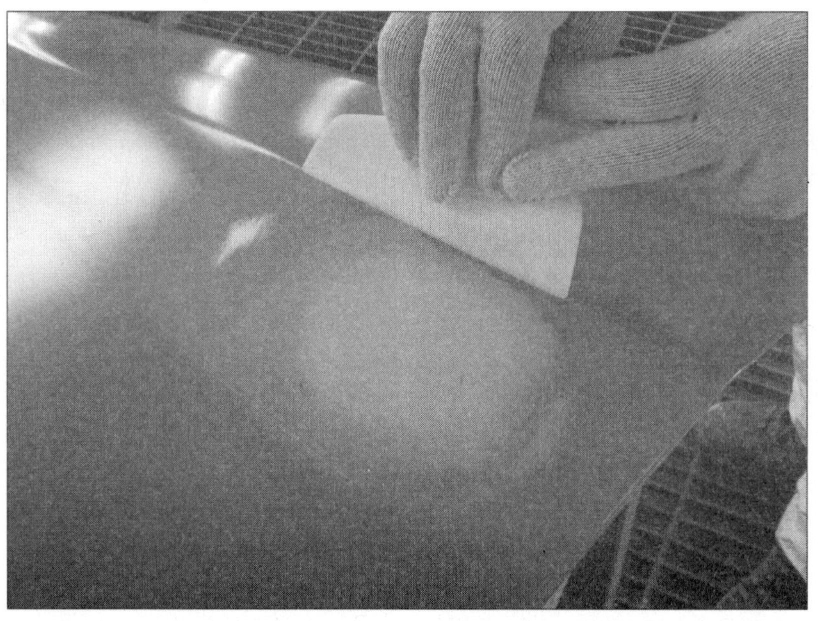

2차 마무리퍼티를 도포할 때에는 주걱에 힘을 주어 밀어붙이는 형태로 당겨 도포한다(기공이 발생하는 것을 방지하기 위함)

작업순서

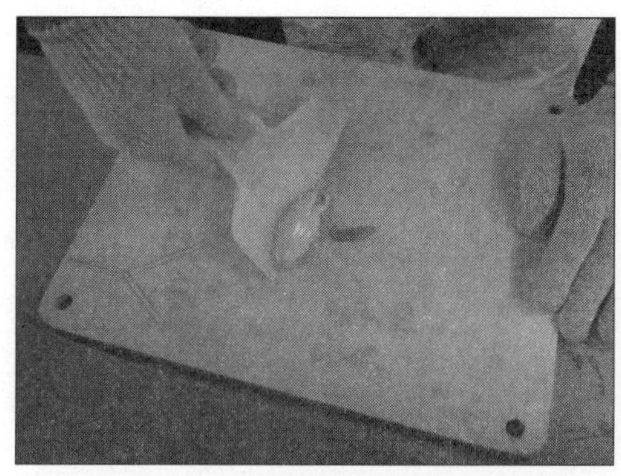
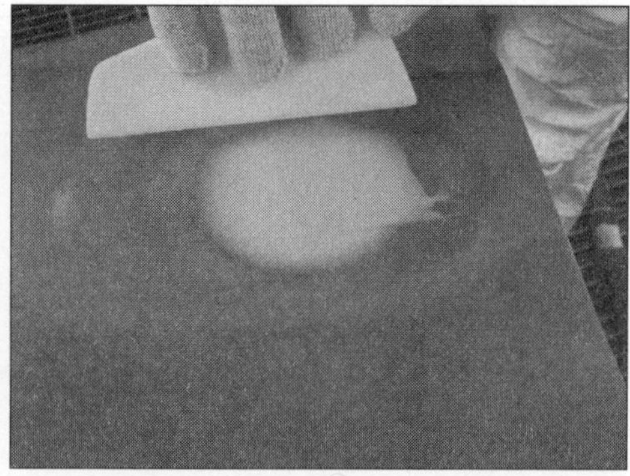

퍼티(주제+경화제)를 골고루 혼합하고 2차 마무리퍼티는 얇게 힘주어 도포한다

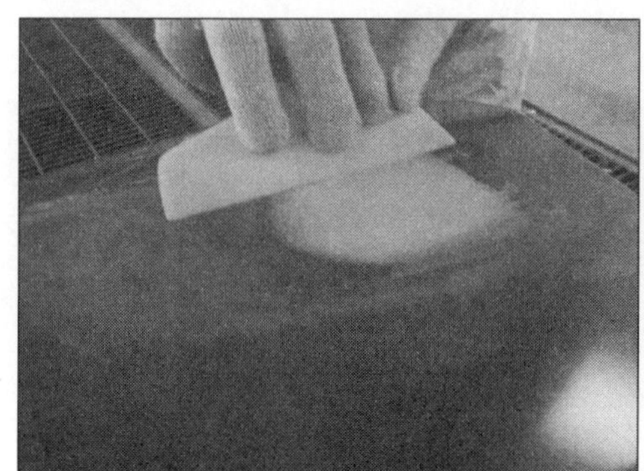

기공과 굵은 기스가 숨겨지도록 도포하고 1차 퍼티와 그 주변까지 도포한다

2차 마무리 퍼티를 원적외선 건조기로 건조한다(건조기를 처음부터 너무 가까이 하지 않도록 해야 하며 원적외선 건조기가 없을시, 히팅 건 또는 헤어드라이어를 사용하여도 무방하다)

8) 2차 마무리 퍼티 연마 및 탈지하기(감독관 확인 필)

2차 마무리퍼티 건조가 끝나면 퍼티면이 식을 때까지 기다렸다가 1차 초벌퍼티(P80→P180)를 연마한 연마지보다 더 고운 연마지(P180→P320 또는 P320 단독사용)를 사용하여 평활하게 연마한다. 1차 초벌퍼티에 비해 2차 마무리퍼티는 밀도면에서 더 좋기 때문에 초벌퍼티를 연마할 때보다 더 고운 연마지로 연마해야 고운 퍼티면을 확보할 수 있다.

【주의사항】

1. P80과 같은 거친 연마지를 사용하지 않도록 한다.
2. 적합한 연마지로는 P320이다(샌더보다 핸드블럭을 이용하는 편이 유리함).
3. 퍼티는 철판면 안쪽에 위치해야 한다.

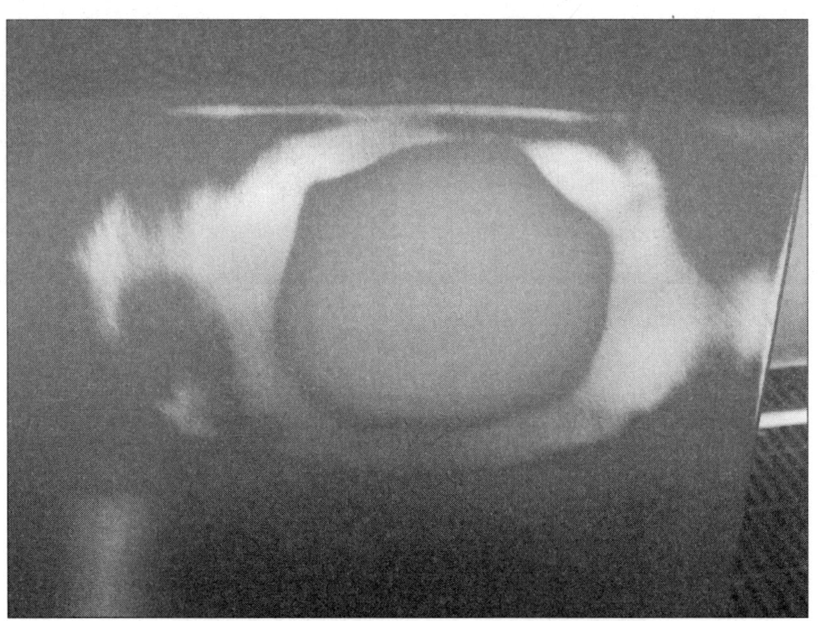

2차 마무리 퍼티의 연마시, 퍼티가 철판면 안에 위치하도록 해야 한다

작업순서

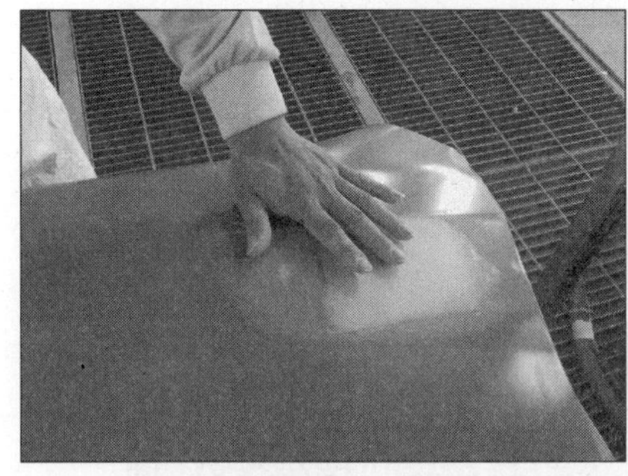

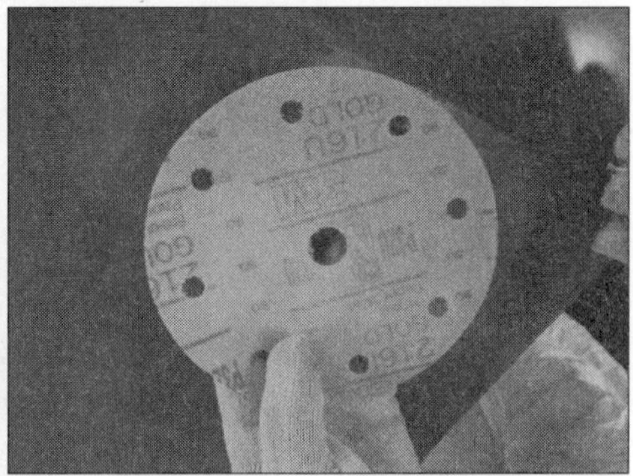

마무리 퍼티가 건조되었는지 확인하여 건조가 되었다면 연마를 위해 적정한 연마지를 선택한다. 보통, 마무리 퍼티를 연마할 때 사용하는 연마지는 p320이 적당하다

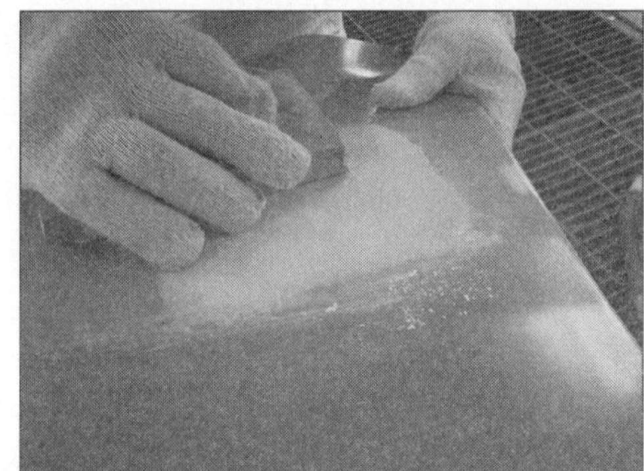

핸드블럭을 이용해 마무리 퍼티를 연마한 후 퍼티부위 및 그 주변을 탈지제로 깨끗하게 닦는다(마스크 및 내용제성 장갑 착용은 필수)

포인트

1. 모든 작업이 완료되면 깨끗하게 패널전체를 탈지한 후 감독관으로부터 작업에 대한 확인을 반드시 받는다.
2. 마무리 퍼티를 연마할 때 사용하는 연마지는 P320이 적당하다.

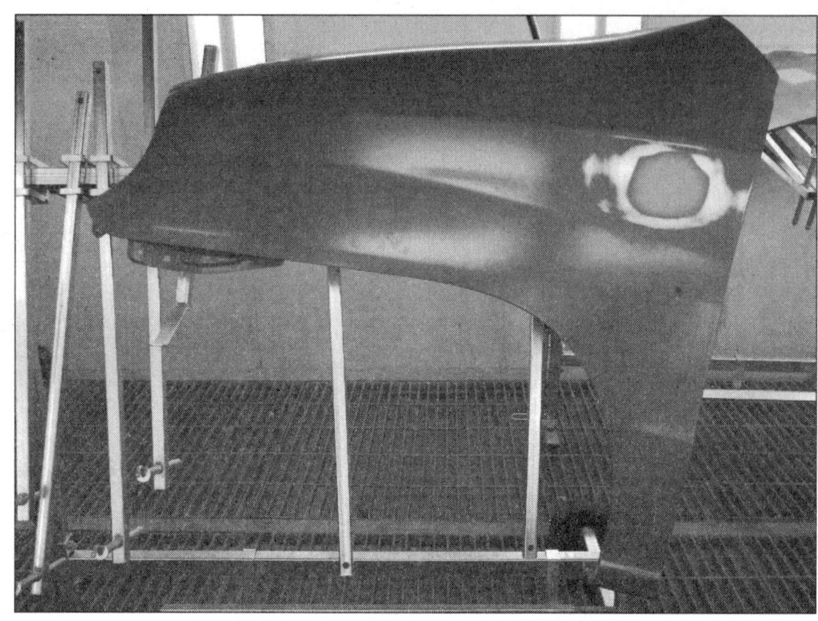

1차(초벌) 및 2차(마무리) 퍼티작업이 완료된 전체 모습(철판면 안에 퍼티가 놓여 지도록 하는 것이 중요하다)

9) 프라이머 서페이서 도료혼합하기(감독관 확인 필요없음)

1, 2차 퍼티작업이 완료되면 과제의 요구사항에 맞게 프라이머 서페이서를 도장해야 한다. 프라이머 서페이서를 도장하는 궁극적인 목적은 하도(Primer)와 상도(Top coat)의 중간에 위치한 것으로 하도가 상도도막에 영향을 주지 않도록 중간에서 차단기능을 하거나 모래나 돌가루와 같은 칩들이 튀어 도막이 벗겨지는 것을 방지하는 내치핑 기능 및 상도 도막에 좋은 외관을 주기 위함이라 할 수 있다.

일반적으로 보수도장에서 사용하는 프라이머 서페이서 도료는 2액형(주제와 경화제가 따로 분리되어 사용되는 도료)으로 된 것을 많이 사용하며 이는 주제(Base)와 경화제(Hardner)로 일정 비율로 혼합해서 사용하도록 되어 있다.

프라이머 서페이서 도료를 혼합할 때에는 필요한 양을 정확히 계산하여 소모되는 도료의 양을 줄이는 것이 중요하다

【주의사항】

1. 주제와 경화제 혼합비율은 도료메이커에 따라 다르므로 반드시 도료메이커가 제시하는 사양에 맞도록 사용해야 한다.
2. 임의대로 비율에 맞지 않도록 사용할 경우에는 건조불량, 주름(지지미) 등과 같은 도막결함으로 이어질 수 있기 때문에 반드시 혼합비율에 맞도록 혼합해야 한다.

작업순서

도료혼합을 위해 필요한 모든 공구를 준비하고 우선, 프라이머 서페이서 주제와 경화제를 준비한다

프라이머 서페이서 주제를 비닐컵에 정확한 양을 담고 주제에 맞는 경화제의 양을 비율에 맞도록 투입한다

주제와 경화제를 골고루 혼합한 후 신너(희석제)를 투입하면서 도료의 점도를 조절한다

도료의 점도를 확인하며 부족시 신너를 조금씩 투입하면서 적절한 도료의 점도를 조절한 후 여과지를 이용하여 도료를 스프레이 건에 담는다

10) 프라이머 서페이서 도장하고 건조하기(감독관 확인 필)

프라이머 서페이서 도료가 준비되면 과제 요구사항에 맞게 프라이머 서페이서를 도장해야 한다. 요구사항이 퍼티부위에만 도장하도록 되어 있다면 그림에서처럼 퍼티부위와 그 주변을 도장해야하고 그렇지 않고 패널 전체를 도장하는 것으로 되어 있다면 패널 전체에 프라이머 서페이서를 적용해야 한다.

【주의사항】

1. 프라이머 서페이서를 적용범위가 검정(시험)에 따라 다를 수 있으므로 퍼티부위에만 적용하는지 아니면 패널 전체에 적용하라고 하는지를 정확하게 숙지하도록 한다.
2. 프라이머 서페이서 도장범위가 너무 넓지 않도록 퍼티부위와 그 주변(철판 드러난 부분)에만 적용하며 한꺼번에 두껍게 도장하지 않도록 한다.
3. 프라이머 서페이서를 적용할 때 도막이 너무 얇지 않도록 하고 퍼티자국이 드러날 경우에는 감점이 되므로 퍼티자국이 생기지 않도록 도막을 적당히 올린다(통상 3~4회).

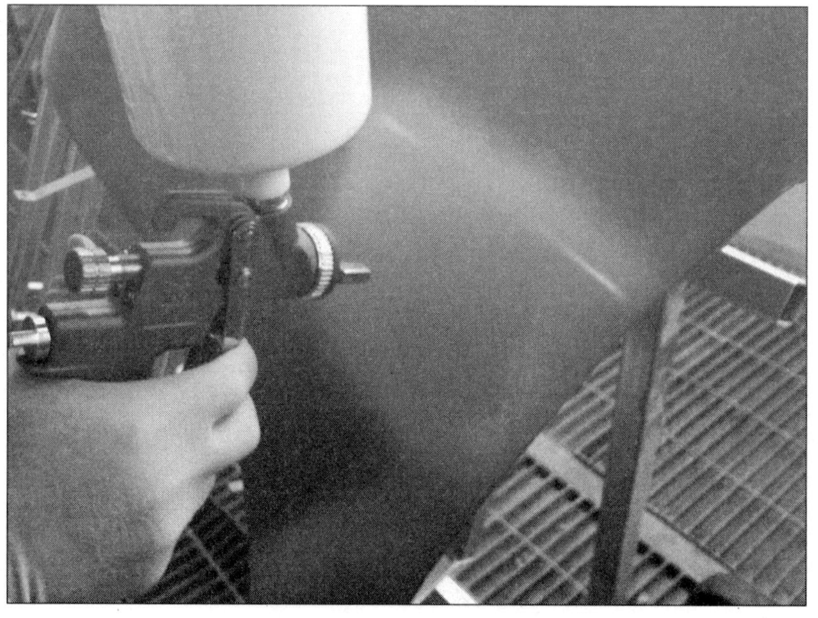

프라이머 서페이서 도장(퍼티부위에만 적용하는 경우)

작업순서

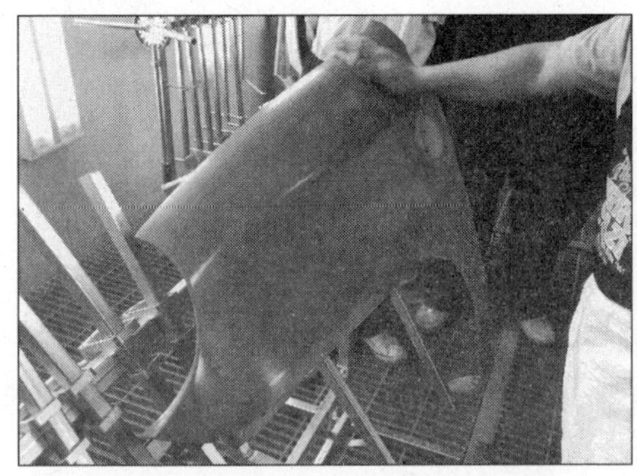

송진포로 패널전체에 묻은 미세먼지를 제거한 후 스프레이 건의 에어압력, 도료토출량, 패턴폭 등을 조절한다

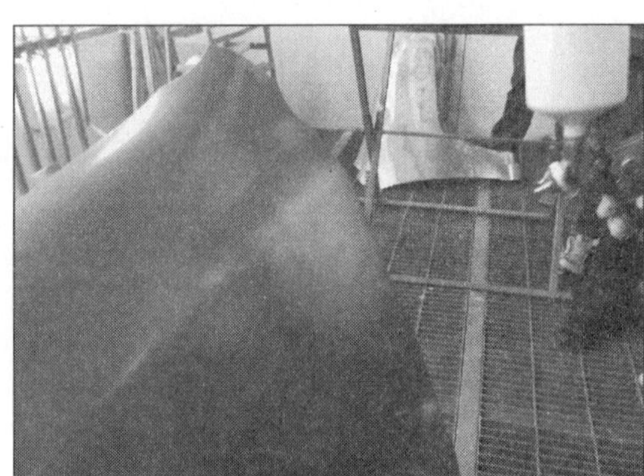
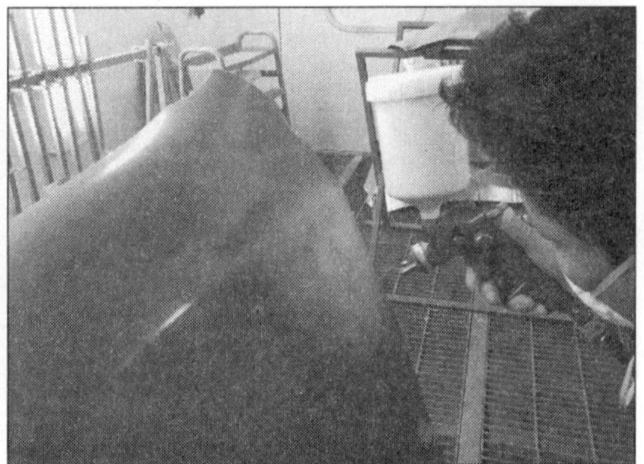

프라이머 서페이서를 처음 도장할 경우에는 얇게(가볍게) 도장한다(퍼티부위에만 프라이머 서페이서를 적용할 경우 도장방법)

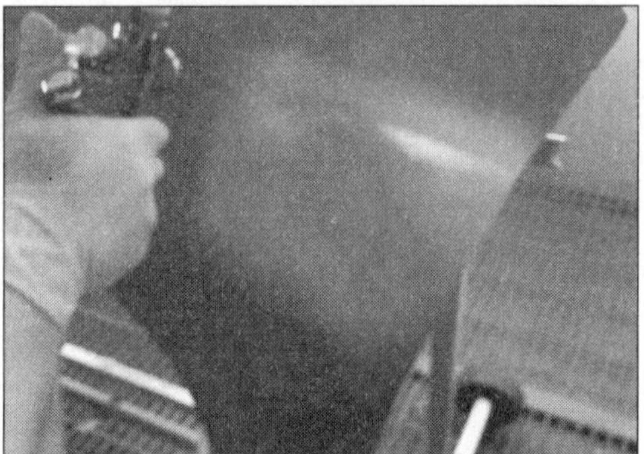

건조를 시키면서 서서히 도막두께를 두껍게 올린다. 이때 도장면에 도막이 올라가는 것을 눈으로 유심히 확인하면서 도장하는 것이 관건이다

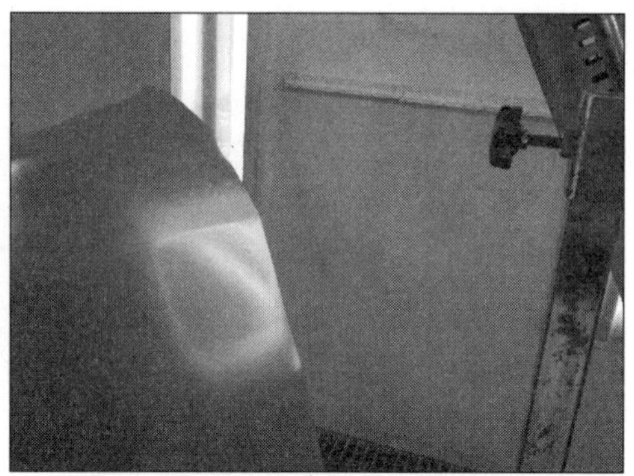

프라이머 서페이서의 도막두께가 적당히 올라갔다고 판단될 때 도장작업을 완료하며 자연상태에서 도막에 광택이 사라질 때를 기다렸다가 도막을 본격적으로 건조시킨다. 도막이 젖어 있는 상태에서 건조기를 가까이할 경우에는 도막결함(핀홀, 지지미 등)이 발생할 가능성이 높다

11) 프라이머 서페이서 연마하고 탈지하기(감독관 확인 필)

프라이머 서페이서 도막을 히팅 건이나 원적외선 건조기로 충분히 건조하고 나면 프라이머 서페이서를 연마해야 한다. 이때 적당한 연마지로는 P600과 같이 부드러운 방수의 연마지가 적당하다. 그림과 같이 더블액션샌더를 이용하여 연마할 경우에는 백업패드와 연마지사이에 스펀지로 된 중간패드를 끼워 연마흔적이 곱게 나오도록 하는 것도 하나의 방법이라 할 수 있다.

【주의사항】

1. 연마된 프라이머 서페이서 도막의 가장자리가 부드럽게 처리되도록 연마한다.
2. 연마 후 곧바로 프라이머 서페이서 도막을 연마하지 않고 식힌 다음 연마한다.
3. 연마된 프라이머 서페이서면의 상태(오렌지 필 ; orange peel)가 일정하도록 연마한다.
4. 프레스 라인 및 가장자리면을 과연마하지 않도록 주의해서 연마한다. 특히 철판이 드러나지 않도록 주의한다(철판이 드러나거나 퍼티면이 드러날 경우 감점요인이 된다).

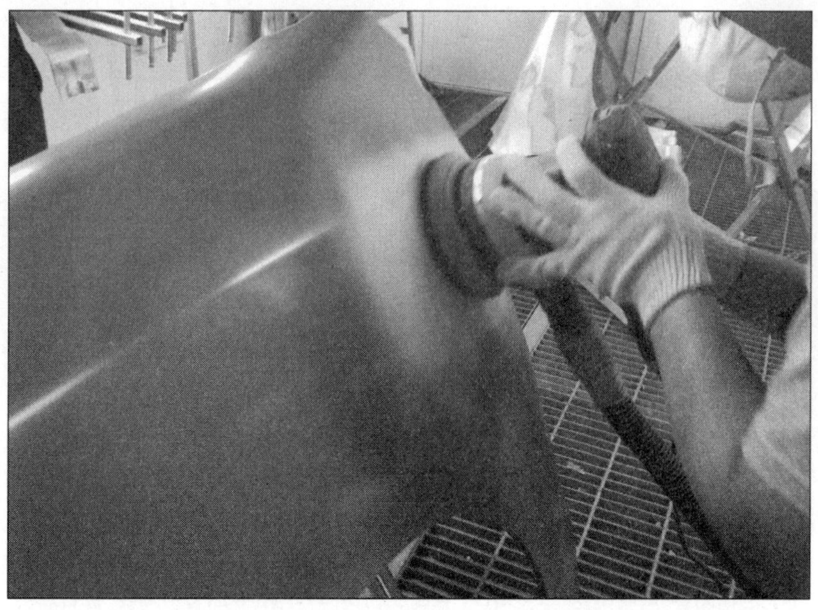

건조된 프라이머 서페이서 도막을 P600 연마지를 사용하여 연마한다

작업순서

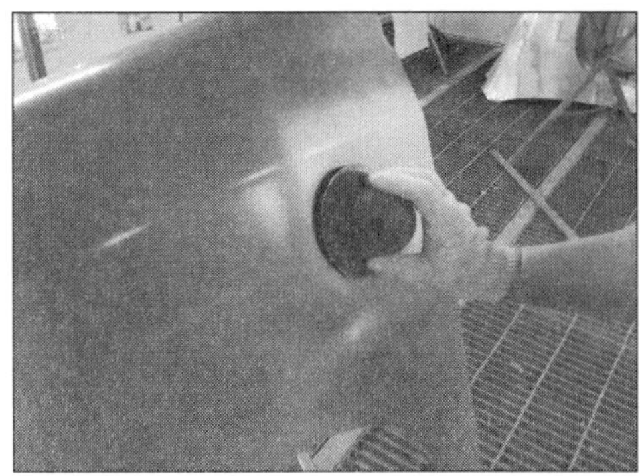

프라이머 서페이서 도막면에 흑연가루를 가볍게 바르고 더블액션샌더에 중간패드를 부착한다

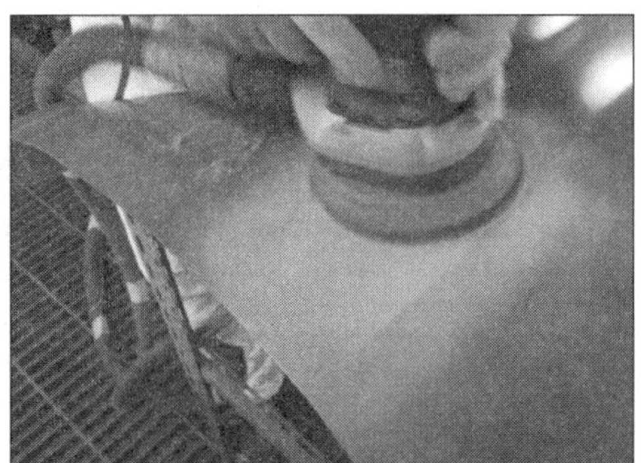

중간패드위에 P600연마지를 부착한 후 프라이머 서페이서 도막을 균일하게 연마한다

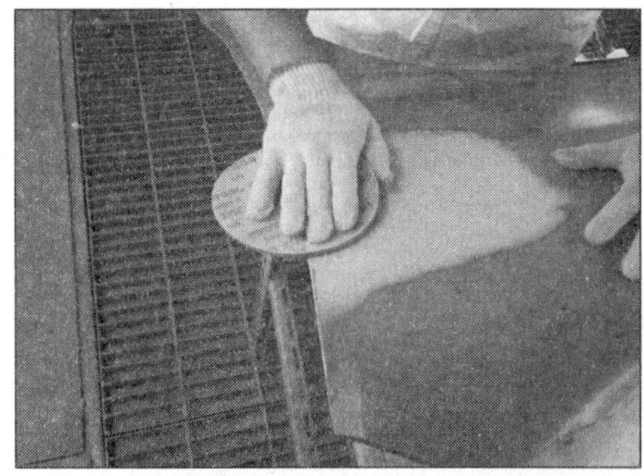
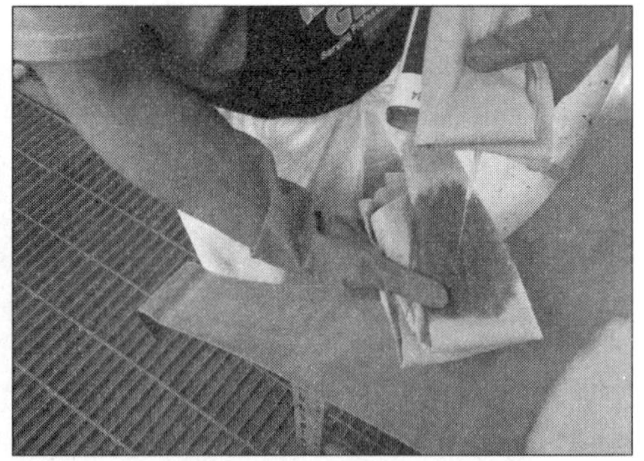

가장자리 부분은 부드러운 연마지로 연마하여 도막이 벗겨져 철판면이 드러나지 않도록 해야 하며 사용했던 P600연마지를 사용해도 무방하다. 연마작업이 완료되면 패널전체를 탈지제를 사용하여 깨끗하게 닦는다

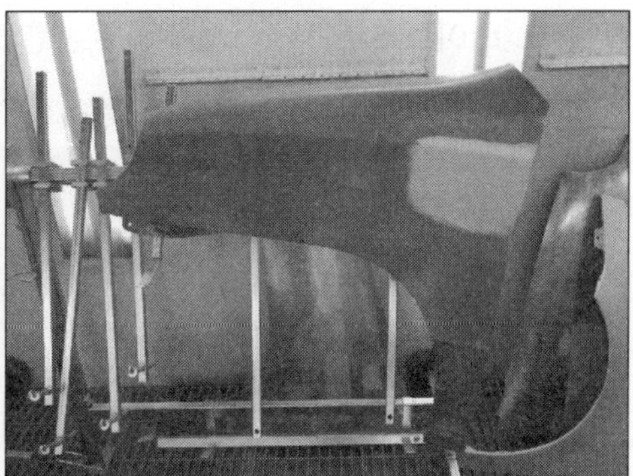

탈지작업은 탈지제를 묻힌 종이타월로 먼저 패널전체를 닦고 다음으로 깨끗한 종이타월을 이용하여 탈지제가 증발하기 전에 깨끗하게 닦아내면 된다. 그리고 탈지작업이 완료되었다면 감독관으로부터 확인을 받는다

12) 상도 베이스코트(base coat) 도료혼합하기

프라이머 서페이서를 연마하고 탈지작업이 끝나면 상도(top coat) 색상 도료인 베이스코트(base coat)를 도장해야 하는데 우선, 주어진 베이스코트 도료를 그림에서와 같이 1회용 비닐컵에 적당량 담는다. 일반적으로 휀더에 도장할 경우 신너(희석제)를 희석하지 않은 원액도료의 양은 200ml 정도면 적당하다.

원액도료를 담고 나서 신너(희석제)를 희석해야 하는데 신너의 희석비는 도료메이커마다 다소 차이가 있기 때문에 반드시 도료메이커에서 추천하는 사양에 따르도록 해야 한다. 대개 60~100%로 희석한다. 80%를 희석할 경우, 원액도료(200ml)+신너 80%(160ml)=360ml가 된다. 따라서 이 정도 양이면 휀더를 도장하기에 충분한 양이라 할 수 있다.

【주의사항】

필요 이상으로 많은 도료를 혼합하지 않도록 한다.

필요한 베이스코트(색상 도료)를 비닐컵에 적당량 담는다

작업순서

주어진 상도 베이스코트(basecoat) 도료를 준비하고 빈 비닐컵과 신너를 준비한다

비닐컵에 베이스코트(basecoat) 도료를 적당량 담고 도료의 양에 맞게 희석신너를 적당히 투입한다. 보통 베이스코트 도료 대비 희석신너 비율은 도료회사, 도료의 종류 등에 따라 상이하지만 60%~80%가 보편적이며 많게는 100% 희석하는 경우도 있다

희석신너를 투입할 때에는 도료의 점도를 체크하면서 조금씩 투입하는 것이 중요하며 희석도료가 만들어졌다면 스프레이 건에 여과하여 담는다

13) 상도 베이스코트(base coat) 도장하기

프라이머 서페이서를 연마하고 탈지작업이 끝나면 마지막 공정인 상도(top coat)도장을 해야 한다. 그 중에서도 색상 도료인 베이스코트(base coat)를 도장해야 하는데 색상의 종류에 따라 도장하는 횟수도 다소 차이는 있지만 메탈릭 색상(metallic color)의 경우, 3~4회 정도가 일반적이라 할 수 있다. 첫 번째 도장은 도료의 양을 적게 하거나 스프레이 건 운행속도를 빠르게 하여 얇은 도막을 형성하도록 도장하며 짧게 플래쉬 오프타임(용제가 증발할 수 있는 여유시간)을 적용한 뒤 두 번째 도장시에는 본격적인 도막두께를 올린다는 생각으로 촉촉하게 적셔 도장한다. 도막이 두꺼울 경우에는 건조되는 시간도 길어지므로 충분히 플래쉬타임을 적용하여 도막이 건조된 다음 도장을 한다. 세 번째 도장은 두 번째 도장보다 도막두께를 약간 얇게 도장한다는 느낌으로 도장하여 얼룩이 발생하지 않도록 주의하면서 도장하고 도막이 건조될 때까지 플래쉬타임을 적용한 다음 마무리 도장시에는 첫 번째 도장과 유사한 방법으로 가볍게 도장하여 도막의 얼룩이 생기지 않도록 도장한다.

【주의사항】

1. 한 번에 두껍게 도장하지 않도록 한다.
2. 도장 간 플래쉬 오프 타임(용제가 증발할 수 있는 여유시간)을 충분히 적용한다.

상도 베이스코트 도장하기

작업순서

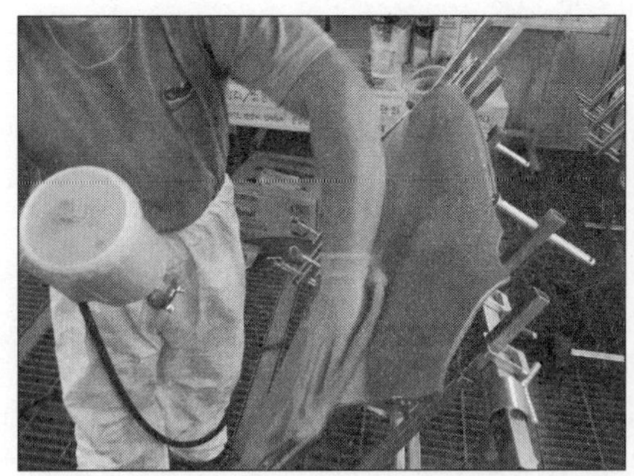

송진포로 미세먼지를 깨끗하게 제거한 후 스프레이 건에 여과하여 담아 두었던 베이스코트 도료를 이용하여 가장자리 부분을 먼저 도장한다

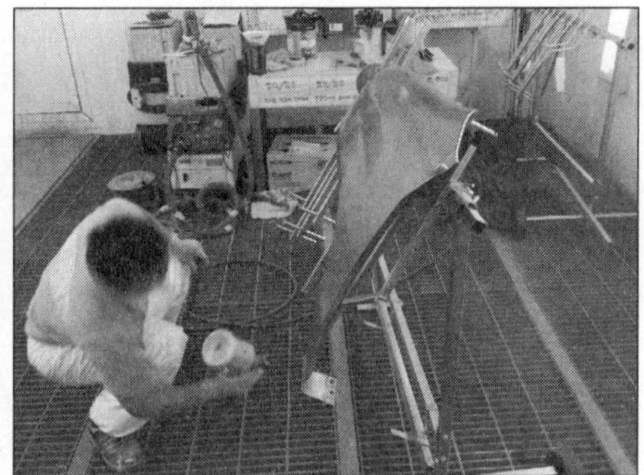

1회 도장시에는 도료의 양을 적게 하여 가볍게(얇게 도포) 얹히듯 도장하고 2회 때에는 본격적인 두께를 올리기 위해 촉촉하게 광택이 나도록 도장한다

3회 도장을 하기 전에 플래쉬 오프타임을 충분히 적용한 후 도장해야 하고 2회 때 도장보다는 도막을 다소 적게 올린다는 느낌으로 촉촉한 느낌만 나오도록 도장하는 것이 효과적이다 그리고 1회 도장을 하고 난 후 2회 도장, 2회 도장을 하고난 후 3회 도장을 하기 전에는 반드시 플래쉬 오프타임을 충분히 적용하는 것이 매우 중요하며 도막에 광택이 사라질 때까지 기다렸다가 후속도장을 해야 메탈릭 얼룩현상이나 흐름현상 등의 결함이 발생하지 않는다

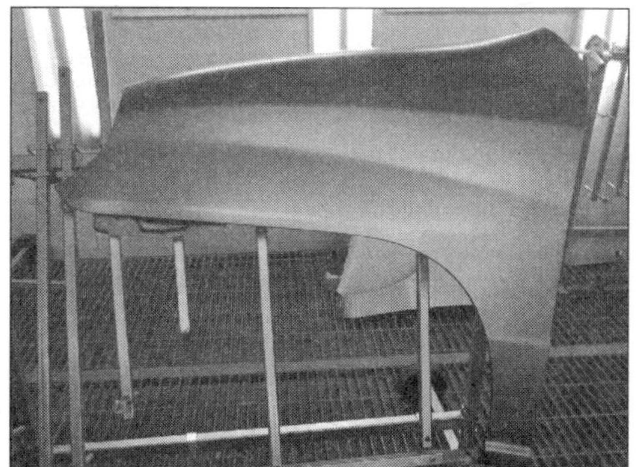

앞서 도장작업에서 얼룩이 발생했다면 에어 압력을 평소보다 줄이고 가볍게 날려 얹히듯 날려 도장하면 얼룩현상을 어느 정도 제거할 수 있다 그리고 베이스코트 도장은 도장횟수(일반적인 색상의 경우 3~4회)보다 도장했을 때 도막이 은폐되었는가 그렇지 않은가를 우선 확인하는 것이 더 중요하다 이렇게 도막이 건조될 때까지 플래쉬 오프타임을 충분히 적용한 다음 클리어코트 도장을 진행하는 것이 바람직하다

14) 상도 클리어코트(clear coat) 도장하기

상도 베이스코트(색상 도료)도장이 완료되면 베이스코트가 충분히 건조될 때까지 충분히 플래쉬 오프타임을 적용한다. 현장의 경우에는 도막에 있는 용제나 신너(희석제)가 충분히 증발할 수 있도록 여유시간인 이것을 적용하는 동안 이 시간을 이용하여 베이스코트 도장시 사용한 스프레이 건을 세정하면 되는데 검정에서는 상도 베이스코트와 클리어코트 도료를 미리 준비하여 분무실로 들어가야 하므로 스프레이부스 안에서 충분히 여유시간을 적용한 다음 클리어코트(투명 도료)를 도장해야 한다.

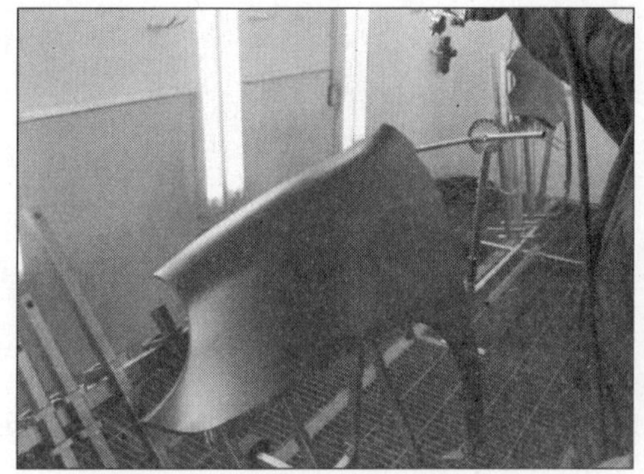

처음에는 가볍게 날려 도장한다

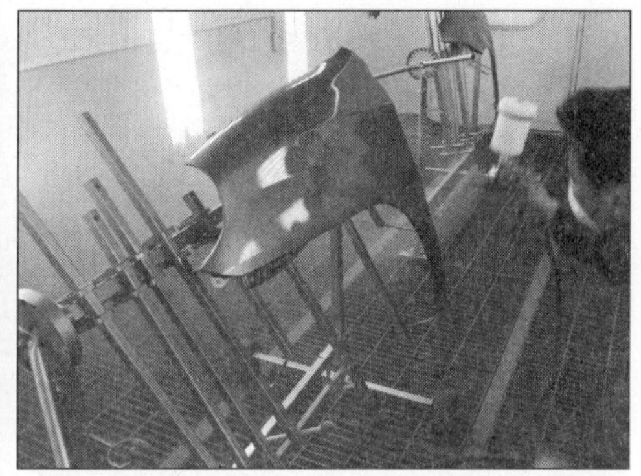

상도 클리어코트(clearcoat) 도장하기

표면에 묻은 베이스코트의 더스트를 제거하기 위해 송진포를 이용해 가볍게 에어 블로잉과 함께 왁스끼를 제거한다. 그리고 나서 표면을 가볍게 날려 도장하는 방법으로 도막에 얇은 입자가 묻도록 도장한다. 이렇게 하는 이유는 도료의 부착력을 증가시키는 동시에 표면에서 발생할 수 있는 크레터링과 같은 왁스끼 현상을 사전에 방지하기 위해서이다.

그림에서와 같이 첫 번째 도장은 표면을 먼저 가볍게 도장한 후 가장자리 부분을 돌아가면서 위에서 아래방향으로 한번은 에어로 불어 연습하듯 지나가고 그 다음 도료를 분사하여 도장하는 방법으로 진행하면 가장자리 부분에서 도료의 양이 많아 흐르는 문제는 발생하지 않는다.

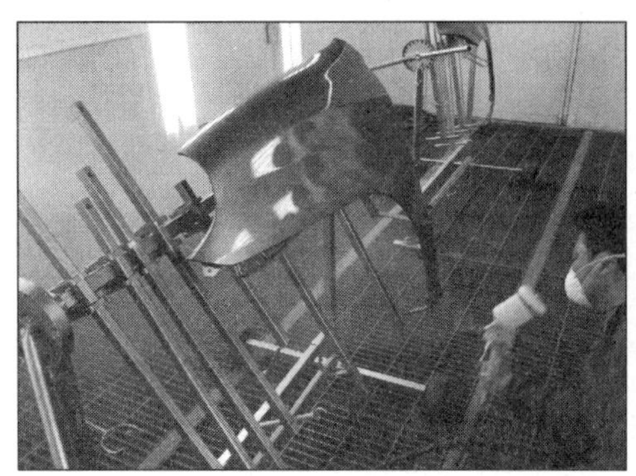

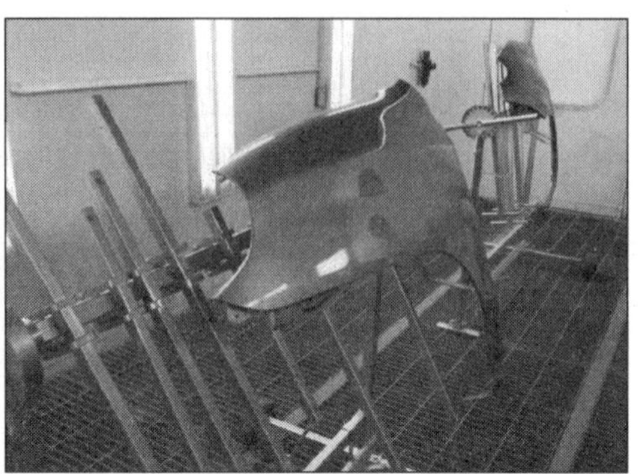

두 번째 도장시에는 본격적으로 두께를 올리고 플래쉬 오프타임을 충분히 적용한다

가장자리 부분도장이 끝나면 곧바로 이어 본격적인 도막두께를 형성하는 두 번째 도장을 해야 한다. 두 번째는 첫 번째 도장시 가볍게 표면에 얹혀놓은 클리어코트로 인해 표면의 부착력이 높은 상태이므로 도료의 양을 늘려 다소 두껍게 도장을 해도 무방하다 할 수 있다. 대신 이렇게 도막이 두꺼운 경우에는 도막에 포함된 용제나 신너성분이 많기 때문에 용제가 증발할 수 있는 여유시간인 플래쉬 오프타임(flash off time)을 충분히 적용해야 한다는 점이다.

스프레이 부스 내부의 도장조건에 따라 차이는 있지만 일반적으로 5분~10분 정도 지난 다음 도장을 진행하면 충분한 시간일 것이다.

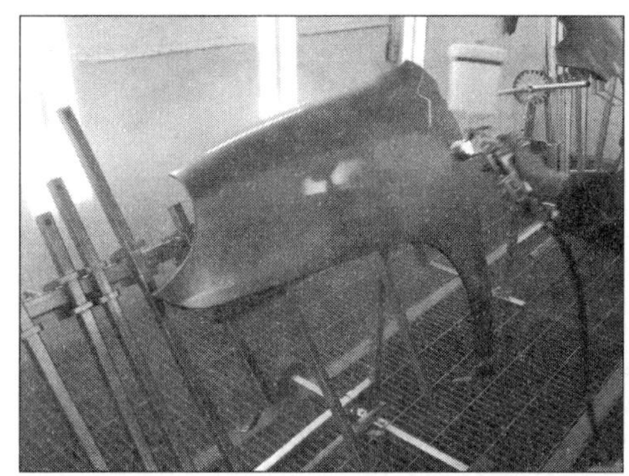

세 번째 마지막 도장시에는 충분한 플래쉬 오프타임적용으로 인해 도막의 부착력이 충분하므로 2회때 도장보다 다소 많은 양을 적용해도 그다지 흐르거나 쳐지는 현상이 적다 균일하게 도장한다는 느낌으로 도막에 도료가 묻는 현상을 눈으로 확인하면서 도장하고 칠이 부족하지 않도록 일정한 겹침으로 도장하는 것이 관건이다. 이렇게 하면 오른쪽 그림과 같이 일정하고 균일한 광택을 가진 외관을 확보할 수 있다. 어느 부분은 광택이 많이 나고 어느 부위는 광택이 없고 칠부족 현상이 발생하는 그런 도막 상태를 만들지 않으면 된다

여기서 마지막 도장할 적정 시점을 잡을 수 있는 방법이 지촉건조가 나오는 때를 도장할 타이밍으로 잡으면 된다. 패널에 도장할 때 주변 거치대(작업대)에도 도료가 묻기 때문에 이 묻은 도료가 5분 이상 지나면 지촉건조(도료가 손가락에 묻어 나오지 않고 지문이 생기는 도막 상태)가 나타나는데 이때를 클리어코트의 마지막 도장할 시점으로 보면 되는 것이다.

마지막 도장시에도 마찬가지로 가장자리 부분을 위에서부터 좌, 우 그리고 밑부분까지 먼저 도장한다. 그리고 마지막 도장이기 때문에 여기서 중요한 포인트라 할 수 있는 것은 칠이 부분적으로 묻지 않아 부족한 부분이 없도록 촘촘하게 도장한다는 느낌으로 도장하는 것이다. 가장자리 부분도장이 마무리되면 상단부분에서 시작하여 겹침, 스프레이 건의 운행속도, 건과 패널(피도체)과의 거리 등을 일정하게 하여 도료(칠)가 어떻게 묻는지 눈으로 직접 확인하면서 도장하는 것이 무엇보다 중요하다 할 수 있다.

【주의사항】

1. 처음부터 한 번에 많은 양의 도료로 도장하지 않도록 한다(첫 번째 도장은 가볍게 얹혀 패널과 도료의 부착력을 증가시키는 목적과 크레터링과 같은 결함이 발생하지 않도록 사전에 예방하는 도장법을 구사하는 것이 효과적이다).
2. 첫 번째 도장시에는 적은 양의 도료로 도장하기 때문에 곧바로 이어서 두번째 도장을 이어서 하는 것이 효과적이다.
3. 두 번째 도장을 하고 난 뒤 세 번째 도장을 하기 위해서는 플래쉬 오프타임을 충분히 적용한 뒤 마무리도장을 해야 한다(지촉건조가 나오는 시간은 보통 5분 이상 10분 이내로 보면 된다).
4. 패턴폭은 가능한 한 넓게 하고 겹침폭(2/3 정도) 또한 일정하게 겹쳐질 수 있도록 도장한다.
5. 스프레이 건을 밑에서 위로 도장하다보면 도료캔 속에 있는 도료가 캔 뚜껑 사이로 새어 나와 도막에 떨어지는 경우가 발생하므로 도장 간에 수시로 확인하면서 도장한다.
6. 스프레이 부스의 도장조건 중에서 특히, 온도가 낮으면 도료가 처질 가능성이 높기 때문에 겨울과 같이 기온이 낮은 경우에는 플래쉬 오프타임을 충분히 적용해야 한다.

작업순서

사용하고자 하는 클리어코트 주제를 비닐컵에 적당량 담는다. 이때 과도하게 많은 양을 혼합하지 않도록 한다(비율 표시에 정확히 투입한다)

클리어코트 주제의 비율에 맞도록 경화제의 양을 정확히 담는다. 옆의 그림처럼 주제의 양에 맞는 비율대로 경화제의 양을 정확히 투입하는 것이 중요하다

주제와 경화제를 골고루 혼합한 후 여과지를 이용하여 도료를 스프레이 건에 조심스럽게 담는다

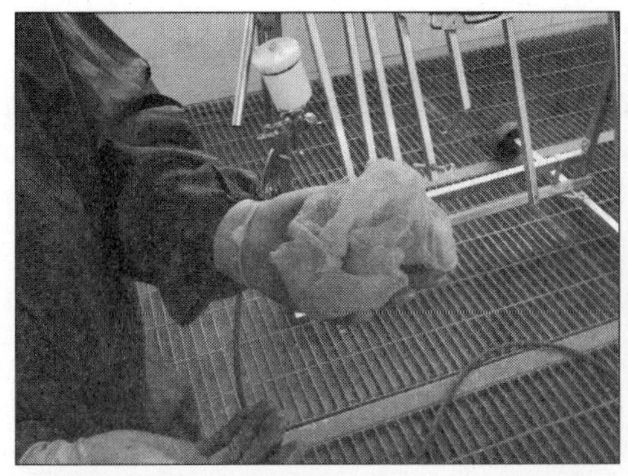

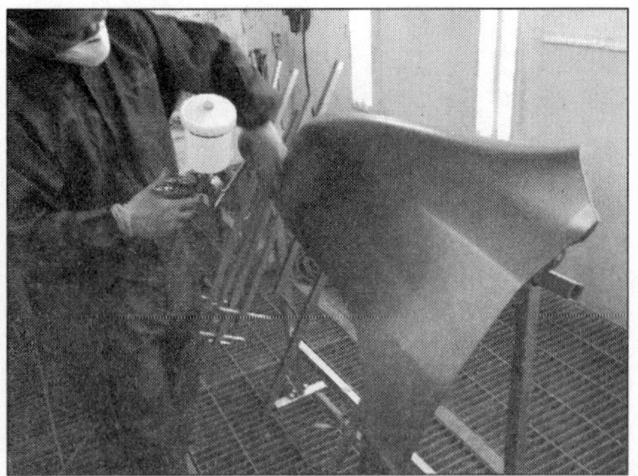

송진포를 사용하기 전에 뭉쳐있던 것을 넓게 펴서 샤워솜처럼 만들어 뭉치지 않도록 준비하고 베이스코트 도장면의 왁스끼와 미세먼지를 제거한다

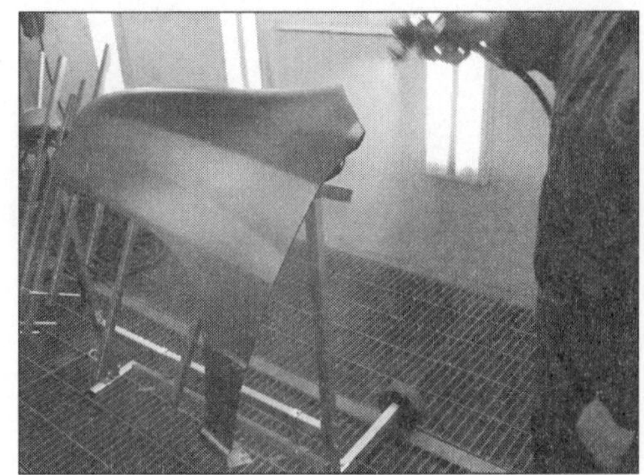

패널의 가장자리 윗부분

패널의 가장자리 측면부분

패널의 가장자리 측면부분

패널의 가장자리 아랫부분

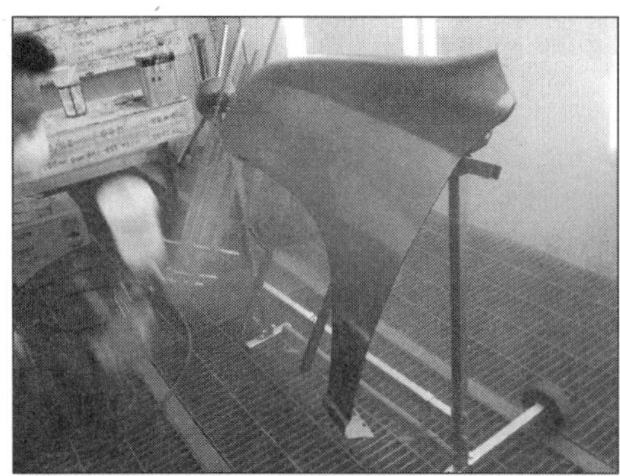

첫 번째 도장은 베이스코트 도막의 상태를 조절하고 트러블(도막결함 등)이 발생할 지 그 여부를 판단하기 위해 적은 양의 도료로 가볍게 얹히듯 도장한다

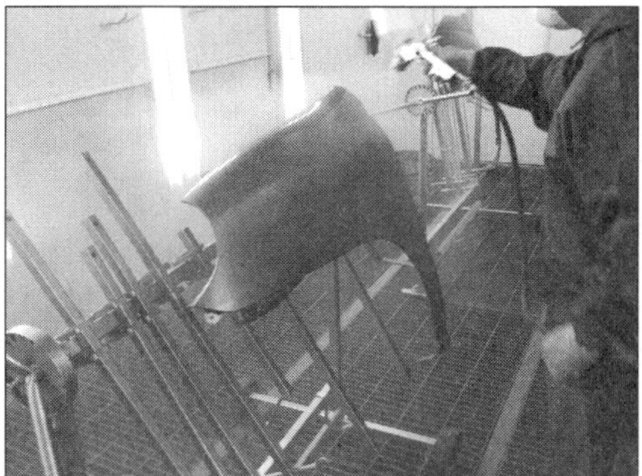

두 번째 도장부터는 본격적으로 도막을 올린다. 이때 겹침을 일정하게 하고 스프레이 건의 운행속도를 일정하게 하는 것이 중요하다

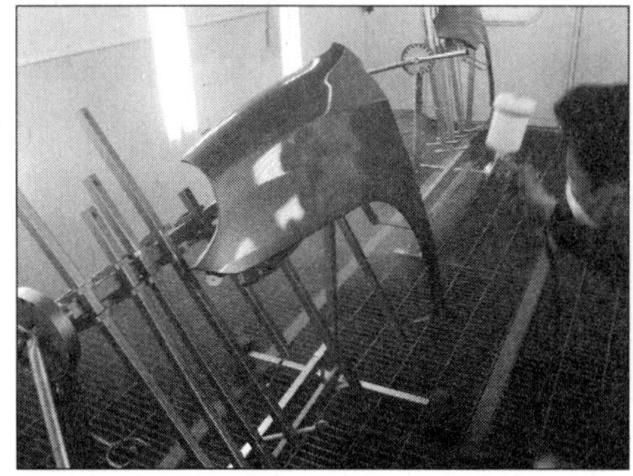

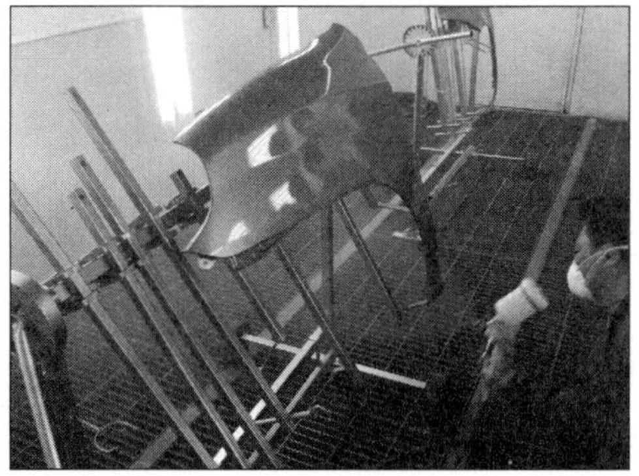

스프레이 건과 피도체가 너무 가까워도 안되고 너무 멀어도 안되기 때문에 적당한 거리를 유지하면서 일정한 속도로 운행하고 적절한 겹침을 해야 한다

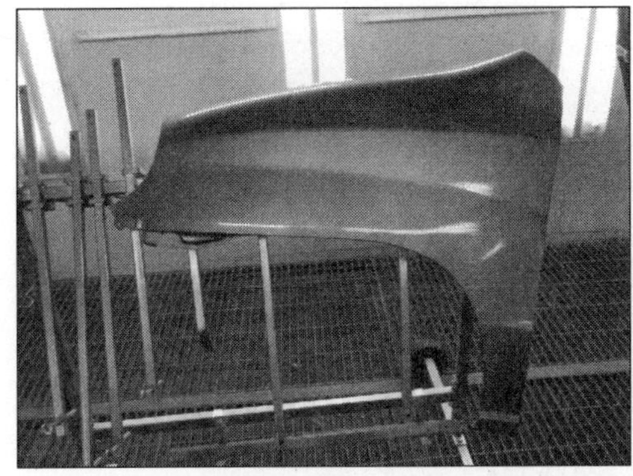
두 번째 클리어코트 올리기 완료

지촉건조가 나올 때까지 방치한다

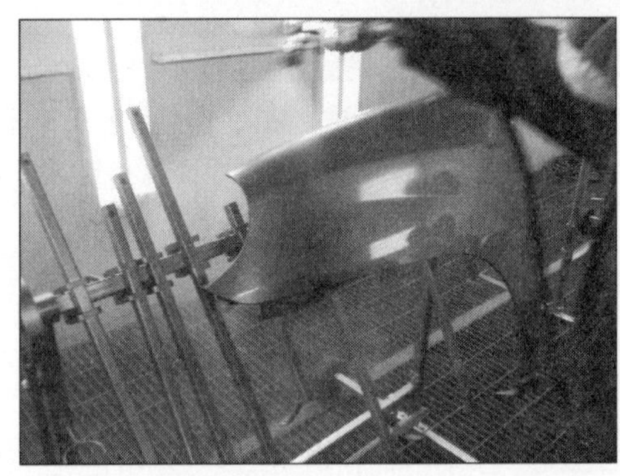

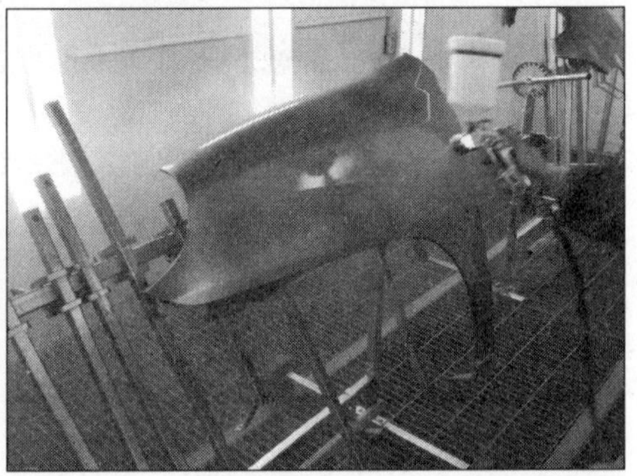

플래쉬 오프타임을 충분히 적용하여 지촉건조가 나왔다고 판단될 때 마지막 마무리도장을 한다. 왼쪽 그림에서처럼 패널도장을 할 때 가장자리 부분은 패턴이 패널 바깥쪽에서 시작하여 걸리도록 해야 가장자리 부분의 도막이 일정하게 올라갈 수 있다

마무리도장이 진행중인 모습

마무리도장이 완료된 모습

두 번째 도장을 하고 세 번째 마무리도장을 하기 전에 플래쉬 오프타임을 충분히 적용하여 도막에 지촉건조가 나왔는지를 확인한 다음 마지막으로 클리어코트 도장작업을 진행한다

포인트

지촉건조란?

도막표면에 손가락 끝을 가볍게 대었을 때 도료는 손가락에 묻어 나오지 않지만 끈적거리는 점착성은 남아 있는 상태를 말한다.

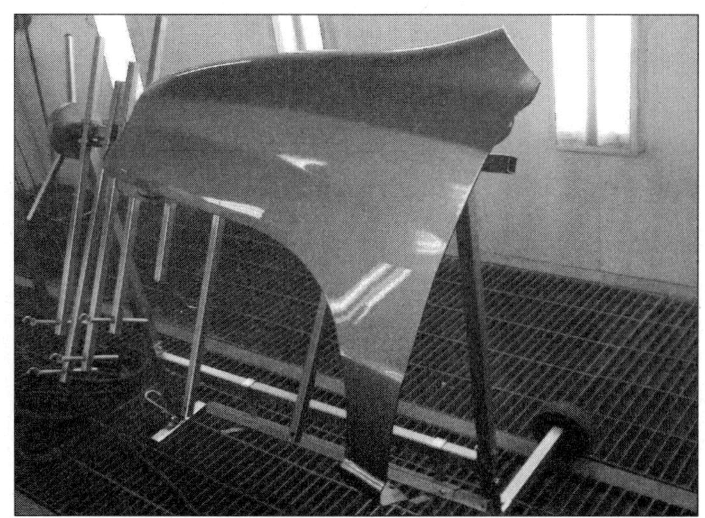

클리어코트 도장이 마무리되면 열처리를 할 수 있도록 패널을 옮긴다

포인트

1. 상단부위 도장시 바깥쪽에서 도장을 시작하여 안쪽으로 들어오게 도장하여 상단부위에 도장이 부족한 상태를 만들지 않도록 주의한다.
2. 하단부위 도장시 아랫부분이라 대충 도장하기 마련인데 베이스 도장부터 클리어코트 도장까지 도장이 제대로 되었는지를 확인하면서 도장한다.
3. 상단부위와 하단부위는 칠이 부족한 이유로 외관점수에서 감점을 받게 되는 부위기 때문에 주의해서 도장해야 한다.
4. 전체적인 클리어코트 도장외관이 균일하고도 일정한 면이 나올 수 있도록 도장이 되어야 좋은 점수를 얻을 수 있다.

15) 열처리(heat treatment)하기

상도 클리어코트(투명 도료)도장이 모두 완료되면 감독관의 지시에 따라 각자 도장한 패널을 열처리할 공간(스프레이 부스)으로 옮겨야 한다.

검정과제시간이 오전에 1과제 표준보수도장작업을 3시간, 중식시간, 그리고 오후에 2과제 조색작업과 3과제인 부분(블렌딩)도장작업을 진행하므로 통상 중식시간을 활용하여 일괄 열처리를 한다. 일반적인 보수도장에서의 열처리는 60℃×30분 또는 80℃×20분 정도가 보편적이다.

【주의사항】

1. 패널을 옮길 때 도막에 닿지 않도록 주의한다.
2. 열처리실 바닥에 내려 놓을 때 도막이 손상되지 않도록 주의해서 옮긴다.
3. 1과제인 표준보수도장작업에서 결정적인 큰 실수만 없다면 문안하게 2과제와 3과제를 진행할 수 있을 것이다.
4. 평일은 큰 문제가 없지만 주말이나 휴일에 검정을 보는 경우에는 검정장 주변식당이 영업을 하지 않는 경우가 많고 중식시간 역시 30분으로 짧기 때문에 간단한 도시락을 준비하는 것이 좋을듯하다.
5. 아래 왼쪽 그림에서처럼 열처리실로 패널을 옮길 때 타 수검자 패널에 발이 닿거나 패널이 닿아 피해를 주는 경우 또는 과도한 도장으로 인해 도료(칠)가 다른 수검자 패널에 떨어지는 일도 발생하므로 주의해서 패널을 옮겨 놓도록 한다.

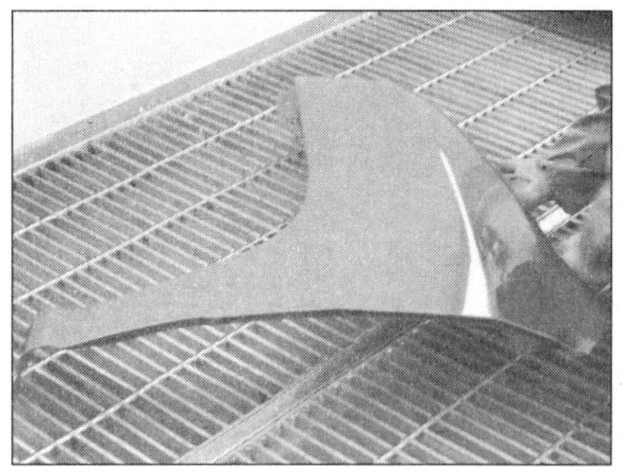

패널을 열처리 부스 바닥에 옮겨놓는 모습과 열처리실에 옮겨놓은 패널

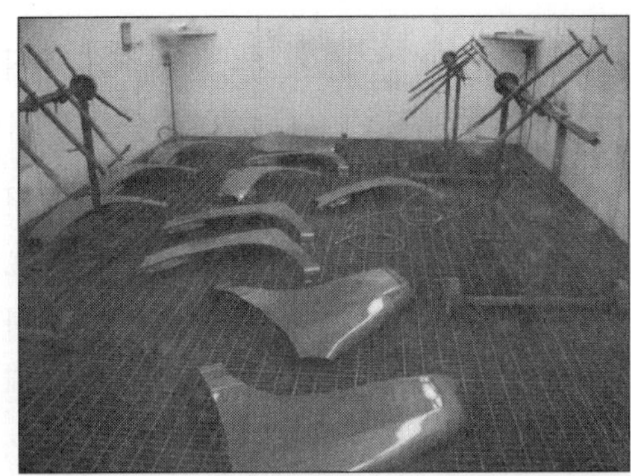

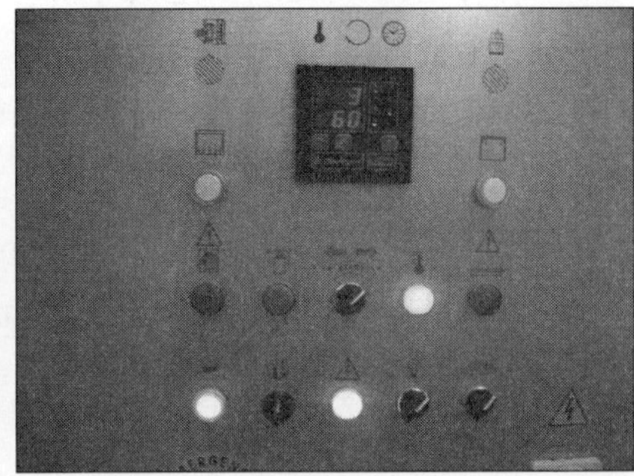

열처리 부스 바닥에 패널을 옮겨 열처리하고 있는 모습. 열처리가 진행되어 지시하고 있는 세팅된 온도는 **60℃**이며 30분 중에서 현재 27분이 경과되고 **남은 시간이 3분**이라는 것을 가리키고 있다

16) 스프레이 건(spray gun) 세정하기

도장이 완료된 패널을 열처리실로 옮겨 놓고 나서 사용한 스프레이 건(상도 베이스코트, 클리어코트)을 깨끗하게 세정한다.

앞서 프라이머 서페이서를 도장한 스프레이 건은 사용하고 난 직후에 바로 세정해야 하며 상도 베이스코트(색상 도료)와 클리어코트(투명 도료)역시 도장이 완료되고 나서 바로 세정하는 것이 좋다. 건을 세정할 여유가 없어 중식시간 이후에 건을 세정하게 되면 투명 도료의 경우는 2액형 도료이기 때문에 도료를 담은 캔과 건의 몸체 및 캡 그리고 통로에 묻어 있던 도료가 굳어 쉽게 닦이지 않게 되므로 사용 직후에 바로 세정하는 편이 낫다.

【주의사항】

1. 사용한 스프레이 건은 사용직후 곧바로 깨끗하게 닦는다.
2. 에어캡, 도료캔, 뚜껑캡 등의 틈새 부분에 묻은 도료를 깨끗하게 닦는다.

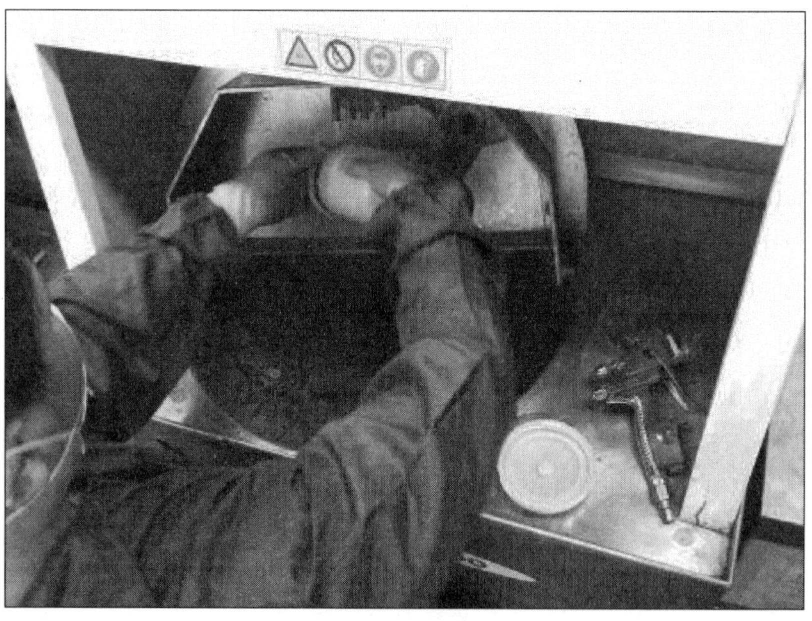

스프레이 건 세척기를 이용한 건 세정하기

작업순서(상도 베이스코트, 클리어코트를 도장한 스프레이 건 세정)

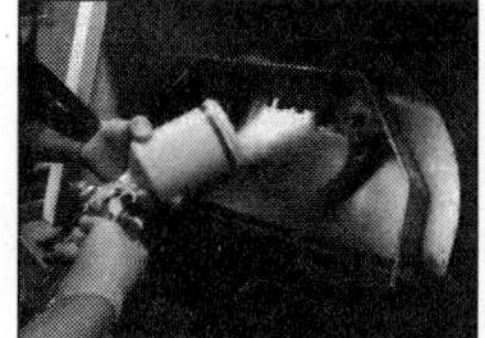
건세척기로 세척

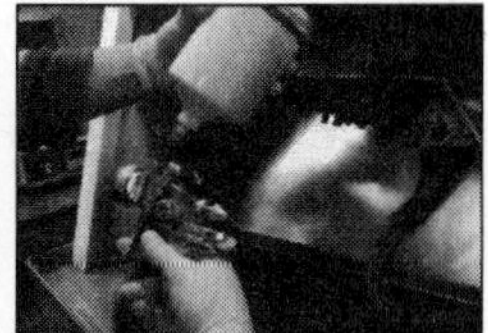
도료 캔 분리

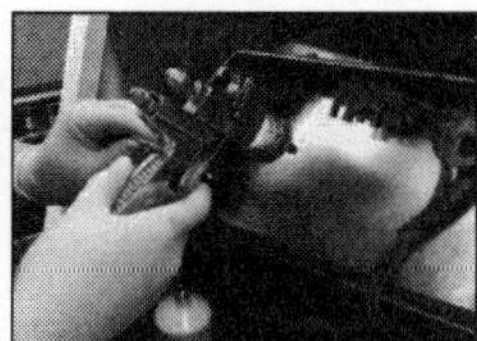
건 방아쇠 고정

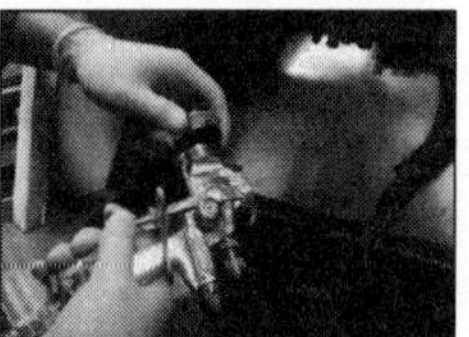
에어캡 분리

건세척기에 건 로딩

건 세척기 작동

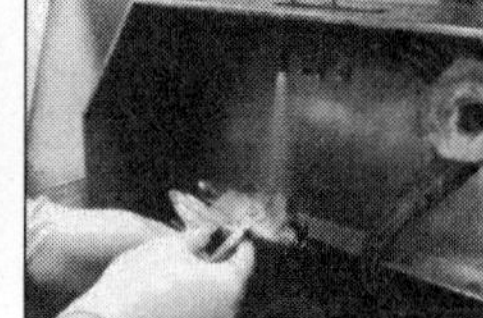
몸체 도료통로 세정

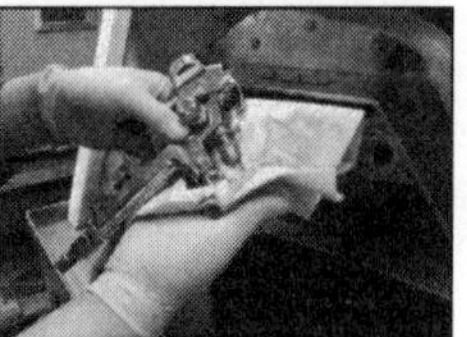
종이타월로 닦기

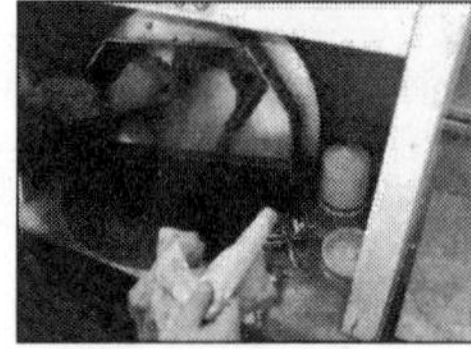
도료캔 뚜껑 세정

도료캔 세정

몸체와 캔 연결

희석신너로 뿜기

신너를 뿜어 깨끗한 상태로 나온다면 세정이 깨끗하게 완료되었다 판단하면 된다. 스프레이 건 세정은 도료를 사용하고 난 직후에 곧바로 세정하는 것이 중요하며 곧바로 세정할 수 없을 경우에는 건 세척기에 로딩하여 자동으로 작동시켜 두었다가 세척기 작동이 완료되고 난 다음에 건을 꺼내어 깨끗하게 세정하면 된다. 한번 건이 세정이 안되거나 잘 못되어 칠이 굳어지게 되면 100% 건의 성능을 발휘하기 어려우며 패턴이 이상하거나 칠이 어느 한쪽으로 쏠려나오거나 하는 등의 문제가 발생하며 이로 인한 도장시 발생되는 균일하고 일정한 도막을 만들거나 색상을 만들지 못하는 결과를 초래하므로 건을 사용하고 난 직후에 깨끗하게 닦는 습관을 들이는 것이 매우 중요하다.

1과제 표준보수도장작업에 대한 전체적인 진행 흐름을 사진으로 파악하기(첫 번째 코너)

첫 번째 코너는 전체적인 작업진행 순서 및 흐름을 사진으로 한눈에 파악하기 위한 것이므로 과정에서 놓칠 수 있는 세밀한 부분까지 표시했기 때문에 많은 도움이 될 것이다. 이번 코너에서는 패널의 비닐을 벗기는 것에서부터 시작하여 1차 초벌퍼티를 도포하고 건조시키는 것까지를 나타내었으며 진행하는 중간에 확인이라고 되어 있는 부분은 작업이 완료된 후 감독관의 확인을 받아야 하는 단계를 표시하였으니 반드시 숙지하기 바란다.

포장된 비닐을 벗긴다

손상이 있는지 여부를 확인한다

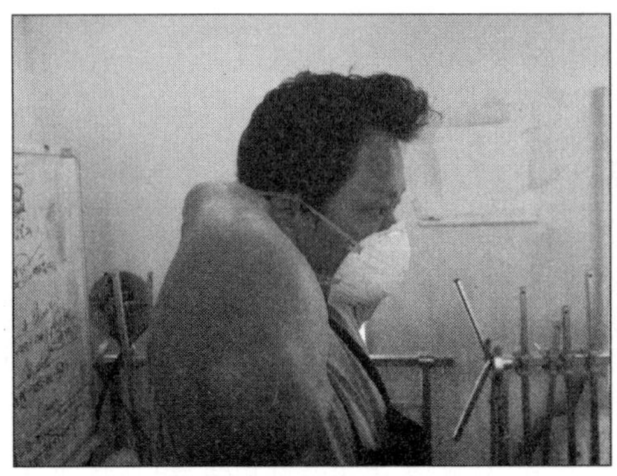

마스크를 착용한다

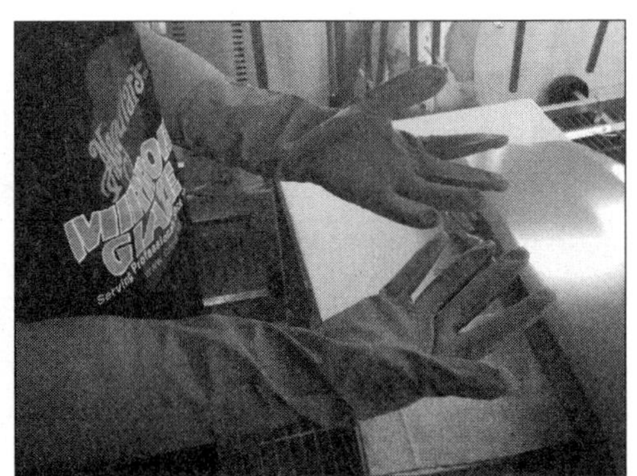

내용제성 장갑을 착용한다

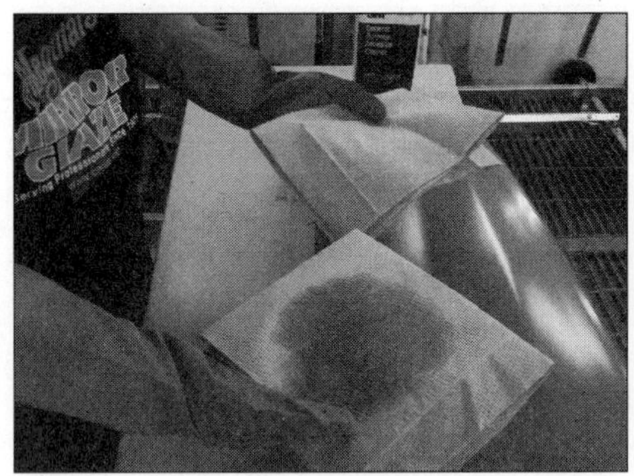

탈지제를 묻힌다

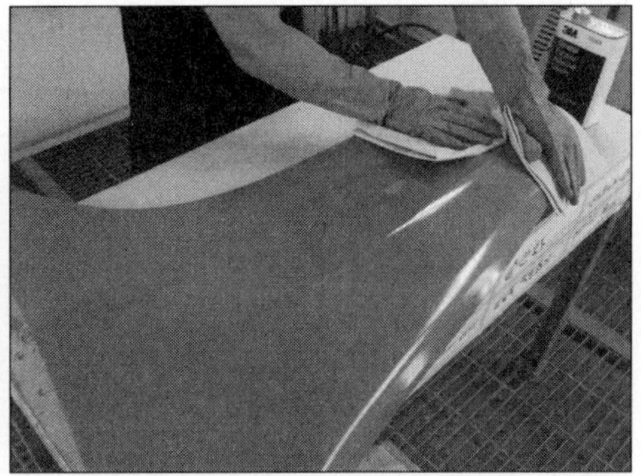

깨끗하게 패널을 탈지한다

패널에 손상된 부분이 없는지 확인한 다음 감독관으로부터 확인을 받는다

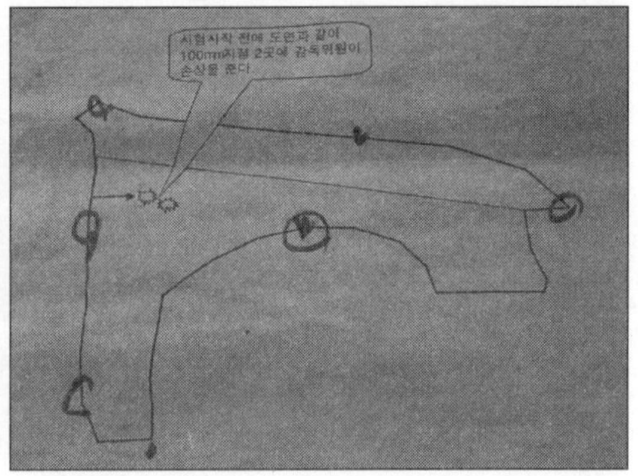

감독관으로부터 확인을 받은 수검자 도면에 표시된 확인표시

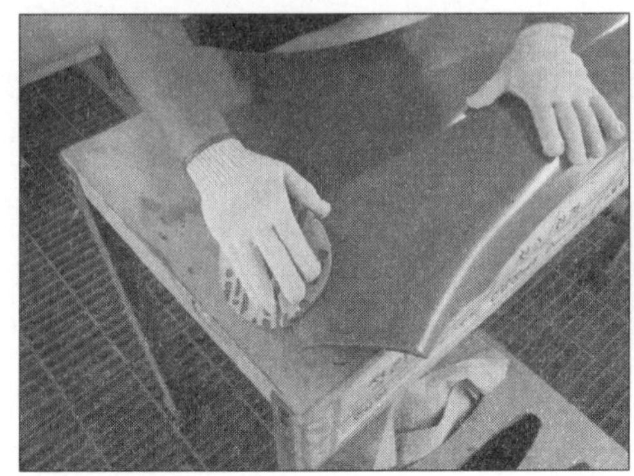

가장자리를 먼저 부드러운 연마지로 연마한다

패널을 깨끗하게 탈지한다

샌더에 연마지를 부착한다

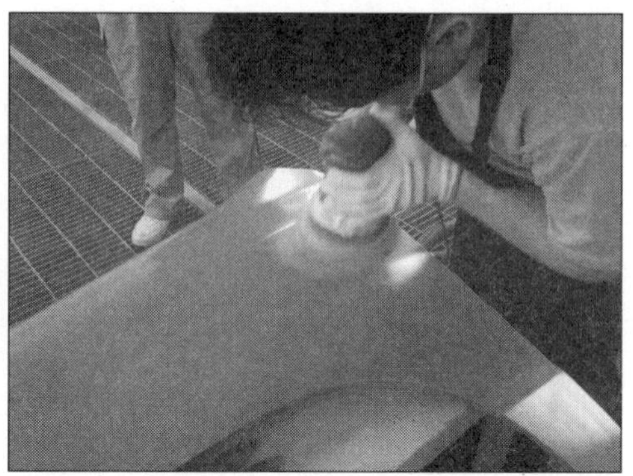

단낮추기 작업을 손상부분 바깥쪽에서 안쪽방향으로 진행한다

포인트

손상부분 단낮추기하는 방법 두 가지

방법 하나, 더블액션샌더를 이용하는 방법

⇨ 샌더에 연마지(p320 또는 p400)를 부착하여 단낮추기를 하는 방법을 말한다.

방법 둘, 핸드블럭(아데방)을 이용하는 방법

⇨ 샌더를 사용하지 않고 핸드블럭에 연마지를 감아쥐고 하는 방법을 말한다.

참고 및 비교해보기

손상부분 단낮추기하는 방법에 대해 고민해 볼까요?

1. 손상부분에서 바깥쪽 방향으로 진행하는 경우
   손상부분, 즉 중앙에서 바깥쪽으로 샌더를 진행하는 방법을 말하며 이 방법으로 단낮추기를 진행하면 단낮추기 한 부분의 도막경계가 부드럽고 자연스럽지 않게 나타나므로 이 방법은 권하지 않는 방법이므로 참고하기 바란다.
2. 손상부분의 먼 곳(바깥쪽)에서 손상부분으로 진행하는 경우
   샌더를 진행하는 방향이 안쪽에서 바깥쪽이 아니라 손상부분의 먼 곳에서 손상부분 쪽으로 움직이면서 단낮추기를 진행하면 철판면이 드러난 가장자리, 즉 도막의 끝부분이 끊어져 보이지 않고 부드럽고 자연스러운 단이 만들어진다. 따라서 이 방법을 적극 추천한다.

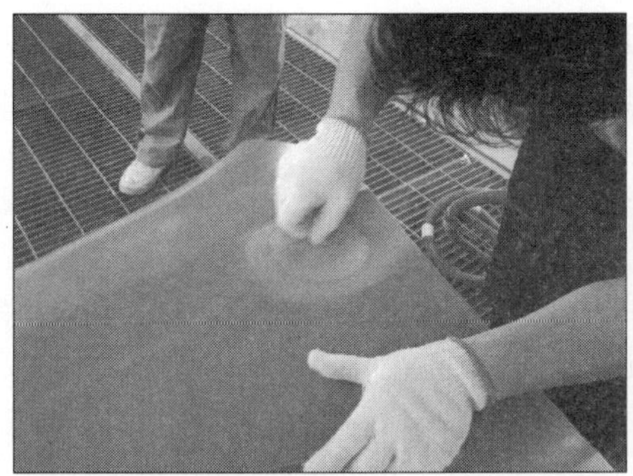

손상부분에 깊숙하게 남아 있는 도막을 제거한다

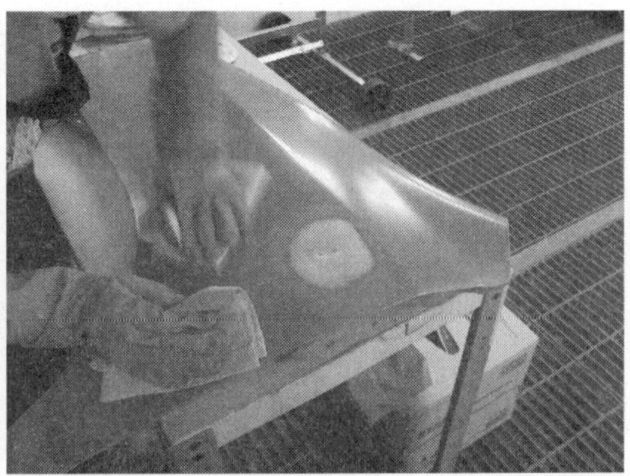

패널전체를 깨끗하게 탈지한다(우)-**확인을 받는다**

퍼티를 준비한다

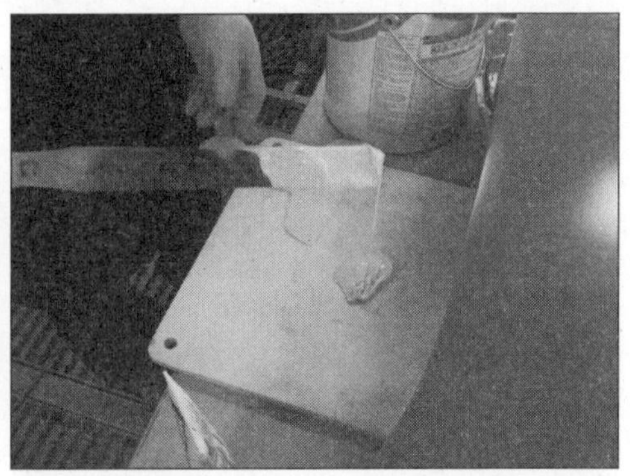

퍼티의 주제를 사용하고자하는 적당량 들어낸다

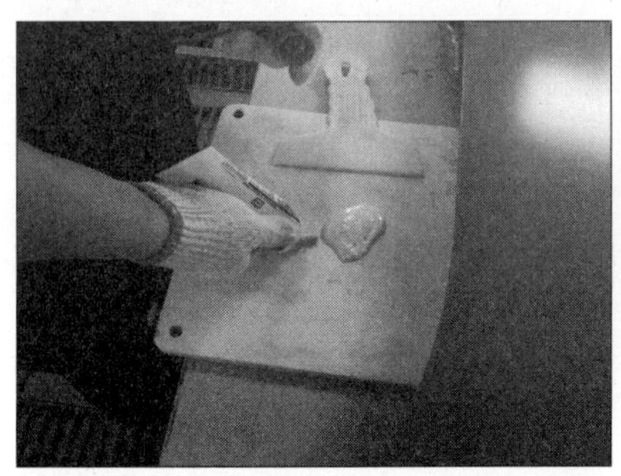

경화제를 주제의 양에 맞도록 그 옆에 들어낸다 (주제 위에 경화제를 투입하지 않도록 한다)

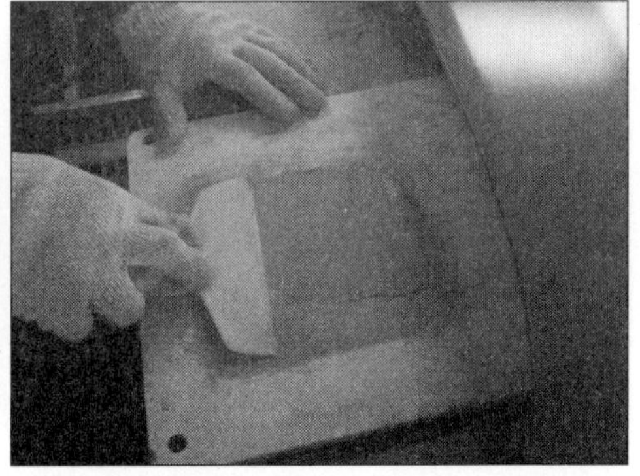

퍼티의 주제와 경화제를 골고루 혼합한다

【퍼티를 혼합하는 올바른 방법 및 그 순서】

1. 퍼티 혼합판에 사용하고자하는 퍼티 주제의 양을 적당량 들어낸다.
2. 주제에 맞는 경화제의 양을 적당량 튜브에서 짜낸다.
3. 퍼티주걱(플라스틱으로 된 것)을 이용하여 골고루 혼합한다.
4. 혼합시 주제나 경화제가 혼합이 안 된 상태로 있지 않도록 하는 것이 매우 중요하다.
5. 퍼티 혼합이 완료되었다면 퍼티를 뭉쳐놓지 않고 주걱을 이용해 얇고도 넓게 펴놓는다.
6. 퍼티를 뭉쳐놓으면 얼마 지나지 않아 퍼티가 굳어버리기 때문이다.
7. 혼합할 때 퍼티주걱에 퍼티의 주제와 경화제가 묻어 있기 때문에 깨끗하게 종이타월에 약간의 신너를 묻혀 닦는다.

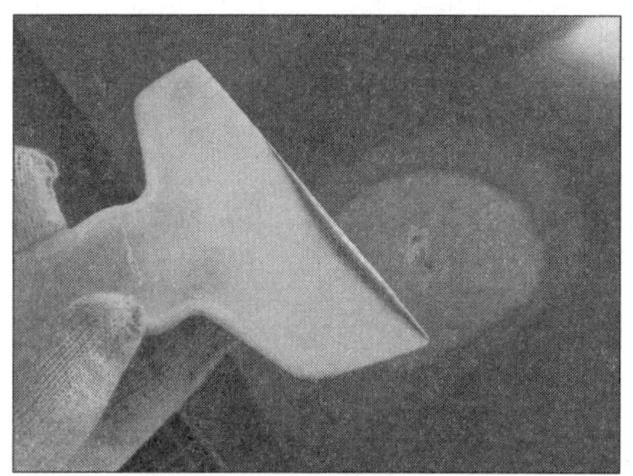

주걱에 약간의 퍼티를 묻힌다

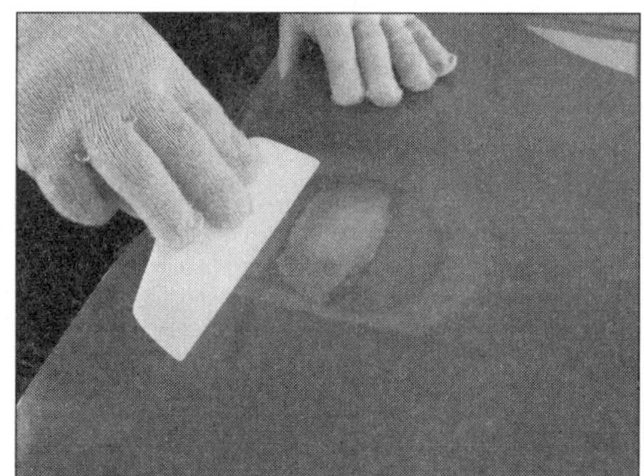

손상이 있는 부분(홈, 덴트)에 먼저 퍼티를 도포한다

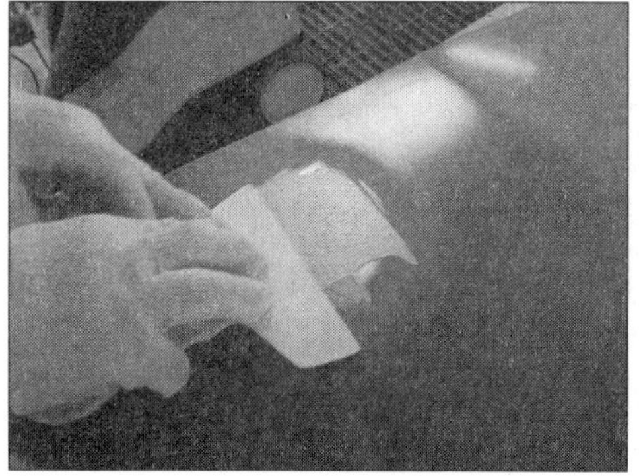

퍼티의 양을 늘려 두께를 올린다

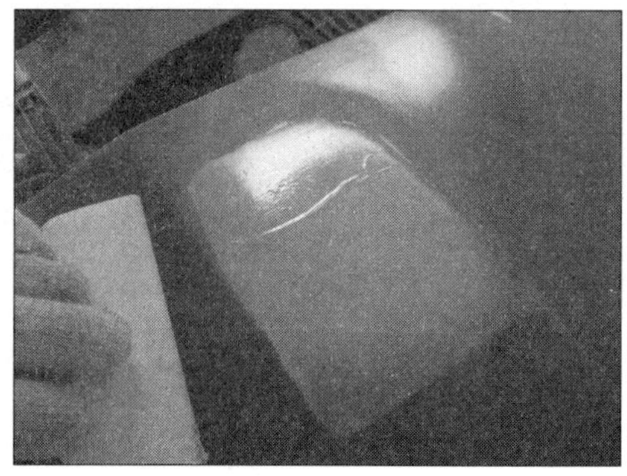

1차 초벌퍼티 도포를 마무리한다

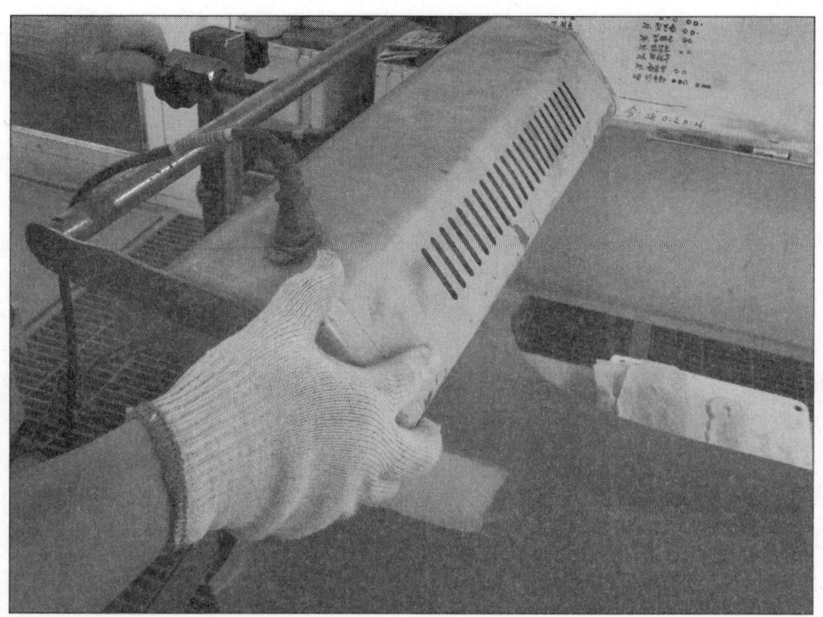

1차 초벌퍼티 도포가 완료되면 원적외선 건조기를 사용하여 퍼티를 건조시킨다(약 10분 정도)

【초벌퍼티 도포시 주의할 사항】

1. 퍼티 주제와 경화제를 골고루 혼합한다.
2. 주걱으로 퍼티 약간을 떠서 손상부분을 먼저 채워 넣는다.
3. 퍼티의 양을 조금 더 늘려 손상부분과 그 주변에 움푹 들어간 부분까지 도포될 수 있도록 퍼티를 조금 두껍게 도포한다.
4. 가장자리 부분이 두껍게 도포되지 않도록 퍼티 주걱을 힘주어 부드럽게 나오도록 한다.
5. 손상이 있는 가운데 부분이 두껍게 도포되고 나머지 가장자리 부분이 얇게 도포되도록 마무리 한다.
6. 퍼티를 도포할 때 주걱의 각도를 너무 크게 하지 않도록 하고 긁어내듯 도포하지 않도록 주의하여 주걱작업을 진행하도록 한다.
7. 퍼티 도포가 완료되면 곧바로 히팅 건이나 원적외선 건조기를 너무 가까이해서 건조하지 않도록 하고 1~2분 후 적당한 거리를 유지하여 건조시킨다.

1과제 표준보수도장작업에 대한 전체적인 진행 흐름을 사진으로 파악하기(두 번째 코너)

이번 두 번째 코너에서는 첫 번째 코너에서 작업한 1차 초벌퍼티 위에 2차 마무리퍼티를 어떻게 작업하는지 사진으로 확인할 수 있으며 퍼티작업이 모두 완료되어 탈지까지 완료한 다음 반드시 감독관의 확인을 받고 다음 단계를 진행하도록 한다.

퍼티연마를 위해 연마지를 선택한다
(p80, **180**, 220, 240)

1차 초벌퍼티를 연마(샌딩)한다

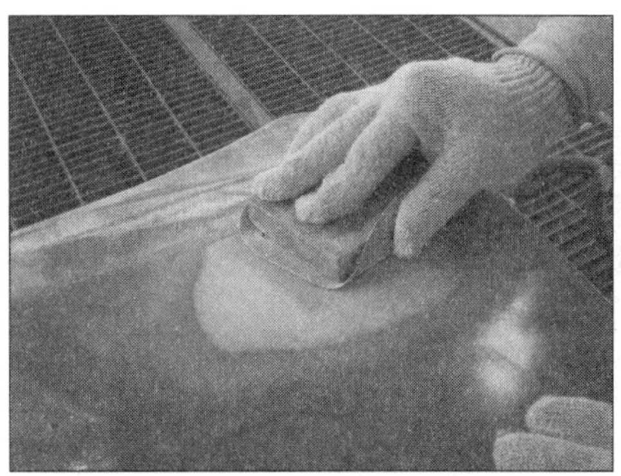

핸드블럭을 이용하여 초벌퍼티를 연마한다

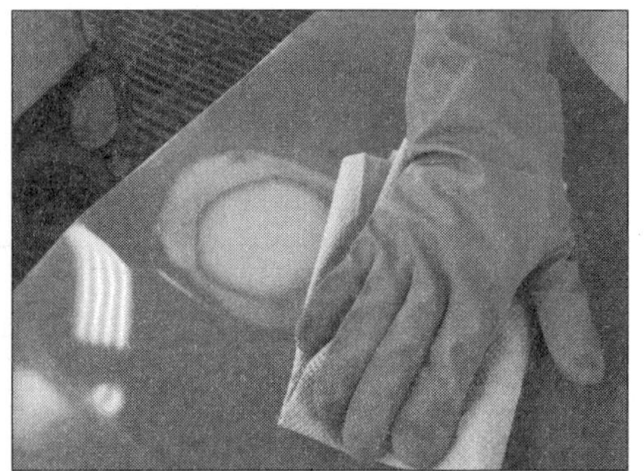

초벌퍼티를 깨끗하게 탈지한다

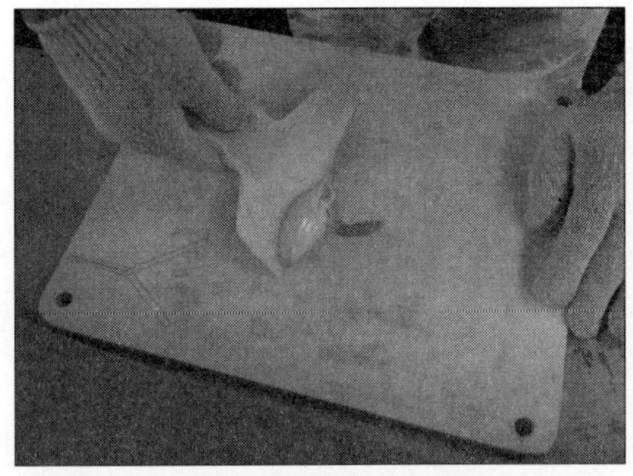
2차 마무리 퍼티를 혼합한다

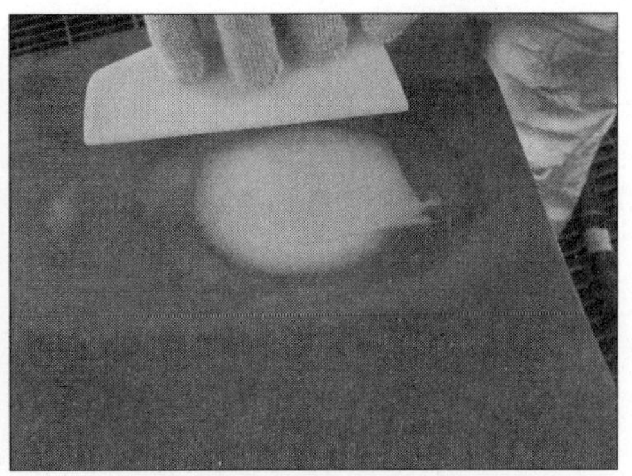
2차 마무리 퍼티를 얇게 도포한다

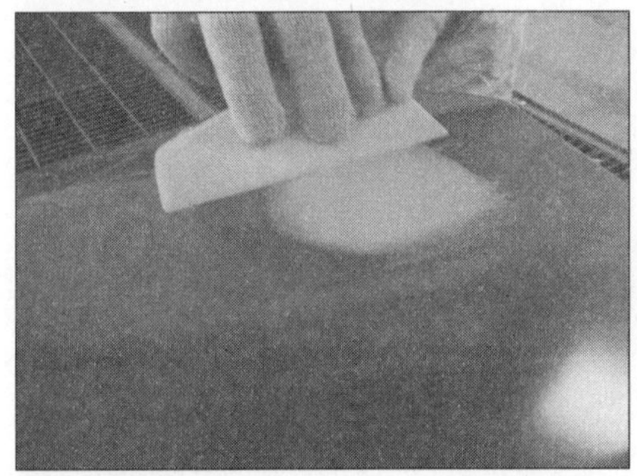
퍼티주걱에 힘을 주어 기스 및 기공을 메운다는 느낌으로 도포한다

2차 마무리 퍼티 도포를 마무리한다

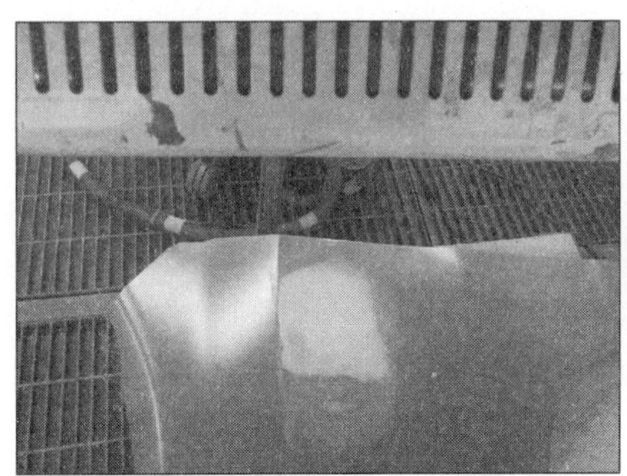
2차 마무리 퍼티를 건조한다

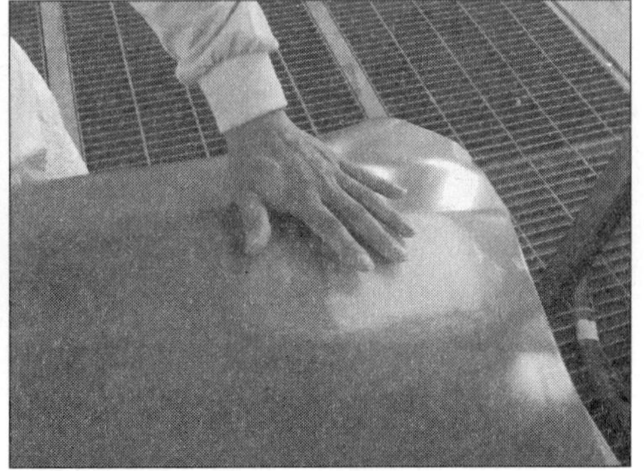
2차 마무리 퍼티가 건조되었는지 확인한다

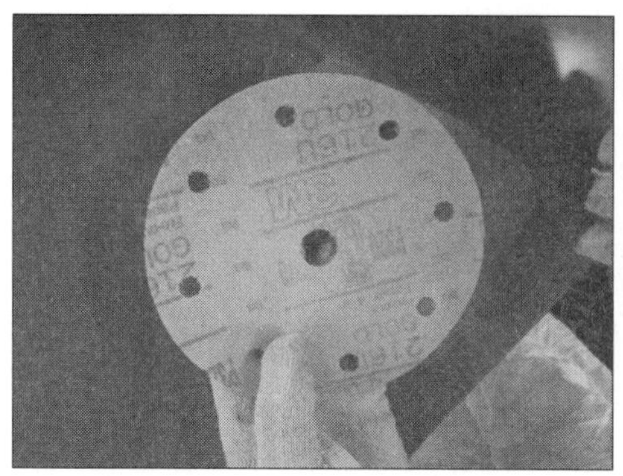

2차 마무리 퍼티 연마를 위해 연마지를 선택한다(p320)

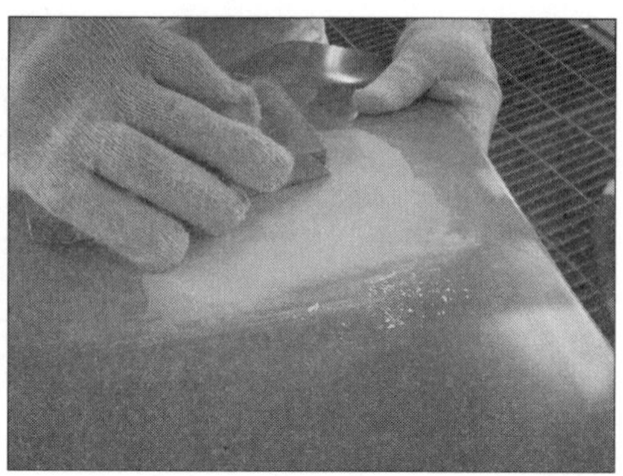

핸드블럭을 이용하여 마무리 퍼티를 연마한다

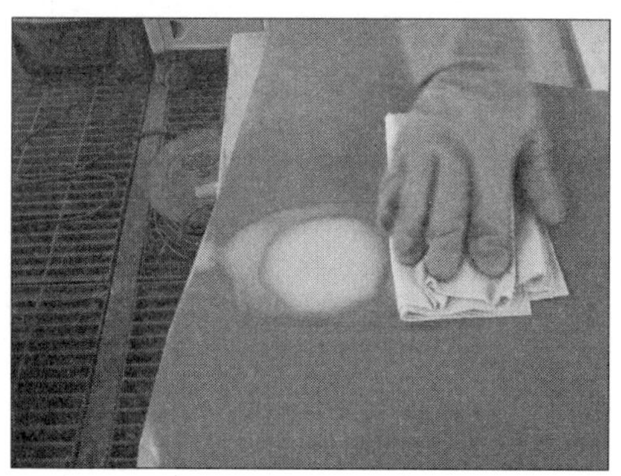

2차 마무리 퍼티 연마가 끝나고 나면 깨끗하게 탈지한다

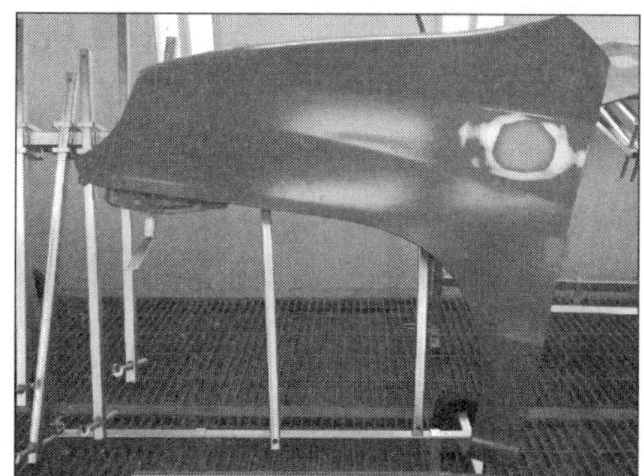

탈지가 마무리되면 감독관으로부터 **확인을 받는다**

【2차 마무리 퍼티를 도포할 때 주의할 사항】

1. 퍼티 주제와 경화제를 골고루 혼합한다.
2. 주걱으로 퍼티를 약간 떠서 1차 초벌퍼티면에 있는 미세한 기공과 연마(흔적) 기스를 채우듯 비비듯 긁어넣는다. 이렇게 하면 미세한 기공들 사이로 퍼티가 밀려들어가 퍼티기공으로 인해 발생되는 결함을 줄일 수 있다.
3. 2차 마무리퍼티는 1차 초벌퍼티와 달리 가능한 한 두께를 얇게 올려야하며 주걱에 힘을 주어 당겨야 퍼티면이 곱게 나와 조밀한 면을 만들 수 있다.
4. 특히, 가장자리 부분이 얇고 부드럽게 처리될 수 있도록 해야 연마작업시 용이하다.
5. 마무리퍼티 작업을 마무리할 때 면적이 넓지 않다면 퍼티 주걱 전체면을 사용하여 한 번에 면처리를 하면 깔끔하게 처리 된다.
6. 초벌퍼티처럼 퍼티를 두껍게 도포하지 않도록 해야 한다.

1과제 표준보수도장작업에 대한 전체적인 진행 흐름을 사진으로 파악하기(세 번째 코너)

두 번째 코너까지 퍼티작업이 1차(초벌퍼티작업)와 2차(마무리퍼티작업)에 걸쳐 마무리되었다. 이어 이번 세 번째 코너에서는 프라이머 서페이서 도장작업이 진행된다. 프라이머 서페이서를 혼합해서 도장, 건조 및 연마까지를 보여주는 과정이며 여기서도 마찬가지로 감독관의 확인을 받아야 하는 경우에는 반드시 확인을 받아야 함을 숙지해야 한다.

프라이머 서페이서 도료를 준비한다

프라이머 서페이서 주제를 적당량 비닐컵에 투입한다

프라이머 서페이서 경화제를 주제에 맞는 적당량을 투입한다

주제와 경화제를 골고루 혼합한다. 이때 비닐컵 벽면에 묻어있는 도료까지 골고루 도료 혼합막대 옆 날을 이용해 골고루 혼합한다

혼합도료에 신너(희석제)를 적당량 투입한다

프라이머 서페이서 도료의 점도를 조절한다

희석도료를 여과지에 여과하여 건에 담는다

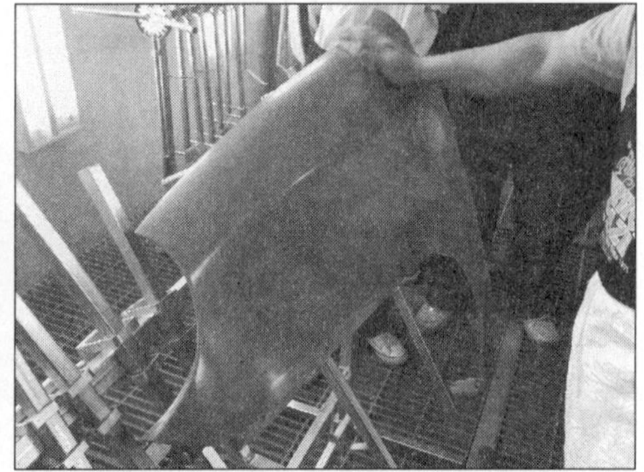

송진포를 이용하여 패널에 묻어있는 미세먼지를 제거한다

중도 전용 건의 에어압력, 패턴폭, 도료토출량 등을 조절한다

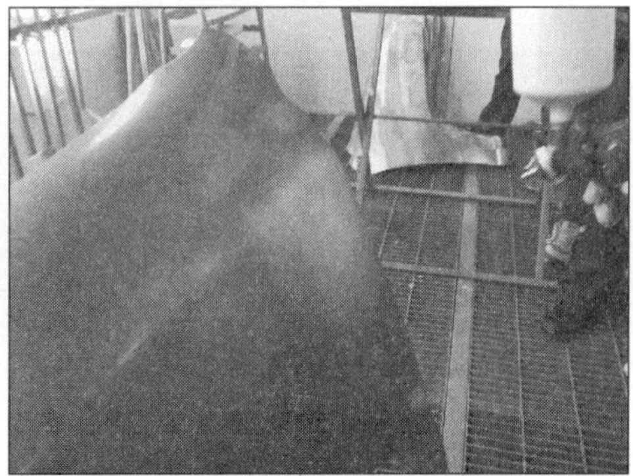

퍼티를 도포한 부위와 그 주변을 적용한다. 이때 패널전체에 적용하지 않도록 주의해야 한다

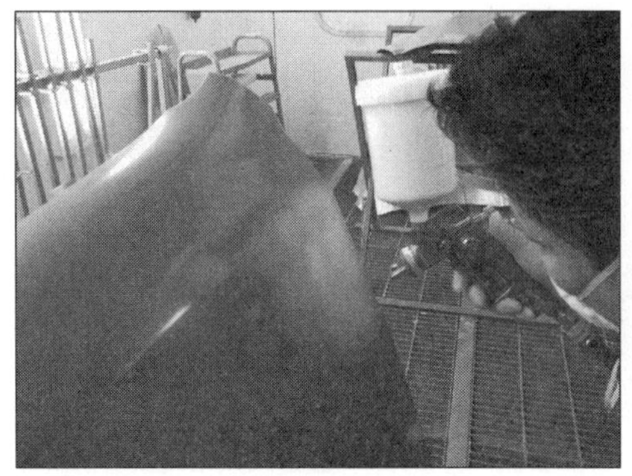
프라이머 서페이서 영역이 턱없이 넓어지지 않도록 미리 설정한다

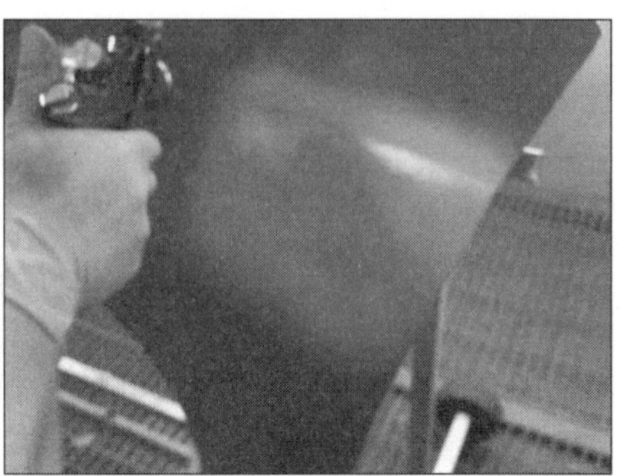
서서히 도막두께를 두껍게 올린다

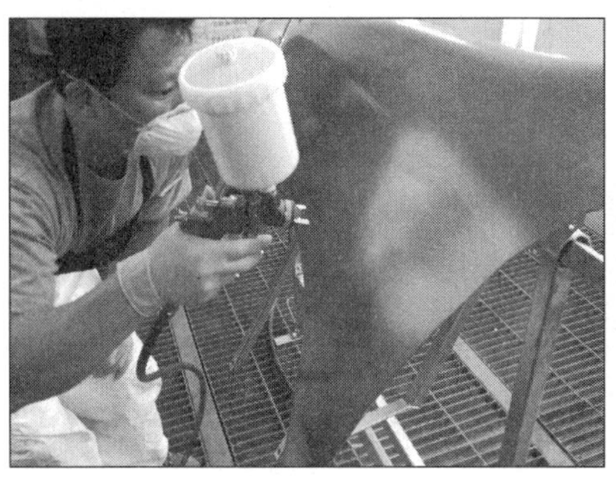
도막면을 주시하면서 도막이 어떻게 도포되는지 살피면서 도장한다

프라이머 서페이서 도장을 완료하고 **확인을 받는다**

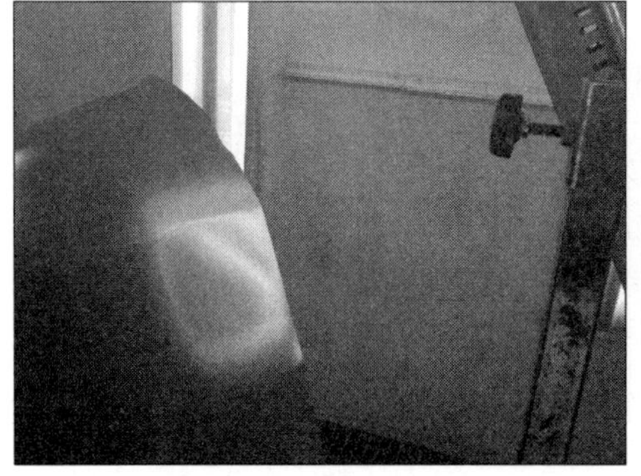
도막을 건조시킨다

샌더의 백업패드에 스펀지로 된 부드러운 중간패드를 부착한다

p600 연마지를 중간패드에 부착한다

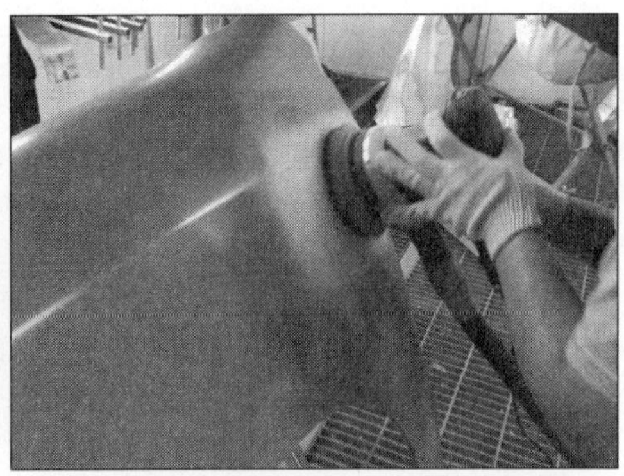

프라이머 서페이서 도막을 연마한다

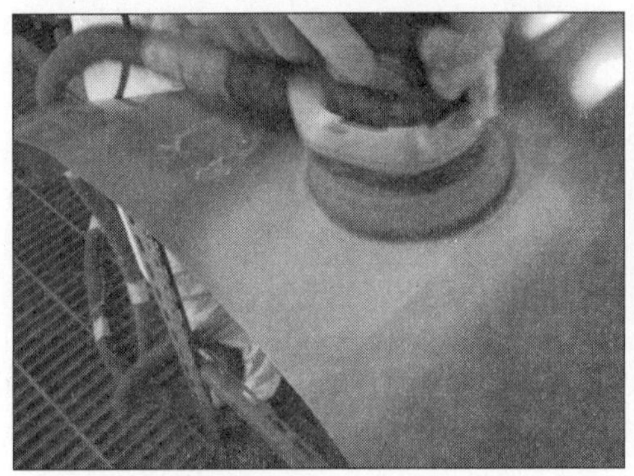

일정하게 도막을 연마한다

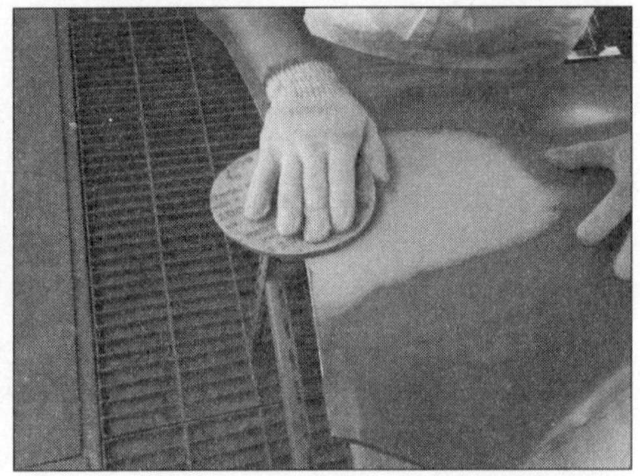

가장자리 부분은 스펀지로 된 부드러운 연마지로 연마한다

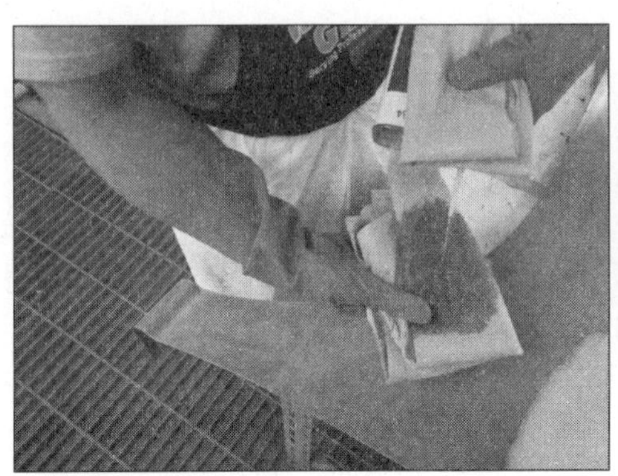

탈지제를 이용하여 깨끗하게 패널을 탈지한다

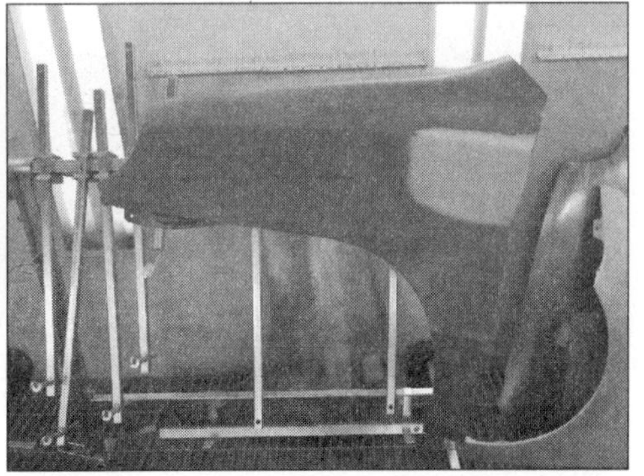

탈지작업이 완료되면 감독관으로부터 **확인을 받는다**

【중도 프라이머 서페이서 도장작업을 할 때의 주의할 사항】

1. 주제와 경화제의 비율대로 정확하게 혼합한다.
2. 사용할 만큼만 도료를 혼합한다.
3. 주제와 경화제를 혼합하고, 희석신너로 도료의 점도를 조절한다.
4. 스프레이 건은 중도 전용 스프레이 건을 가능한 한 사용하도록 한다.
5. 도료의 점도를 너무 묽게 하지 않도록 한다.
6. 기온이나 주변 온도, 작업여건에 따라 많은 영향을 받기 때문에 도료의 점도를 조절할 때 신중을 기해서 적절히 조절해야 하며 도료회사에서 제공한 희석비율을 전적으로 믿고 바로 적용해서는 안된다. 이렇게 해야 하는 이유는 작업하는 사람이 환경에 따라 적절히 그 방법과 도료의 점도를 알맞게 조절해야 한다는 뜻이다.
7. 퍼티부분과 그 주변을 처음 도장할 때에는 매우 중요하므로 도료의 양을 많이 해서는 안되며 얇은 막을 형성시켜 퍼티면과 프라이머 서페이서 도료가 적절히 조화를 이룰 수 있도록 하는 것이 중요하므로 많은 양의 도료로 도막을 처음부터 두껍게 올리지 않도록 한다.
8. 얇은 막을 올리면 건조되는 시간 또한 짧아져 작업성이 매우 좋게 된다. 이어 도막을 본격적으로 올리면 되는데 이때 도장되어 칠이 어떻게 묻는지 또는 적셔지는지를 확인하면서 도장해야 한다는 것이다. 칠이 묻어드는 것을 확인하지 않고 본능적 또는 감각적으로만 도장한다면 그 결과는 어디는 촉촉하게 묻어있고 또 어디는 칠이 부족한 상태로 균일하지 못한 도막상태를 초래할 수 있으므로 반드시 칠이 적셔지는 그 상태를 확인하면서 도장하도록 한다.
9. 프라이머 서페이서 도장범위를 턱없이 넓게 잡지 않도록 미리 그 범위를 설정하여 넓어지지 않도록 안전장치를 하는 것이 중요하며 경계부위로 갈수록 도막이 점점 얇아질 수 있도록 도장한다.
10. 도장 간 플래쉬 오프 타임을 충분히 적용하고 도막이 젖어 있는 상태에서는 도장하지 않도록 주의한다. 도장 후 도장에서 용제 또는 신너성분이 공기중으로 빠져나가지 않고 남아 있는 상태, 즉 광이 아직도 남아 있는 때에 다시 도장하여 젖은 도막이 올려질 때에는 도막이 쳐지거나 흐를 수 있는 가능성이 매우 높기 때문이다.
11. 프라이머 서페이서 도장작업이 모두 완료되고 나서 도막이 건조되었는지 확인하기 위해 도막에 손가락을 대어 볼 때 주의해야 한다. 표면만 건조되어있지 속 내

부는 아직 건조가 진행중이므로 원적외선 건조기로 건조를 시킬 때 패널과 원적외선 건조기와의 거리, 건조시킨 시간 등을 모두 고려해야 한다. 일반적으로 원적외선 건조기로 건조를 시키거나 히팅 건으로 건조를 시킬 때 대략 10min 정도면 충분히 건조가 되어 도막을 연마할 수 있기 때문에 너무 선급하게 서둘다가 망치는 일이 없도록 주의해야 한다.

12. 건조가 완료되고 도막을 연마할 때에는 더블액션샌더로 연마하는 경우와 핸드블럭을 이용하여 연마하는 경우로 크게 나눌 수 있는데 대개는 현장에서 샌더를 이용한 연마작업을 많이 한다. 검정에서는 샌더와 핸드블럭을 적절히 병용하는 것이 훨씬 효과적이라 할 수 있으며 처음에는 핸드블럭에 p400 연마지를 이용해 표면에 거친 면과 굵은 오렌지필 현상을 제거하고 이어 샌더에 중간패드(스펀지로 된 부드러운 패드)를 부착하고 거기에 p600 연마지를 부탁하여 연마하면 프라이머 서페이서면의 평활성을 확보하는 동시에 면의 거칠기도 부드럽게 마무리할 수 있어 매우 바람직한 작업방법이라 할 수 있다.

13. 연마작업이 잘 되었는지 그 여부를 육안으로 잘 판단하기 위해 사용하는 재료인 드라이 가이드코트(dry guide coat)가 있는데 일명, 흑연가루를 말한다. 이 가루를 프라이머 서페이서 도장면에 가볍게 바른 후 연마를 시작하면 연마된 부분과 되지 않은 부분과의 육안차로 인해 쉽게 연마가 어떻게 되었는지를 판단하고 연마할 수 있어서 좋은 연마면을 확보할 수 있는 방법이라 하겠다. 그렇지만 이 방법은 사용해도 되고 안해도 되므로 너무 신경 쓸 필요는 없으며 참고하면 된다.

14. 프라이머 서페이서 도장면을 연마하고 나서 경계부위가 두껍지 않고 얇고도 부드럽게 연마될 수 있도록 해야 하며 전착도막면과 프라이머 서페이서 도막면과의 연계도 부드럽게 될 수 있도록 연마하고 모든 연마작업이 완료되면 반드시 깨끗하게 탈지하여 감독관으로부터 도장면 전체에 대한 확인 작업을 받아야 한다.

15. 탈지작업을 할 때에는 패널의 바깥쪽부분만 해서는 안되며 패널의 안쪽부분까지도 깨끗하게 닦도록 한다. 이것은 패널을 다룰 때 연마작업시 분진가루들이 패널의 안쪽면에도 묻어 지저분해 지기 때문이며 도장시 외부 도장면에 먼지나 티가 묻는 원인이 되기도 한다.

1과제 표준보수도장작업에 대한 전체적인 진행 흐름을 사진으로 파악하기(네 번째 코너)

앞서 세 번째 코너까지 퍼티작업과 프라이머 서페이서 도장작업이 완료되었다. 이번 네 번째 코너에서는 제1과제 표준보수도장작업에서 마지막 공정인 상도 탑코트를 도장하면 된다. 탑코트는 베이스코트(색상 도료)와 클리어코트(투명 도료)로 나누어지는데 이번코너에서는 베이스코트를 혼합하고 도장하여 건조를 시키는 과정까지 진행하겠다(클리어코트는 다섯 번째 코너에서 다루도록 하겠다).

이 코너에서는 상도도장작업이 모두 완료되고 열처리까지 진행되어야 감독관이 채점을 하기 때문에 작업이 진행되는 과정에서는 감독관으로부터 확인 받을 일은 없다고 보면 된다. 이 작업은 마무리 단계로 색상과 색상을 보호할 보호막인 투명을 도장하기 때문에 도장 간 플래쉬 오프타임을 충분히 적용하고 차분하게 도장을 진행하는 것이 중요하다.

베이스 코트 도료를 준비한다

1회용 비닐컵과 희석용 비닐컵을 준비한다

준비된 비닐컵에 사용할 베이스코트를 적당량 투입한다

도료의 점도를 조절하기 위해 신너(희석제)를 투입한다

도료의 점도를 조절하면서 희석도료를 만든다

희석된 베이스코트 도료를 여과하여 상도 전용 스프레이 건에 담는다

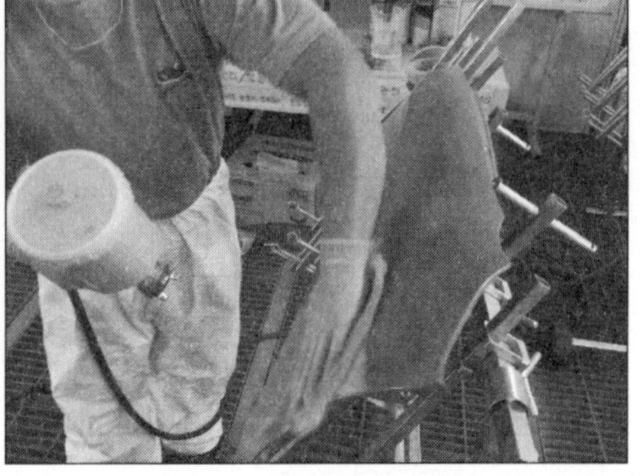

송진포로 패널에 묻은 미세먼지를 깨끗하게 제거한다. 이때 송진포를 세게 누르지 않도록 하며 가볍게 스치듯 지나가는 것이 중요하다

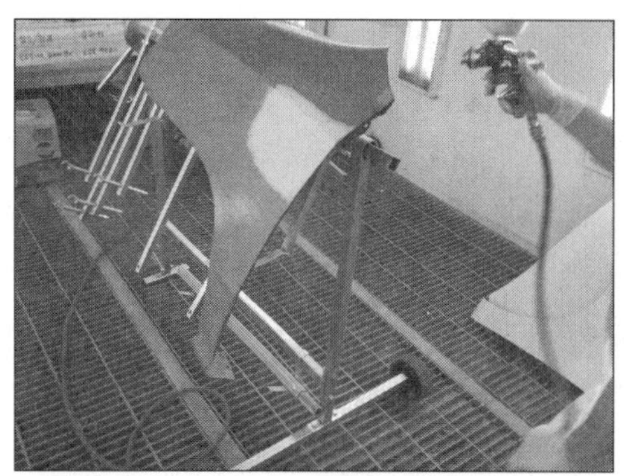

베이스코트 도료를 코너 및 가장자리 부분부터 도장한다

패널면을 위에서 아래로 가볍게 도장하여 도료 입자가 미세하게 묻을 정도로 도료의 양을 적게 하여 도장하는 것이 관건이다

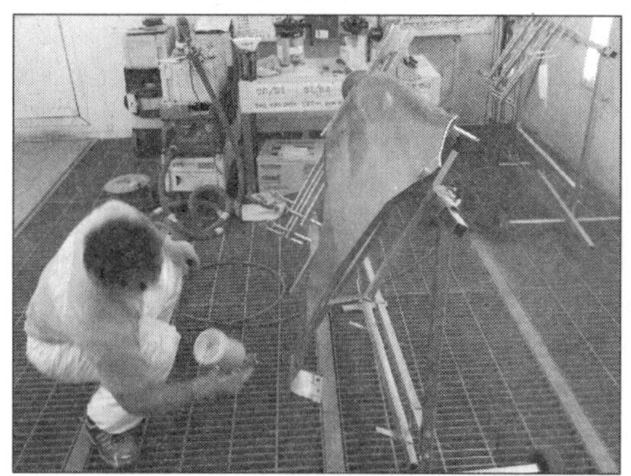

2회 도장은 1회 때보다 도료의 양을 늘려 일정한 도막이 올라가도록 매끈한 느낌과 광택이 나도록 도장한다

2회 도장을 마치고 충분히 용제 및 신너가 공기중으로 증발하도록 기다리는 플래쉬 오프 타임을 적용하고 있는 장면

베이스코트의 3회 도장은 2회 도장에 비해 도료의 양을 다소 줄여 얼룩없는 도장면을 확보한다는 느낌으로 도장한다

3회 도장 이후에도 4회 도장을 하기 전 플래쉬 오프타임을 충분히 적용한다

4회 도장은 3회 도장과 비슷하게 하거나 얼룩이 있을 경우에는 다소 에어압력을 평소보다 절반정도로 줄여 속도를 늦춰 얹히듯 도장한다. 만약, 얼룩이 없거나 표면이 매끈하다면 3회 도장 때와 같은 방법으로 도료의 양은 줄이고 촉촉한 느낌을 줄 수 있을 정도로 도장하면 될 것이다

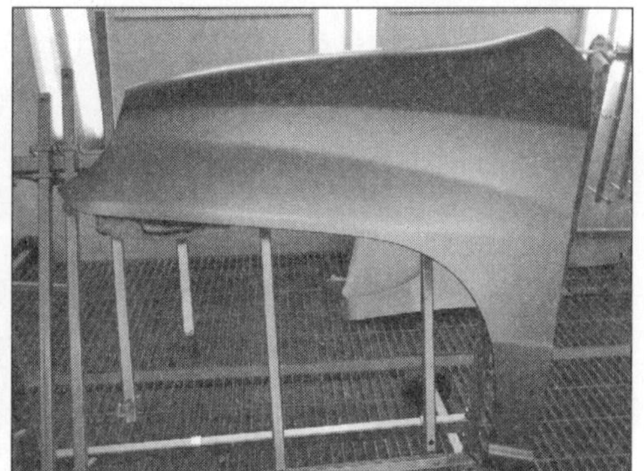

플래쉬 오프타임을 충분히 적용하여 클리어코트 도장을 하기 전 베이스코트의 충분한 건조를 유도한다

【상도 베이스코트 도장을 할 때 주의할 사항】

1. 도장 간 플래쉬 오프 타임을 충분히 적용한다.
2. 절대로 베이스코트 도막이 젖어 있는 상태에서 다음 도장작업을 진행해서는 안된다.
3. 젖은 상태에서 도장하면 베이스코트의 얼룩 및 흐름의 원인이 되기 때문이다.
4. 베이스코트 색상에 따라 도장회수가 다르지만 일반적인 도장회수는 3~4회로 도장하면 된다.
5. 특히, 패널에 처음 도장할 때 너무 두껍게 도장하지 않도록 한다.
6. 패널의 가장자리 및 하단부위에 은폐가 되지 않아 감점을 받는 경우가 많으니 반드시 확인하여 은폐되지 않는 곳이 없도록 해야 한다.
7. 베이스코트 도료의 점도를 조절할 때 신너(희석제)의 양을 적절히 조절하고 두 서너번에 나눠서 점도를 조절해야 희석도료의 점도를 정확하게 맞출 수 있다(도료회사에서 추천하는 사양에 따라 한 번에 신너의 양을 투입하지 않는 것이 바람직하다).
8. 가장자리와 패널의 넓은 면적을 도장할 때 가장자리를 먼저 도장한 후 넓은면에 도장한다(패널의 넓은면에 먼저 도장한 후 모서리 부분을 도장하면 넓은면 부분이 건조가 되어 가는 도중에 가장자리 부분에 도장하는 도료로 인해 넓은면으로 칠이 날려 거친 표면을 형성하거나 과도한 칠로 인해 흐를 수 있는 가능성이 매우 높기 때문이다).
9. 스프레이 건의 운행속도는 균일하고도 일정한 속도를 유지하도록 해야 하며 너무 빠르거나 느려도 좋지 않으므로 피도체와의 거리에 맞는 일정한 속도를 항상 유지하는 것이 도막에서 발생될 수 있는 베이스코트의 얼룩 및 흐름 등의 결함을 사전에 예방할 수 있다.
10. 스프레이 패턴폭은 가능한 한 넓게 하여 도장하는 것이 좋은 외관을 형성할 수 있다.
11. 또한, 베이스코트의 얼룩과 메탈릭 입자의 뭉침 등의 결함을 예방하기 위해서는 패턴의 일정한 겹침이 중요하다. 3/4 정도로 겹침을 촘촘하게 한다는 느낌으로 작업하면 좋은 외관을 얻을 수 있다.

1과제 표준보수도장작업에 대한 전체적인 진행 흐름을 사진으로 파악하기(다섯 번째 코너)

이번 다섯 번째 코너는 앞서 도장된 색상 도료인 베이스코트를 보호하는 보호막으로써 안료가 포함되지 않아 투명한 도료를 말한다. 이번 코너에서는 클리어코트(투명 도료) 도료를 혼합하고 도장하여 열처리하는 과정까지 진행하도록 하겠다. 클리어코트 도장이 모두 마무리되면 감독관의 확인을 받은 다음 도장한 패널을 열처리실로 옮기면 1과제인 표준보수도장작업이 모두 마무리된다. 일반적으로 열처리 시간을 따로 잡지 않기 위해 중식시간을 활용하므로 사용한 스프레이 건을 세정하고 중식을 취하면 된다(경우에 따라서는 1과제와 2과제를 모두 진행한 후 중식시간을 가지는 경우도 있기 때문에 시험장 및 그 상황에 맞게 대처하면 될 것이다).

상도 클리어코트(투명 도료)를 준비한다

투명 도료인 클리어코트를 비닐컵에 적당량 담는다

주제의 비율에 맞도록 경화제의 양을 투입한다

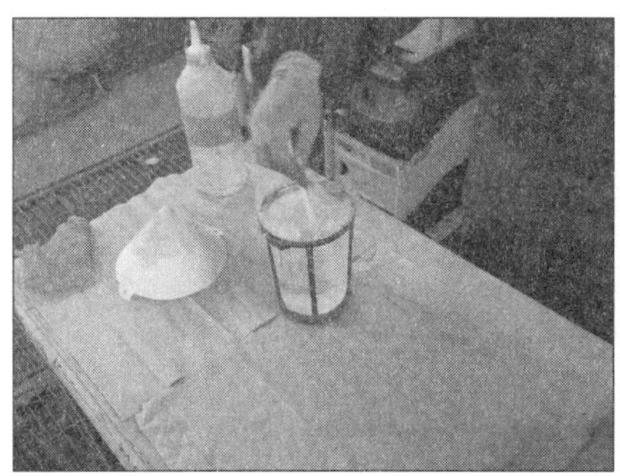
주제와 경화제를 골고루 혼합한다

혼합한 투명 도료를 여과하여 스프레이 건에 담는다

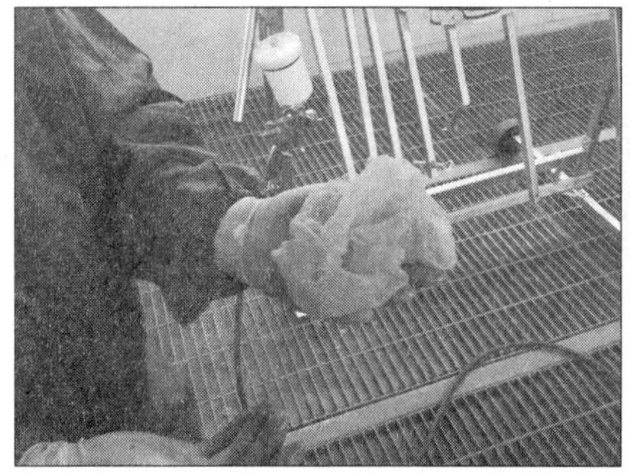
송진포를 샤워솜처럼 펴서 준비한다

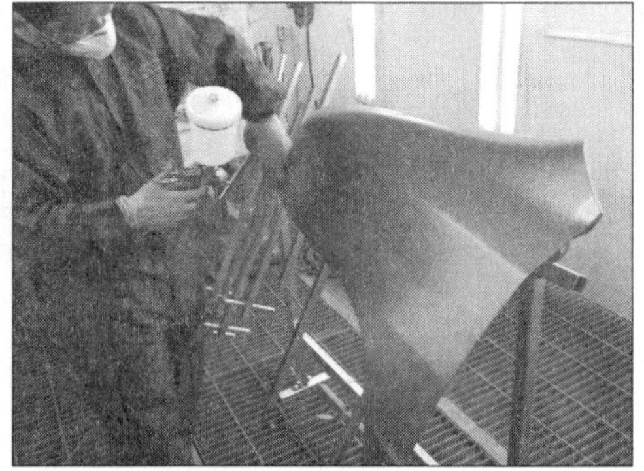
송진포를 사용하여 베이스코트 표면에 묻어 있는 미세먼지와 도료 더스트를 훔쳐낸다

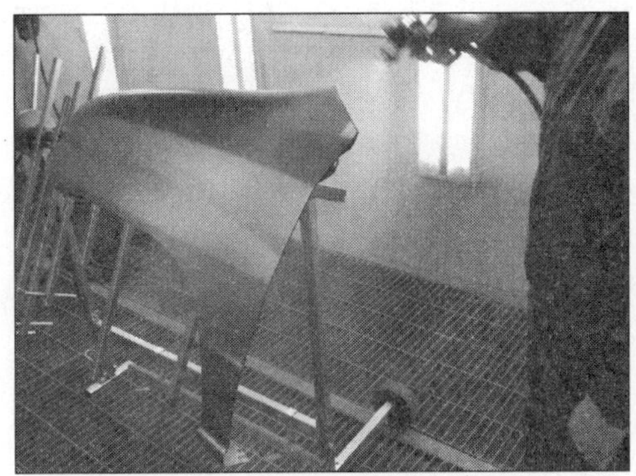

윗부분 가장자리를 먼저 도장한다

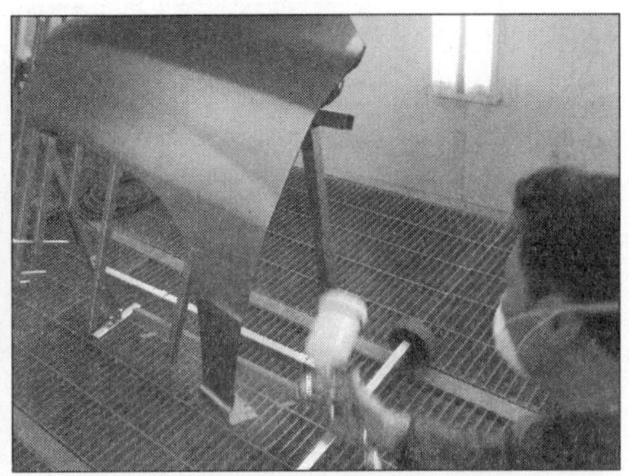

가장자리의 우측부분을 도장한다

가장자리의 좌측부분을 도장한다

아랫부분을 도장한다

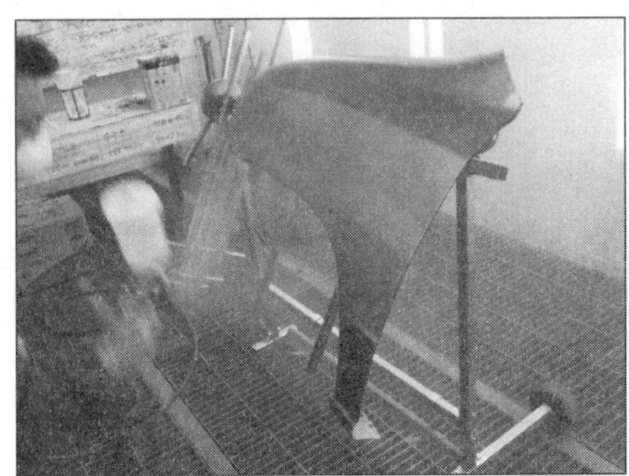

1회 도장시에는 도료의 양을 적게 하여 가볍게 얹히듯 날려 도장한다

2회 도장은 본격적으로 두께를 올리는 작업으로 패널 바깥쪽부분에서 시작하여 패턴을 일정하게 겹치게 하여 도장한다

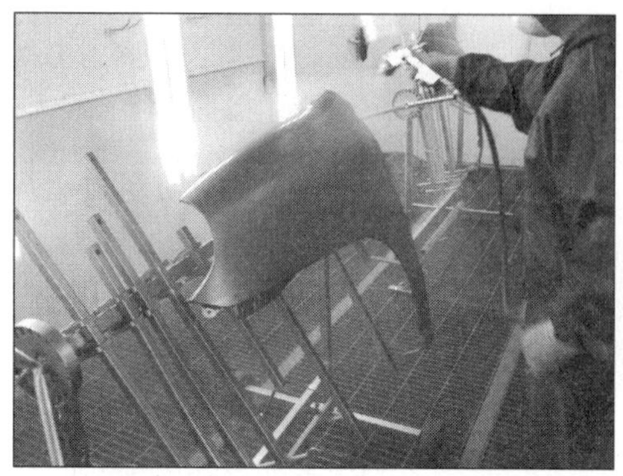
본격적으로 두께를 올리는 2회 도장공정(윗부분을 진행하는 모습)

중간부분을 진행하는 모습

패널의 하단부분을 진행하는 모습

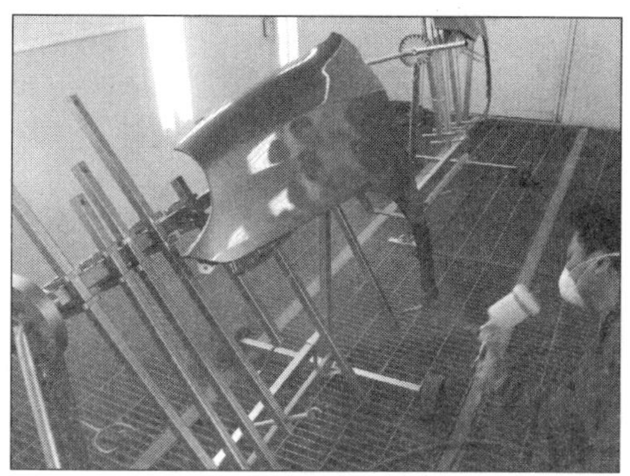
패널의 밑바닥부분을 진행하는 모습

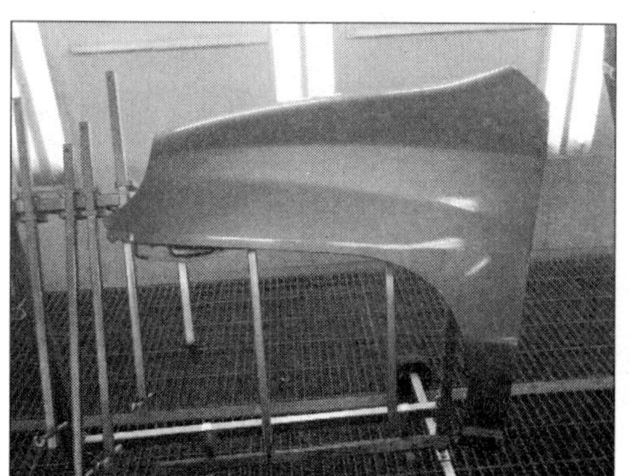
2회 도장이 완료된 모습

플래쉬 오프타임을 충분히 적용한다. 보통 시간으로는 5~7분 정도를 적용하면 지촉건조가 나와 마지막 3회 도장작업이 가능한 상태가 된다

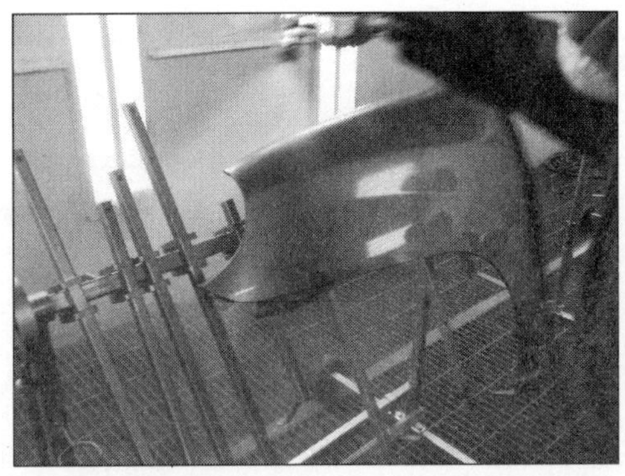
세 번째 마지막 클리어코트 도장을 한다(상단 부위 적용중)

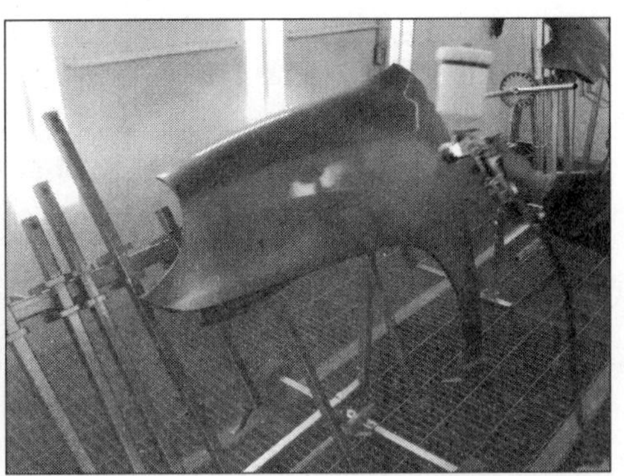
패널의 중간부분 적용중

패널의 하단부분을 진행하는 모습

세 번째 클리어코트 도장작업이 완료된 모습

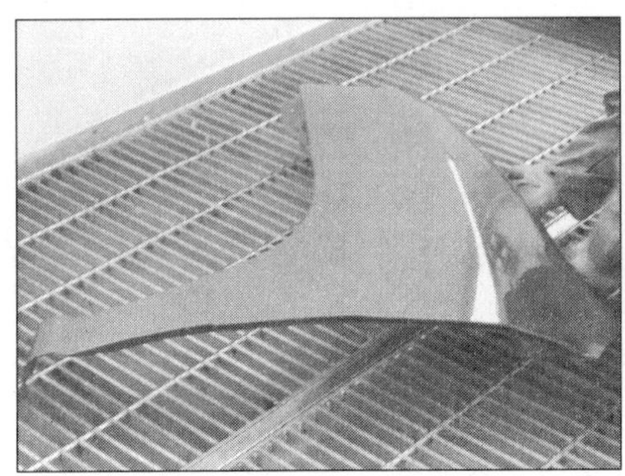
도장 후 열처리를 위해 패널을 옮기는 모습으로 감독관으로부터 확인을 받는다

패널을 표준 열처리(60℃×30분)한다. 건조가 완료되면 채점을 받는다

【상도 클리어코트를 도장할 때 주의할 사항】

1. 클리어코트의 주제와 경화제를 비율에 맞게 정확하게 혼합하는 것이 중요하다.
2. 사용하고자 하는 만큼 투명 도료를 혼합한다(필요 이상으로 많은 도료를 혼합하지 않도록 한다).
3. 클리어코트의 도막을 40~50㎛ 정도의 올린다고 가정해 볼 때 첫 번째 도장 시에는 가볍게 도장하여 얇은 막을 형성시켜 베이스코트 도막과 클리어코트와의 트러블이 발생하지 않도록 하고 두 번째 도장부터는 본격적으로 도막을 올린다. 그리고 나서 플래쉬 오프 타임을 충분히(최소 5분, 7~10분 정도) 적용한 후 마지막 세 번째 도장은 두 번째와 마찬가지로 광(gloss)이 나도록하여 도장하면 클리어코트 도장이 마무리된다.
4. 특히, 칠이 부족하여 감점을 받게 되는 부분은 패널의 상단부분과 하단부분이다. 이런 감점을 받지 않으려면 패널의 바깥쪽에서 스프레이가 이루어질 수 있도록 하면 된다.
5. 도장하는 경향을 볼 때 상단에서 중간부분까지는 빠른 속도로 내려오다가 중간에서 하단부위에 이르는 곳에서는 속도가 느려지고 겹침 또한 많아져 흐르는 현상이 발생하기도 한다. 따라서 전체적으로 균일한 스프레이 건의 운행속도, 일정한 스프레이 패턴, 그리고 스프레이 건 방아쇠를 당길 때 패널의 바깥에서 당겨 반대편 패널의 바깥에서 놓는 형태로 도장해야 좋은 투명외관을 얻을 수 있다.
6. 건의 운행속도를 너무 빨리 하면 도료가 패널면에 묻지 않아 공중에 버려지는 소모되는 칠이 많아지고 반면에, 느려지면 도료가 패널면에 많이 부착되어 흐를 수 있는 가능성이 매우 높아지므로 일정한 속도를 유지하는 것이 좋은 투명외관을 확보하는 방법이다.
7. 클리어코트의 외관에서 감점을 받지 않기 위해서는 흐름현상, 칠부족현상 및 가장자리 부분 등에 칠이 고이거나 뭉쳐있는 그런 현상만 없다면 좋은 점수를 확보할 수 있다.
8. 클리어코트 도장을 모두 마치고 패널을 열처리 부스로 옮길 때 다른 수검자 패널 또는 몸에 닿지 않도록 주의해서 조심히 옮겨놓도록 한다.
9. 특히, 패널을 쥘 때 도장면에 닿지 않도록 주의한다.

1과제 표준보수도장작업에 지급되는 것(장비, 공구 및 재료 등)

1과제 표준보수도장작업에 사용되는 설비, 장비, 공구 및 소모자재류들 중에서 지급되는 품목들을 나열한 것이므로 숙지하여 검정에 참고하기 바란다.

탈지제

퍼티

프라이머 서페이서

베이스코트

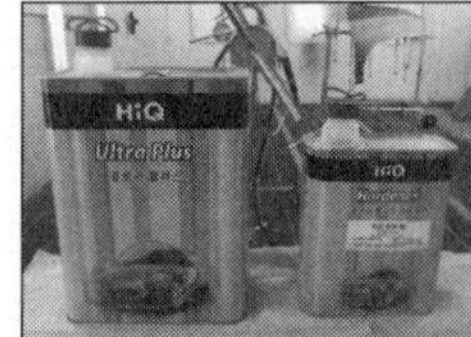

클리어코트

휀더

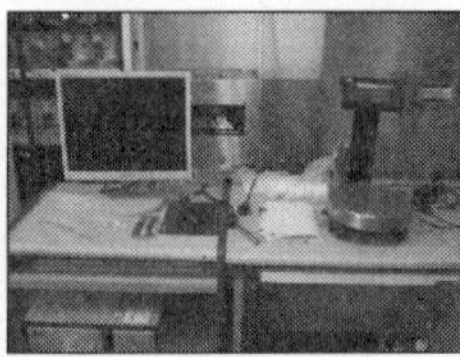
전자저울

파트오븐

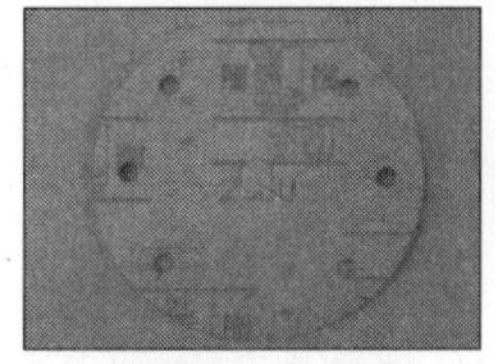
연마지(p80)

연마지(p180)

연마지(p320)

연마지(p600)

조색부스

건세척기

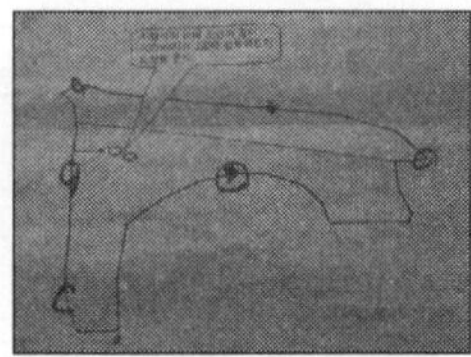
과제도면

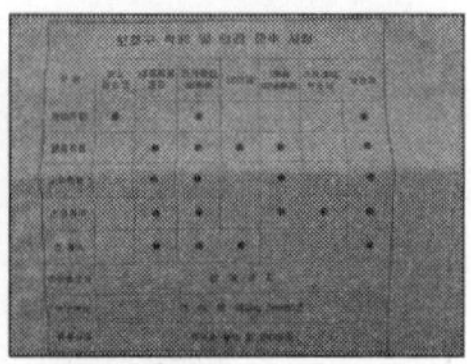
안전호구착용기준

도장용 거치대

스프레이 부스

조색용 도료

원적외선건조기

1과제 표준보수도장작업에 지참할 것(장비, 공구 및 소모품 등)

1과제 표준보수도장작업에 사용되는 개인이 지참해야 할 것들에 대해 나열하였으니 참고하여 검정에 차질이 없도록 준비하기 바란다.

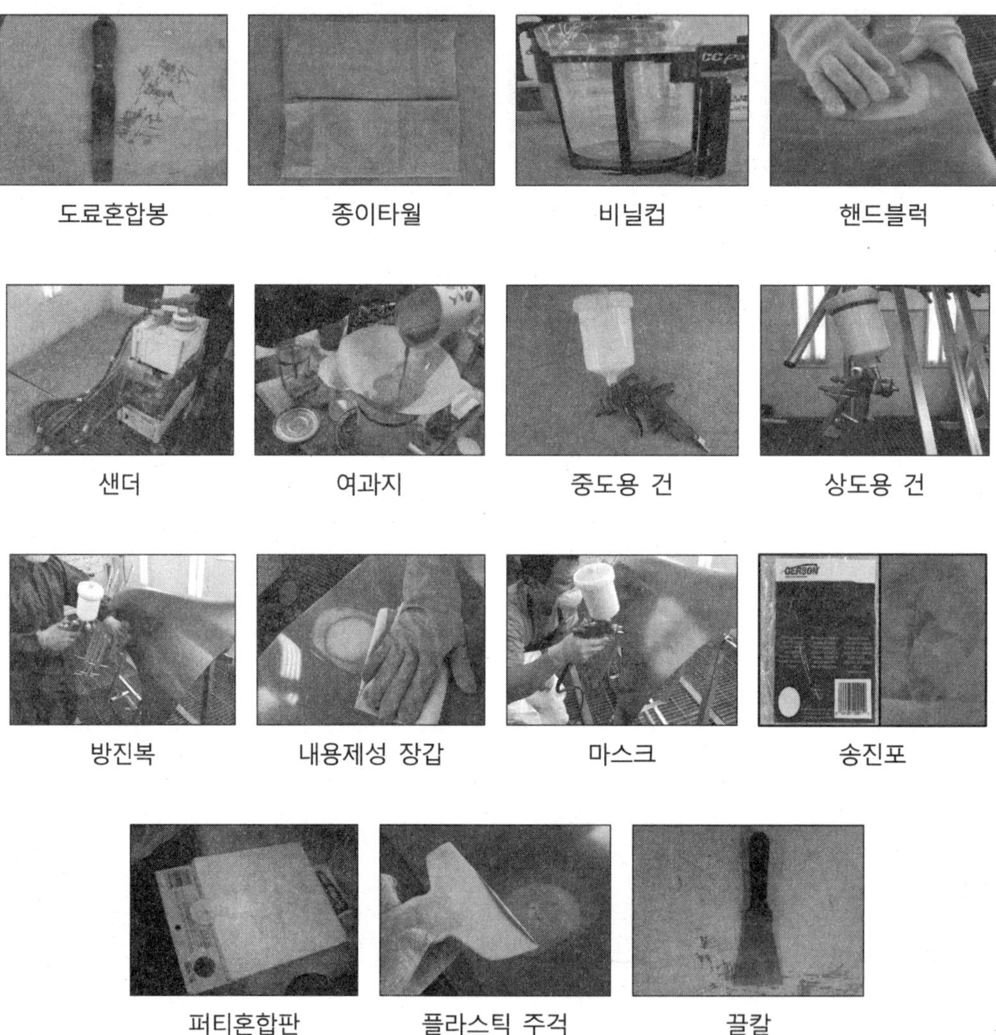

도료혼합봉 종이타월 비닐컵 핸드블럭

샌더 여과지 중도용 건 상도용 건

방진복 내용제성 장갑 마스크 송진포

퍼티혼합판 플라스틱 주걱 끌칼

【개인 지참공구 목록 준비 및 사용에 대한 주의사항】

1. 개인지참공구목록은 반드시 챙겨올 수 있도록 한다.
2. 검정시 수검자와 공구 및 장비를 서로 빌려 사용해서는 안된다.
3. 만약, 지참하지 못한 공구가 있다면 감독관으로부터 확인을 받은 다음 수검자 또는 시험장에서 빌려 사용할 수 있도록 한다.
4. 지급품목 이외에 지참할 수 있는 품목중, 여분의 여과지 및 연마지 등은 지참해도 무방하다.
5. 탈지작업시 필요한 내용제성 장갑 또는 1회용 비닐장갑은 여유있게 준비하여 부족하지 않도록 준비한다.
6. 도료를 혼합할 때 사용할 도료혼합봉이나 그 대용으로 사용하는 나무젓가락 등은 그리 많이 필요하지 않으므로 도료혼합봉(막대)은 한 두개 정도 준비하고 나무젓가락은 5~10개 정도면 된다.
7. 특히, 안전에 관련한 지참공구목록은 잊어버리지 말고 챙겨올 수 있도록 하며 작업시에도 무심코 그냥 작업할 수 있어 감점을 받을 수 있으므로 안전보호장구(보안경, 방독마스크, 방진마스크, 안전화(작업화) 등)는 챙겨와야 한다.

[제1과제 표준보수도장작업시 가장 기본이 되고 또한 이것으로 인해 감점요인이 되는 내용 알아보기]

1. 검정시작전 감독관으로부터 과제 및 도면을 받았을 때 과제에 대한 설명시 집중하여 설명을 잘 듣도록 한다. 이때 설명을 집중해서 듣지 못하고 작업하다가는 검정을 망칠 수 있다.
2. 패널의 포장지를 제거하고 확인했을 때 발생되어진 손상은 도면에 감독관이 표시해주고 그 부분은 채점에서 제외되므로 신경 쓸 필요가 없다.
3. 재료의 사용은 효율적으로 필요한 양만 사용한다.
4. 도료를 사용할 때 특히, 2액형 우레탄 도료(프라이머 서페이서, 클리어코트)를 사용할 때 정확한 비율대로 혼합한다.
5. 1액형 도료인 상도 베이스코트 도료에 희석신너를 혼합할 때도 도료의 적당량을 사용하도록 하며 원액도료를 기준할 때 베이스코트 200ml+희석제(신너)60%를 혼합한다고 가정해볼 때=원액도료 200ml+신너120=희석도료가 320ml 정도이므로 이 정도면 충분히 패널하나를 도장할 도료의 양으로 충분하다고 판단하므로 턱없이 원액도료를 불필요하게 사용하지 않도록 효율적으로 도료를 사용하는 것 역시 수검자로써 지켜야 할 기본적인 도료 사용 자세일 것이다.
6. 퍼티작업은 총 2차례 사용할 수 있다(1차 초벌퍼티 및 2차 마무리 퍼티). 퍼티작업은 1차와 2차 작업만 허용되므로 명심하고 도장횟수를 넘기는 일이 없도록 해야 할 것이다. 특히, 현장에서 도장작업을 하고 있는 수검자의 경우에는 현장에서 퍼티면을 잡을 때처럼 두 번, 세 번 또는 그 이상 사용하는 경우가 가끔 있기 때문에 검정에서는 두 번까지 허용하므로 이점 반드시 숙지하고 작업에 임해야 할 것이다.
7. 도장 간 플래쉬 오프 타임을 충분히 적용한다(프라이머 서페이서, 베이스코트, 클리어코트 등).
8. 감독관으로부터 확인을 받아야 하는 시점에서는 반드시 확인을 받도록 하며 확인받지 아니하고 다음 공정(작업)으로 진행했을 경우에는 본인이 그 책임을 져야 하며 감점을 받게 되므로 반드시 확인을 받아야 할 작업에서는 잊어버리지 말고 확인받을 수 있도록 한다. 특히, 이 책에서 놓치기 쉬운 확인코너를 표시해 두었기 때문에 반드시 확인을 받아야 하는 곳에서는 확인을 받도록 하자.
9. 고의적이거나 의도적으로 타 수검자의 패널에 오염물을 가하거나 몰래 손상을 주는 경우에는 그 책임이 본인에게 있으므로 주의해야 한다.
10. 스프레이 건을 사용하고 나서는 곧바로 세정하여 깨끗한 상태를 유지한다.

11. 감독관으로부터 확임을 받기 위해 패널을 움직일 때에는 주변 수검자들이 작업하는데 방해가 되지 않도록 주의해야 하며 패널에 손상이 발생하지 않도록 잘 잡고 움직이도록 한다.
12. 전착도막을 연마할 때와 프라이머 서페이서 도막을 연마할 때에는 특히, 가장자리나 모서리 부분이 과연마되어 철판이 드러나지 않도록 해야 하면 감점요인이 된다.
13. 사적인 일이나 수검에 관련된 일이든 수검자들끼리는 대화를 해서는 안되며 궁금한 사항들에 대해서는 감독관을 통해 그 궁금증을 풀 수 있도록 한다.
14. 작업공간에서 급하게 뛰어다니지 않도록 한다.
15. 작업시 앞치마를 준비하는 것도 효과적인 작업을 할 수 있는 좋은 방법이다.

제2장 2과제 조색작업 따라하기

1. 2과제 조색작업 따라하기

2과제인 조색작업은 일반적으로 자동차 보수도장공정 중에서도 가장 까다롭고 어려운 공정 중 하나로 실제 도장현장에서는 자동차 색상과 도료의 색상을 일치시키는 일련의 작업을 말한다. 단색인 솔리드(Solid color)색상과 은분(silver)이 포함된 메탈릭(Metallic color) 색상 그리고 진주(펄) 안료가 포함된 펄(Pearl color) 색상에 이르기까지 다양한 색상과 차종으로 인해 조색작업은 해가 거듭할수록 그 난이도가 더해가고 있는 실정이다.

현장에서처럼 조색작업을 진행하기에는 공간, 장소, 형평성 등 고려해야 할 사항들이 많기 때문에 마스터 시편 색상을 보고 조색하는 작업으로 진행하고 있다는 것을 감안해야 할 것이다. 어떤 작업도 마찬가지겠지만 특히, 보수도장작업에서 작업자에 따라 그 결과가 현저하게 달라지는 작업이 바로 조색작업임에 틀림없을 것이다. 제2과제인 조색작업에 대한 전반적인 작업방법 및 그 순서는 다음과 같다.

1. 감독관의 지시에 따라 수검자 준수사항을 잘 숙지한 후 작업대에 개인공구 및 준비물을 정리하여 올려놓는다.
2. 감독관으로부터 사인이 된 마스터 칩, 제출용 칩과 연습용 칩(시편)을 받아 그 수가 맞는지 확인한다. ➡감독관 확인 받기
3. 수지(150g)를 감독관으로부터 받는다. ➡감독관 확인 받기
4. 수지 일부와 종류별 조색제를 종이컵에 일정량 따로 담아 둔다(Back-up 받아두기).
5. 본격적으로 수지의 일부를 먼저 비닐컵에 넣은 다음 메인이 되는 조색제부터 투입하고 순서대로 나머지 조색제를 조금씩 투입하여 마스터 시편 색상에 맞는 도료를 만들기 위해 혼합과 조색제 투입을 반복한다.
6. 조색한 도료가 마스터 시편 색상에 어느 정도 근접했다고 판단되면 희석제를 투입하고 스프레이 건에 도료를 여과하여 담은 후 연습용 시편에 도장하고 시편을 파트오븐에 건조시킨다.

7. 건조된 연습용 시편과 마스터 시편 색상을 비색(색을 서로 비교하는 것)하여 마스터 시편 색상 대비 연습용 시편 색상이 밝고 어두운지 또 어떤 색상감(느낌)이 더 나타나 보이는지를 판독한다.

8. 비색한 결과 마스터 시편 색상에 비해 어둡거나 밝다면 그에 해당하는 조색제를 투입한 후 연습용 시편에 도장하여 앞서 작업한 방법대로 반복하여 조색작업을 진행한다.

9. 조색이 완료된 도료를 제출용 시편에 도장(Base coat+Clear coat)하여 건조시킨 다음 마스터 시편과 제출용 시편을 감독관에게 제출한다. ➡감독관 확인 받기

10. 조색된 도료는 개인이 보관하든지 감독관에게 제출하여 보관하였다가 제3과제인 부분도장(블렌딩)작업에서 사용한다. ➡감독관 확인 받기

이와 같이 조색작업에 대한 전반적인 작업순서를 숙지한다면 작업 도중에 큰 실수 없이 과제를 수행할 수 있을 것이다.

수검자 준수사항

우선, 작업에 들어가기 앞서 수검 당일 수검자가 주의해야 할 것들에 대해 간단히 살펴보기로 하자.

- 감독관의 사인이 된 마스터 시편과 제출용 시편 그리고 연습용 시편을 정확히 수령한다.
- 조색이 완료되면 제출용 시편에 도장하여 건조된 시편을 감독관에게 제출한다. 이때 마스터 시편도 같이 제출한다.

1) 감독관으로부터 조색작업에 관한 주의사항을 듣고 시편 받기

조색작업에 앞서, 조색작업에 필요한 장비 및 공구 그리고 소모재료 등을 작업대 위에 정리, 정돈하여 올려놓는다. 그런 다음 감독관으로부터 조색작업 전반에 대한 주의사항을 듣는다. 이때 집중해서 듣지 않는다면 진행하는 과정에서 실수를 할 수 있다는 점을 명심해야 할 것이다.

【주의사항】

1. 마스터 시편과 제출용 시편에 감독관의 확인이 되어있는지를 정확히 확인한다.
2. 주어진 시편의 장수가 정확한지 확인한다.
3. 받은 시편(마스터, 제출용)을 절대 오염시키지 않는다.
4. 제공받은 시편들을 잘 보관한다.

감독관으로부터 받은 시편(마스터, 제출용, 연습용)과 조색에 필요한 도구들을 준비한다

마스터 시편(왼쪽) 제출용 시편(오른쪽)

연습용 시편(보통 3~5장 정도 지급)

조색시편 도장용 보조 패널

비닐컵 및 신너(희석제)

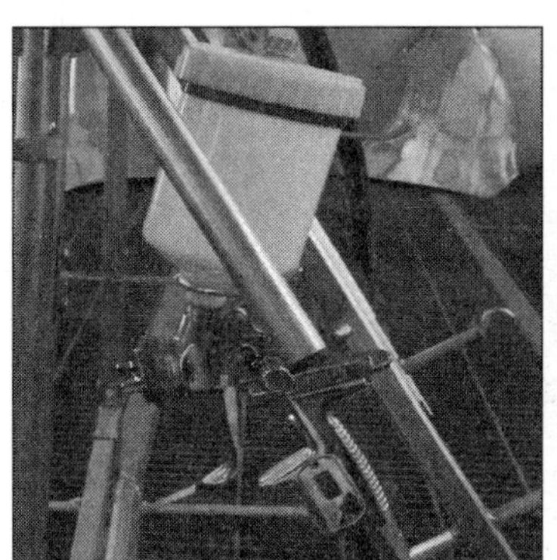

스프레이 건(상도용)

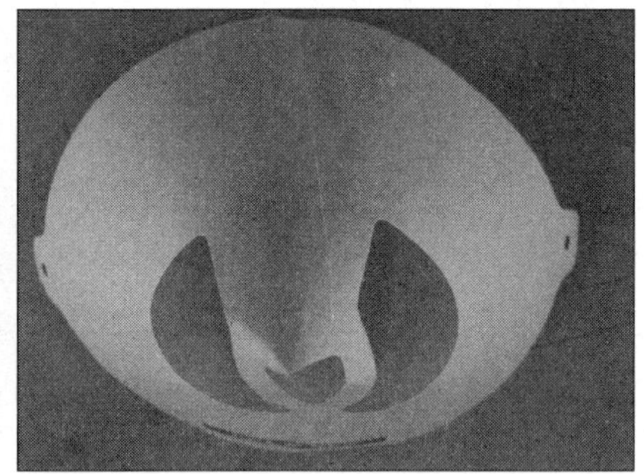

도료 여과지(filter)

작업용 개인공구 및 소모품 재료준비

스프레이 건(상도용), 방진마스크 또는 방독마스크, 도료 여과지, 종이타월, 내용제성 장갑(또는 비닐장갑), 스프레이 부스복, 보안경, 종이타월, 칼, 도료혼합봉(막대) 또는 나무젓가락, 1회용 비닐컵 또는 플라스틱컵(pps 등도 가능), 종이컵 등을 준비한다.

【조색작업 전 주의할 사항】

1. 감독관으로부터 조색작업을 진행하는 방법에 대한 설명을 집중해서 듣도록 한다.
2. 제공받은 조색용 칩(시편)(마스터, 제출용, 연습용)을 잘 보관해둔다.
3. 마스터 칩(시편)은 오염시키지 않도록 한다.
4. 제출용 칩(시편)에 감독관으로부터 받은 사인(확인)을 신너 등으로 지워지지 않도록 한다.
5. 조색작업에 필요한 준비물 이외에는 작업대 위에 올려놓지 않도록 잘 정리 및 정돈해둔다.
6. 조색작업을 효과적으로 하기 위해 여분의 종이컵(5~10개)을 준비한다.
7. 연습용 칩(시편)을 컬러방향성(Color Direction ; 조색방향을 잡기 위해 어떤 컬러의 조합으로 나오는 결과물들을 비교해서 마스터 시편의 색상으로 이끌고 가기 위한 컬러를 찾는 하나의 방법)을 보는데 활용한다. 연습용 칩이 아니더라도 30~40cm 정도의 하얀색 마스킹 종이를 활용해도 컬러방향성을 찾는데 도움이 되므로 무방하다.
8. 조색도료를 혼합할 때 사용할 신너는 튜브에 담아 넘어져 흐르지 않도록 하는 것이 좋다.
9. 3~4cm가량의 마분지와 같은 종이를 준비하여 조색시 방향성을 찾기 위해 도료를 긁어 색을 판단하는데 사용할 작은 종이칩(Paper Chip)을 준비해두면 매우 편리하다.
10. 도료 혼합봉 또는 막대를 깨끗하게 닦을 수 있도록 종이타월에 신너를 묻혀 준비해둔다.

2) 조색제를 투입하여 마스터 시편(칩) 색상과 같은 색을 만들기 위한 방향성 찾기

작업준비가 완료되면 우선, 종이컵을 사용하여 주가 되는 색상이 무엇인지를 판단하고 그 조색제를 그림과 같이 적당량 투입한다. 이것은 본격적인 조색작업을 하기에 앞서 마스터 시편색상을 보고 대략적으로 판단되는 조색제가 무엇이며 어느 정도 비율로 혼합돼 있는지를 파악하여 컬러감 즉, 방향성을 잡기 위한 과정이라 할 수 있다.

【주의사항】

1. 수지(Binder)는 사용하지 않고 조색제만 사용해서 혼합하여 컬러감(방향성)을 잡는다.
2. 검정색(Black), 파랑색(Blue) 등과 같이 적은양으로도 많은 색상변화를 보이는 조색제는 그 양을 최소화하여 사용한다.

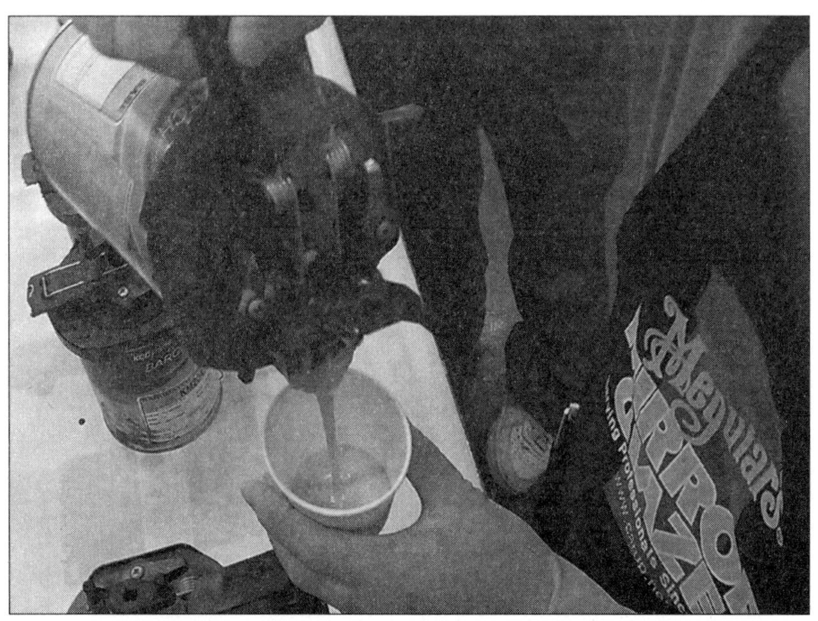

컬러 방향성을 찾기 위해 우선, 메인이 되는 조색제를 투입한다.

작업순서

필요한 수지(Binder) 및 각종 조색제(Tinter)를 준비한다

1회용 비닐컵, 종이컵 등을 준비한다

주요 조색제(Yellow)를 우선 투입한다

조색제(Blue)를 연습용 시편에 한 방울 준비한다

준비된 조색제를 비닐컵 또는 종이컵에 주요 조색제를 우선 적당량 투입한다. 다음으로 조색제(Blue)를 시편에 한 방울 정도 떨어뜨린 다음 소량 묻혀 주요 조색제인 Yellow와 Blue를 서로 혼합하여 색감을 확인한다. 그런 다음 다시 조색제(Black)를 시편에 한 방울 떨어뜨린다.

그리고 이 흑색을 조금 묻혀 Yellow+Blue+Black 조색제를 다시 한번 혼합한다.

조색제(Blue)를 연습용 칩에 소량 묻힌다

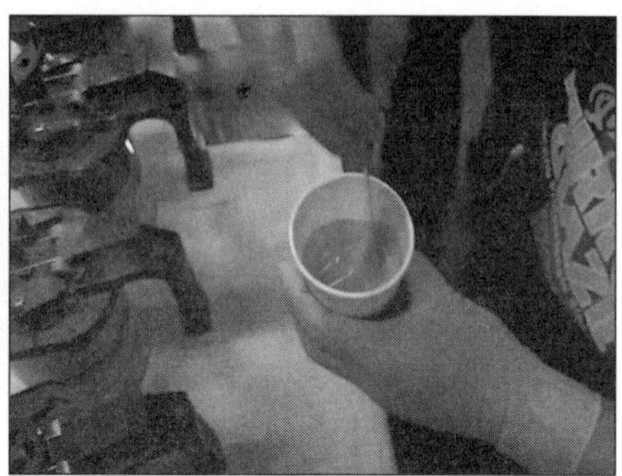

조색제(Yellow+Blue)를 혼합한다

조색제(Black)를 연습용 시편에 준비한다

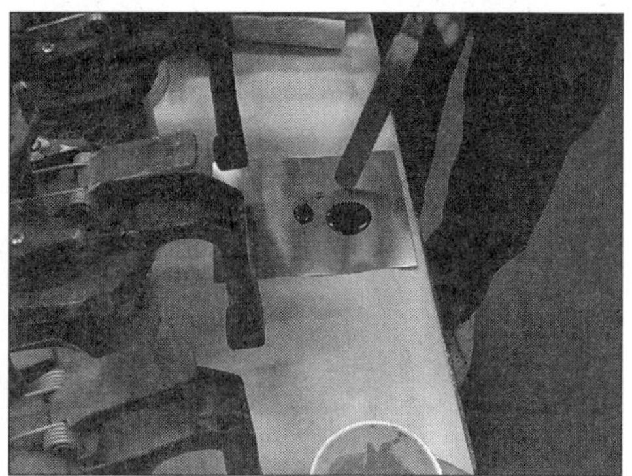

조색제(Black)를 소량 묻힌다

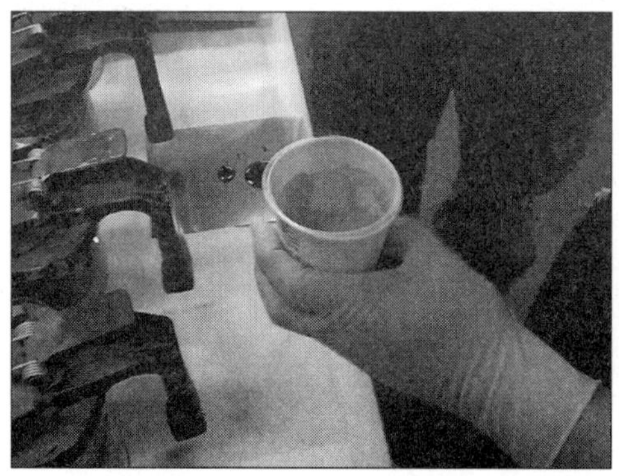

조색제(Yellow+Blue+Black)를 혼합한다

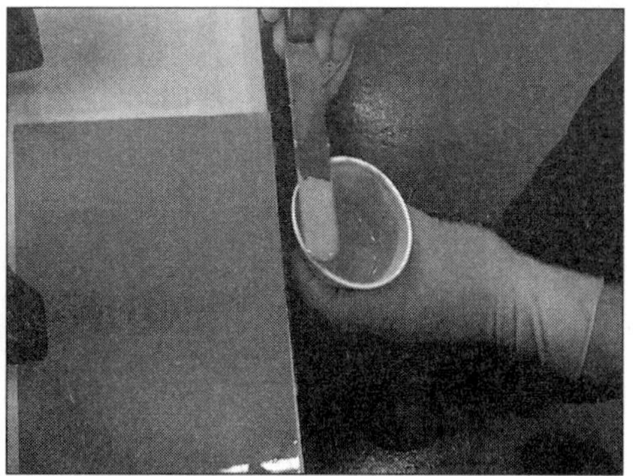

마스터 시편 색상과 비색한다

노랑, 파랑, 흑색을 혼합한 결과를 마스터 시편과 비교하여 색감이 부족한 컬러를 선정하고 그 결과 빨간색 느낌이 부족하다 판단되면 조색제(Red)를 시편에 조금 떨어뜨려 준비하고 도료혼합막대에 소량 묻혀 노랑, 파랑, 흑색 및 빨강을 서로 혼합한 후 이번에는 마스터 시편색상과 색감을 비교한 후 그 색의 방향성을 찾는다.

이때 그림과 같이 색을 조금 묻혀 혼합할 때에는 반드시 도료 혼합봉을 깨끗하게 닦은 다음 사용해야 한다.

조색제(Red)를 연습용 시편에 준비한다

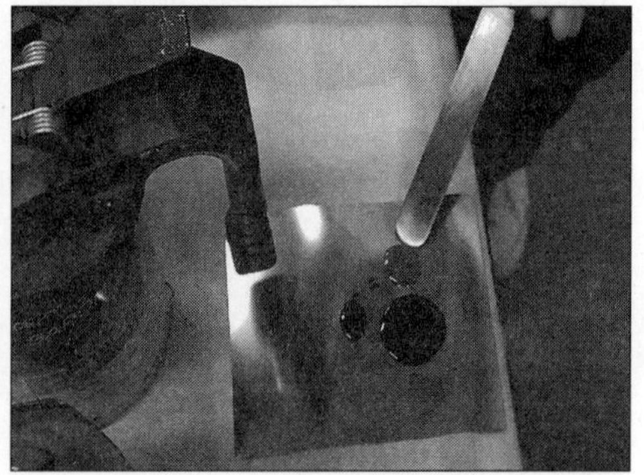

조색제(Red)를 연습용 시편에 소량 묻힌다

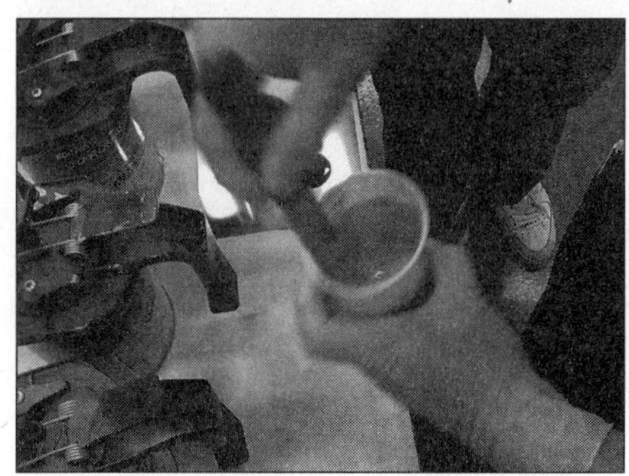

조색제(Yellow+Blue+Black+Red)를 혼합한다

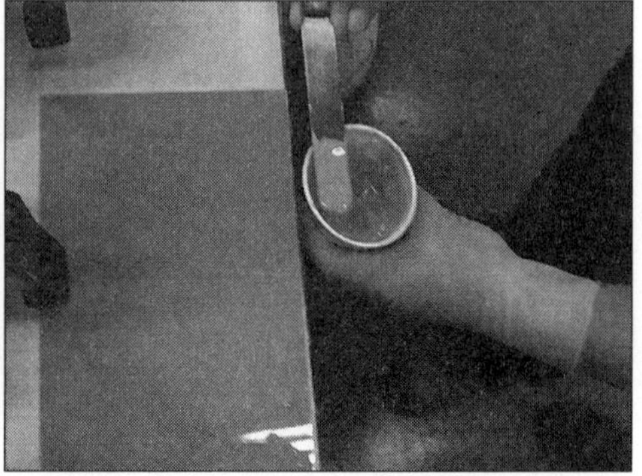

마스터 시편 색상과 비색한다(색을 비교)

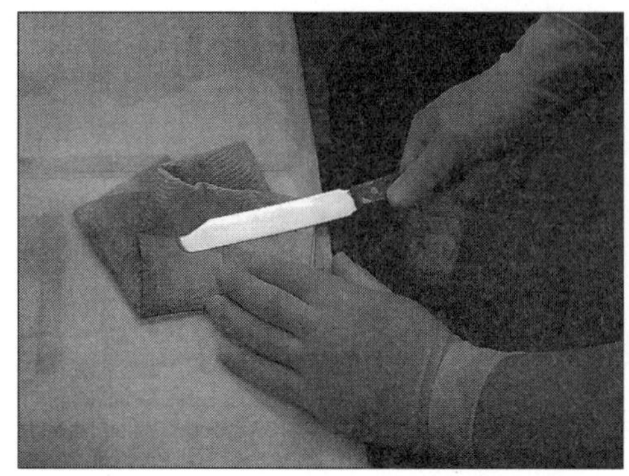

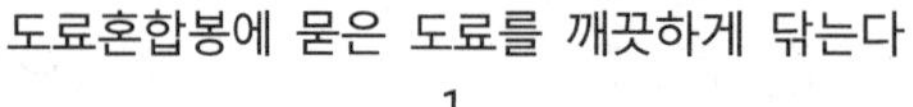

도료혼합봉에 묻은 도료를 깨끗하게 닦는다 1

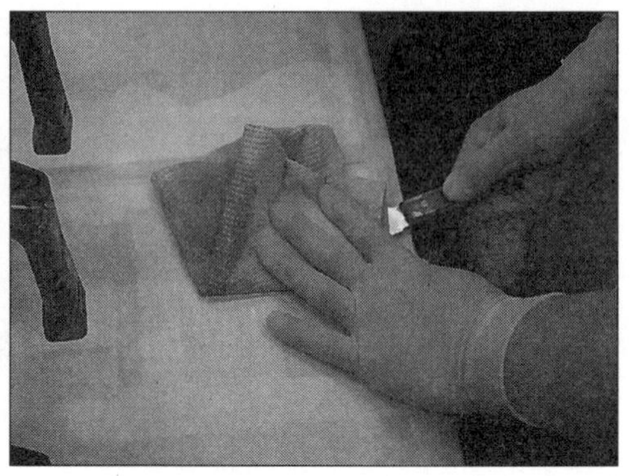

도료혼합봉에 묻은 도료를 깨끗하게 닦는다 2

그리고 미량으로도 많은 변화가 있는 색은 그림에서와 같이 조금만 묻혀 혼합해야 실수를 하지 않는다. 한꺼번에 많은 양을 묻혀 혼합할 경우에는 색의 방향이 어떻게 돌아갈지 모르기 때문에 반드시 조금씩 여러 번에 나눠 혼합해가면서 색의 변화를 지켜보는 것이 중요하다.

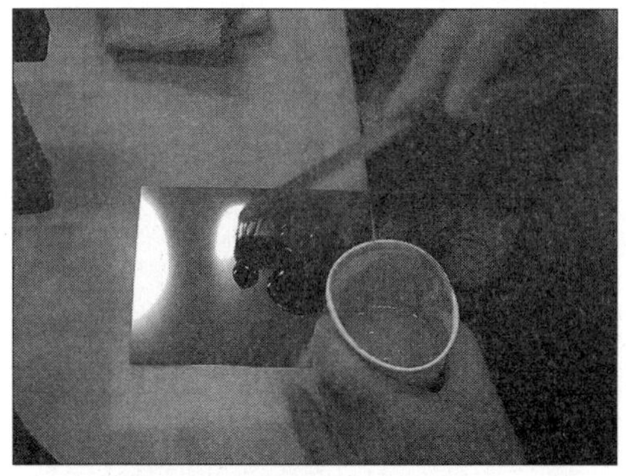

진한 색상은 미량 묻힌다

메인 색상과 혼합한다

【컬러 방향성을 찾는 방법 및 그 때 주의할 사항】

1. 마스터 색상을 보고 메인 색상이 어떤 것인지를 파악한다.
2. 여기서 노란색을 기준하여 해당되는 노란색 조색제를 한 방울을 연습용 시편에 떨어뜨린다.
3. 같은 방법으로 해당 파란색 조색제를 같은 양을 연습용 시편에 한 방울 떨어뜨린다.
4. 이 두 색을 우선 혼합해본다. 그리고 그 결과 어느 쪽 색상으로 기우는지를 판단한다.
5. 만약 같은 양(한 방울)의 혼합이라면 노란색과 파란색의 혼합색은 분명 그린 색상이 나왔을 것이다. 그렇다면 노란색이 메인 색상이 된다는 것쯤은 파악할 수 있을 것이다.
6. 따라서 노란색에 파란색 조색제는 정말 미량 들어간다는 것을 알 수 있으므로 적은 양의 파란색 조색제를 사용해야 한다.
7. 그리고 나서 빨간색 조색제를 같은 방법으로 혼합해봤을 때 그 혼합색이 어느 방향으로 더 기우는지를 판단하면 분명 빨간색 조색제 또한 미량이 포함된다는 것도 알 수 있다
8. 이렇게 메인 색상을 기준으로 하여 해당되는 조색제를 조금씩 혼합해가는 방법을 일컬어 컬러 방향성 찾기라고 한다.
9. 이와 같은 방법으로 마스터 색상과 거의 비슷한 색을 만들면 컬러방향성 찾기는 성공했다 할 수 있다.
10. 여기서 중요한 사항은 미량 포함된 조색제, 특히, 파란색이나 검정색인 경우에는 조금의 양으로도 메인색 전체가 다른 색상으로 변해버릴 수 있을 정도로 착색력이 강한 색이므로 이런 색상을 미량 투입시킬 경우에는 종이컵에 약간의 신너(10ml)에 해당 조색제를 한 두 방울 투입해서 혼합하여 희석된 조색제를 투입하는 것이 안전장치라 하겠다.
11. 컬러방향성을 찾을 때 작은 종이칩을 이용해 연습용 시편에 넓게 펴서 색을 비교하면 더욱 방향성을 찾는데 효과적이다.
12. 계속해서 색을 비교한 곳 바로 옆에 또 다른 방향성을 잡은 색상을 놓고 넓게 폈을 때 서로 비교해 볼 수 있기 때문에 더욱 한 눈에 비교할 수 있다는 장점이 있다.

13. 진한 색상을 조색기(Mixing Machine)에서 바로 웨잉(조색제를 비닐컵이나 종이컵에 직접 투입하는 행위)해서는 안된다. 왜냐하면, 착색력이 강한 색일수록 조금의 양으로도 많은 색상의 변화를 가져올 수 있기 때문이며 색이 오버하면 그 오버한 색상을 원래대로 되돌릴 수 있는 방법이 없기 때문이며 여기에는 많은 도료의 손실이 불가피하게 따른다는 것을 알아야 한다.
14. 설명부분에서 진행되는 사진 순서를 참고하면서 설명과 사진을 참고하기 바란다.

3) 조색된 도료를 연습용 시편에 도장하기(1차 조색한 도료)

이번 섹션은 지금까지 마스터 시편색상을 보고 만든 조색된 도료를 1차로 연습용 시편에 도장해보는 단계로 도료인 상태에서 건조된 마스터 시편색상과 비교하는 것은 한계가 있기 때문에 비슷한 조건으로 만들어 비교하는 것이 가장 효과적이라 할 수 있다.

도장시 중요한 포인트는 마스터 시편에 도장되어 있는 것과 가장 유사하게 도장해야 한다는 것이다. 즉, 마스터 시편에 감독관이 어떻게 도장을 해 놓았는지를 관찰하여 마스터 칩에 도장된 상태와 유사하게 도장하려고 해야 색상차이를 줄일 수 있다.

【주의사항】

1. 대충 도장하지 않도록 한다.
2. 은폐가 되도록 도장한다(필요시 주)은폐지 사용).
3. 베이스 코트와 클리어코트를 도장한 후 색상을 비교한다.

컬러 방향성을 찾아 마스터 시편색상과 유사한 색상을 만든 후 그 도료를 이용해 연습용 시편에 도장해보고 그 결과를 마스터 색상과 비교하기 위해서이다.

주)은폐지

색상마다 착색력이 달라 은폐가 되었는지를 육안으로 확인하기 위해 사용하는 스티커 형태의 종이를 말하며 재질에 따라 종이, 필름 등 다양하며 연습용 시편자체가 은폐지 형태로 된 것을 사용하기도 한다. 대개 모양은 그림과 같이 된 것이 많이 사용되고 있다.

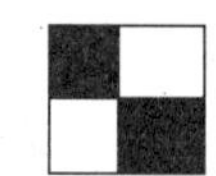

은폐지 모양

작업순서

우선, 1차로 조색한 도료는 수지를 넣지 않은 상태에서 조색제(tinter)만으로 만든 도료이기 때문에 농도가 매우 짙다고 할 수 있다. 따라서 이 도료에 수지(binder)를 적당량 투입해서 골고루 혼합한 다음 연습용 시편에 도장하기 위해 다시 희석제를 투입하여 희석도료를 만든다.

수지(binder)를 혼합한 색상에 일정량 첨가한다

도료회사 및 도료의 종류에 따라 다소 차이가 있지만 일반적으로 솔리드 색상의 경우에는 수지:조색제의 비율이 6:4 정도로 되어 있기 때문에 수지를 넣지 않은 상태에서 조색을 진행했다면 나중에 도료의 양을 그 비율에 맞도록 수지의 양을 첨가하면 된다. 수지와 조색도료를 서로 혼합한다

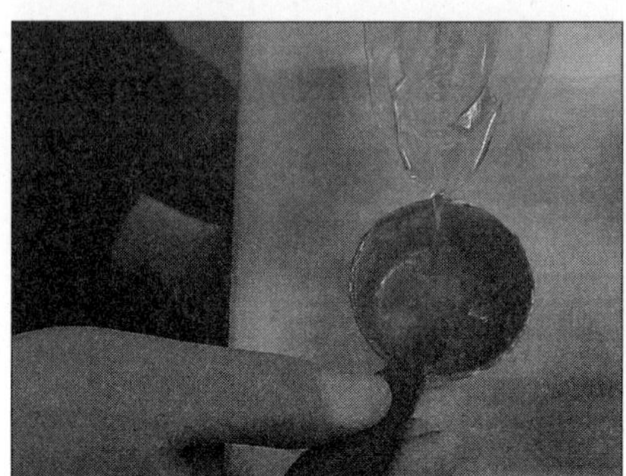

조색도료에 신너를 적당량 투입하여 도료의 점도를 조절한다

희석도료의 점도를 조절하여 스프레이 가능한 점도로 만든다

희석된 도료를 여과지를 통해 스프레이 건에 담는다. 그리고 나서 연습용 시편을 한 장 준비하여 시편 전용 가이드 판에 떨어지지 않도록 잘 붙이고 스프레이 건을 적당한 도료의 양과 패턴폭 그리고 에어압력을 조정한다. 그런 다음 1차 베이스 코트(색상 도료)를 연습용 시편의 바닥이 훤히 들여다보일 정도로 가볍게 도장한다.

도료 여과 후 건에 담기

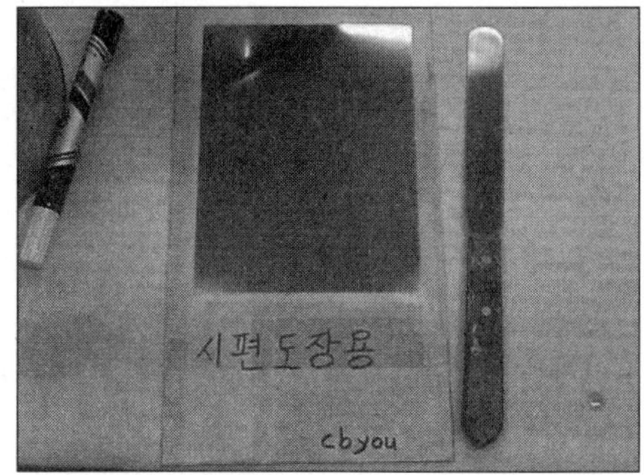

연습용 시편 준비

건 조절나사 조정하기

1차 베이스코트 도장하기

1차 조색한 도료로 도장하여 바탕이 비춰져 보이는 정도의 은폐정도(가볍게 도장한다)

그림과 같이 1차 도장한 상태가 도료의 양을 적게 하여 도장했기 때문에 베이스 코트의 은폐상태가 바닥까지 비춰져 보일 정도이다. 이렇게 도장해야 하는 이유는 처음부터 도막을 두껍게 올리면 건조시간이 길어져 작업이 늦어지는 동시에 도막에 크레터링과 같은 결함이 발생할 가능성이 매우 높으며 특히, 날씨가 추운 겨울에는 차가운 날씨로 인해 시편이 차갑기 때문에 더욱더 발생할 가능성이 높다 할 수 있다.

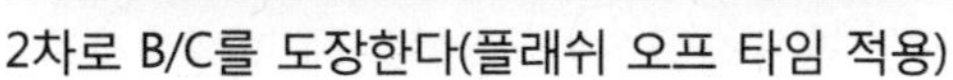
2차로 B/C를 도장한다(플래쉬 오프 타임 적용)

3차로 B/C를 도장한다(플래쉬 오프 타임 적용)

은폐가 된 베이스코트(B/C) 도막을 자연상태로 건조한다(자연방치). 날씨가 추울 경우에는 도장 후 원적외선 건조기로 건조시키거나 파트오븐(part oven)에 넣어 건조하면 된다.

1차 도장은 가볍게 도장되었기에 건조가 빠르므로 곧바로 2차 도장을 해도 무방하다. 2차와 3차 또는 경우에 따라서는 4차에 걸쳐 베이스 코트(Base Coat ; B/C)를 도장한다.

이때 한 번에 두껍게 도장하지 않도록 주의해야 하며 도장 간 플래쉬 오프타임(Flash Off Time)을 충분히 적용하면서 도장하여야 하며 도장이 완료되면 자연방치시켜 도막이 건조될 때까지 기다렸다가 클리어코트(Clear Coat ; C/C)를 도장한다.

이때 시간을 벌기 위한 하나의 팁으로는 베이스 코트가 건조되는 시간을 이용하여 클리어코트를 준비하면 된다.

시험장에 따라 다소 차이는 있지만 공용 스프레이 건을 사용할 수 있도록 한 곳도 있기 때문에 상황에 맞게 사용하면 된다.

베이스 코트 도막이 건조되면 클리어코트를 도장하기 전에 마스터 시편 색상과 한번 비교해보길 바란다. 클리어코트가 도장되지 않은 상태에서의 비교결과를 감안하면 매번 클리어코트를 도장하지 않고도 조색작업을 진행하는데 많은 시간을 절약할 수 있을 것이다.

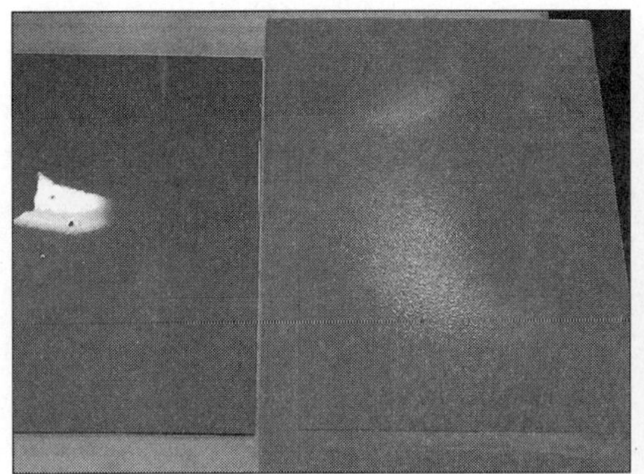

마스터 시편과 연습용시편을 서로 비교한다

1차와 2차에 걸쳐 클리어코트(C/C)를 도장한다(한번만 도장해도 컬러를 비교하는 데에는 크게 무리가 없기 때문에 2차 도장을 하지 않는 것도 시간을 확보할 수 있는 방법일 것이다).

마스터 시편과 연습용 시편(베이스 코트만 도장된 상태)을 비교한 결과를 감안하여 기억해둔다. 그리고 나서 준비된 클리어코트를 1차와 2차에 걸쳐 도장을 완료하면 된다. 이때도 마찬가지로 용제가 증발할 수 있는 여유시간인 플래쉬 오프타임을 충분히 적용하면서 도장하는 것이 중요하다.

투명도장이 끝나면 곧바로 파트오븐에 넣지 않고 1~2분 가량 방치해둔 다음 파트오븐에 연습용 시편을 넣어 도막을 건조시킨다.

파트오븐에 시편을 조심스럽게 넣는다

도막을 건조한다(1차 조색시편이기 때문에 완전건조 할 때까지 건조시키지 않고 핸들링 가능한 정도가 될 때까지 건조시킨다. 보통 3~5분 정도면 가능하다).

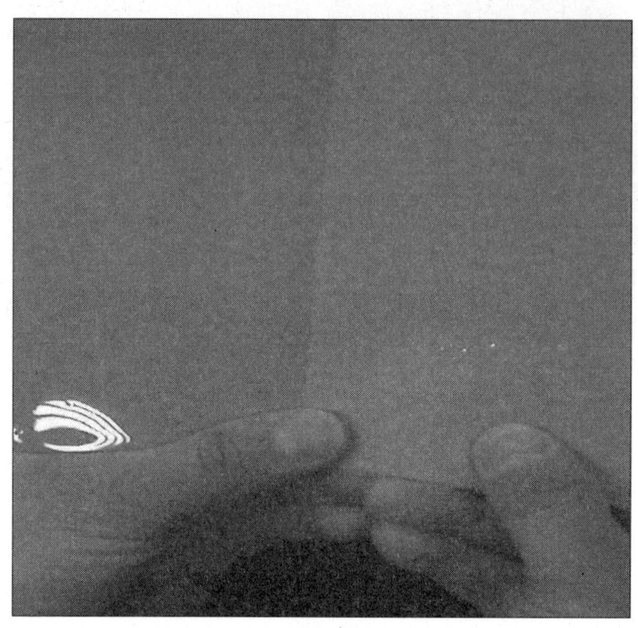

마스터 시편색상과 1차로 조색해서 도장한 후 건조한 연습용 시편 색상을 서로 비교
마스터 시편(좌), 연습용 시편(우)

파트오븐은 대개 60℃로 세팅되어 있기 때문에 연습용 시편을 건조할 때 약 5분 정도면 만질 수가 있으므로 그 다음 조색순서를 위해 너무 오래 두지 않도록 하며 건조된 연습용 시편 색상과 마스터 시편색상을 서로 비교하여 마스터 색상에 비해 연습용 색상이 어느 정도 밝고 어두운지 또는 색감이 부족한지 어떤 방향으로 색상의 방향성을 찾아야 하는지를 정확하게 파악한다.

4) 컬러 방향성 정하고 2차 조색하기

이번에는 앞서 마스터 시편색상과 연습용 시편색상을 비교한 결과에 따라 어떤 색감이 부족한지 또 색상이 밝고 어두운지를 판단하여 컬러 방향성을 돌리는 단계라 할 수 있다. 다시 말해 3)에서의 1차 조색결과를 보고 2차 및 3차 조색작업을 정밀하게 조색해 나가야 한다는 뜻이기도 하다.

앞서 조색하여 색상을 비교한 결과 마스터 색상에 비해 연습용 시편색상이 다소 밝아 보이고 메인 색감이 부족해 보이기 때문에 여기서는 그런 부분을 감안하여 그림에서와 같이 메인 색상을 추가하여 다시 마스터 색상과 비교하고 또 그 방법을 계속해서 반복하여 정밀조색을 해 나가면 된다.

1차 조색한 도료와 마스터 색상을 비교한 결과 부족한 조색제를 추가하여 컬러 방향성 다시 돌린다

【주의사항】

1. 한꺼번에 많은 양의 조색제를 투입하지 않는다.
2. 그림에서처럼 조색 리드기에서 직접 조색제를 투입하지 않고 덜어놓고 조금씩 추가하여 사용한다(한꺼번에 많은 양이 쏟아져 나올 수 있어 주의요망).
3. 조색을 완료했다면 연습용 시편에 도장하여 건조된 상태에서 마스터 시편과 비교한다.
4. 솔리드 색상(단색)의 경우에는 젖은 상태에서의 색상보다 건조되면서 다소 진해지는 경향이 있기 때문에 젖은 상태에서만 마스터 색상과 색을 비교하는 것은 피해야 한다.

작업순서

그림에서와 같이 마스터 색상대비 조색한 색상(1차 조색한 도료 색상)이 더 밝게 보인다. 그리고 메인 색상감과 흑색 및 붉은색감 역시 부족한 것으로 판단되므로 부족한 색감들의 조색제를 조금씩 추가하고 또한, 수지(binder) 역시 추가되는 조색제양에 따라 같은 비율로 추가해서 도료의 농도를 적절히 조절해야 한다. 이렇게 컬러 방향성을 설정한 다음 판단한대로 추가해야 할 조색제를 순서대로 추가하여 도료를 혼합한 후 젖은 도료와 마스터 색상과 비교한 후 2차 연습용 시편에 도장하여 비교한다.

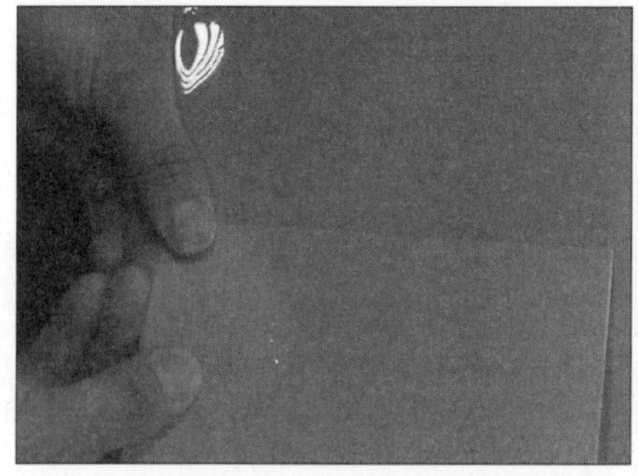

좀 더 정확하고 정밀한 컬러 방향성을 재설정한다

필요한 조색제를 추가한다

추가한 조색제와 기존의 도료를 골고루 혼합한다

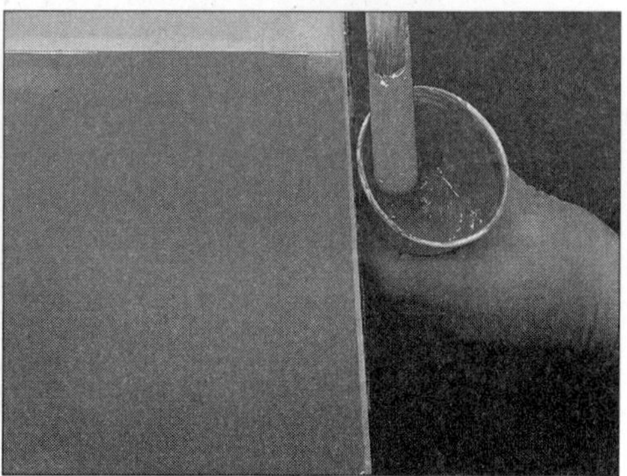

젖은 색상과 마스터 색상을 서로 비교한다

5) 비색 후 최종 마무리하고 시편(제출용, 마스터) 및 도료 제출하기(감독관 확인 필)

이번에는 2차 조색한 색상과 마스터 시편색상을 서로 비교하여 최대한 색상차이를 줄이는 매우 중요한 단계라 할 수 있다. 여기서 중요한 것은 조색작업이 가능한 시간이 1시간 30분 정도이기 때문에 그리 여유롭게 작업할 수 있는 상황이 아니라 판단되므로 짧은 시간 내 최대의 효과를 얻기 위해서는 조색하여 도장하고 색을 비교하는 공정을 줄이는 방법이 최선이라 할 수 있다.

따라서 조색하고 연습용 시편에 도장하여 건조시킨 다음 색을 비교하는 과정을 2~3번 정도에 마무리할 수 있어야 다음 과제를 수행하는데 무리가 없을 것이다.

【주의사항】

1. 1차 조색시 투입양보다 더 적은 양의 조색제를 투입한다.
2. 조색리드기로 직접 조색제를 투입하지 않고 한 방울 정도를 신너(희석제) 50ml에 희석하여 사용하면 조색을 잘못하여 오버하는 위험에서 벗어날 수 있다. 특히, 조색이 거의 막바지에 접어들었을 때에는 미량으로 접근해야 하므로 이 방법을 사용한다면 최대한 마스터 색상에 근접할 수 있을 것이다. 미조색(정밀조색)을 할 때의 효과적인 접근방법은 다음 그림과 같다.

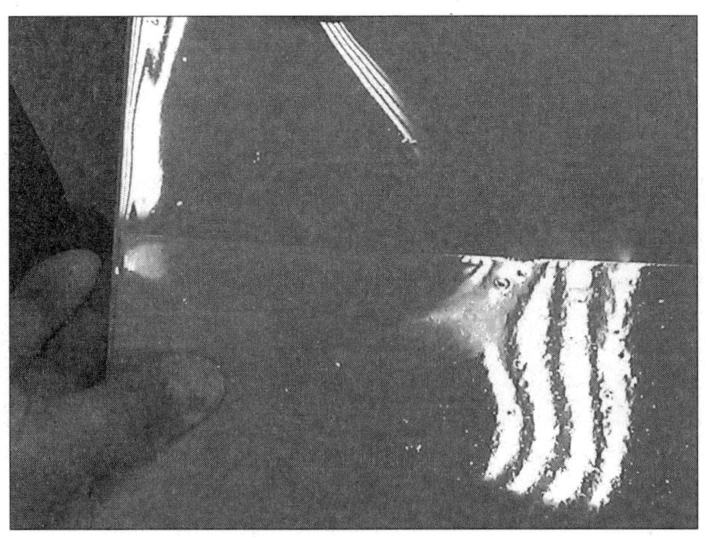

2차 조색한 시편과 마스터 색상을 서로 비교한다
마스터 시편색상(상), 2차 조색한 시편색상(하)

【착색력이 강한 조색제를 신너에 혼합하여 희석한 조색제를 만드는 방법】

1. 착색력이 강한 조색제를 준비한다.

2. 종이컵에 신너(희석제)를 약 20[ml] 가량 투입한다.

3. 준비한 조색제를 한 두 방울 투입한다.

4. 골고루 저어 정밀 조색시 사용한다.

위의 방법으로 조색제 한 방울을 희석제에 희석하여 사용한다면 색이 넘어가는 일은 없을 것이기 때문에 미조색(정밀조색)을 할 때 꼭 사용해 보기 바란다.

작업순서

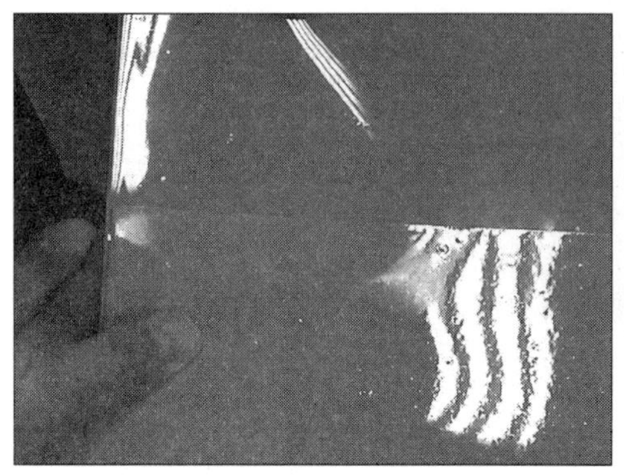

컬러 방향성을 재 설정한다
마스터 색상(상), 조색한 색상(하)

방향성에서 찾은 필요한 조색제를 다시 추가한다

그림에서와 같이 이번에도 마스터 색상에 비해 조색한 색상이 다소 밝게 보이면서 명도가 높기 때문에 어둡게 만들기 위해서 흑색에 해당하는 조색제를 미량 투입하여 색상 변화를 확인한다.

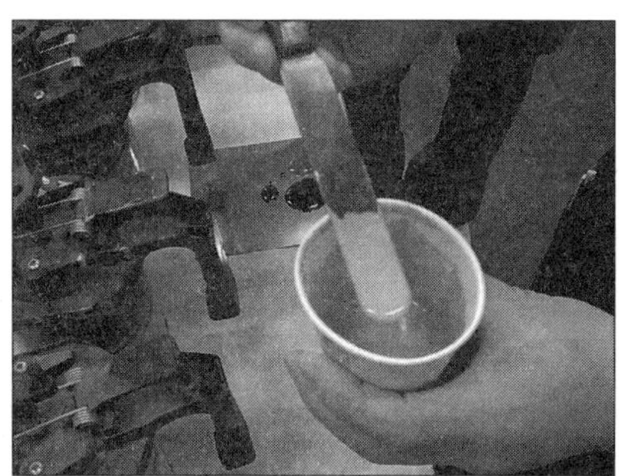

색상변화를 확인한다

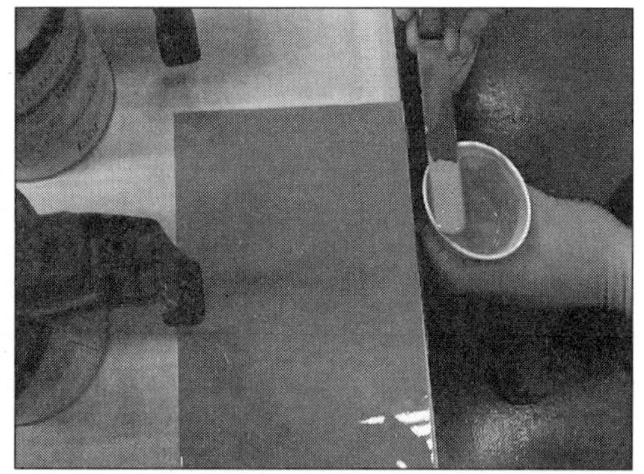

마스터 색상과 비교하여 어떠한 색상감이 부족하다고 느끼면 다시 흑색을 미량 투입한다

이런 방법으로 마스터 색상과 비교해보고 그 결과 부족하면 다시 한번 흑색의 양을 늘려 투입하면 된다. 그리고 마스터 색상에서 느껴지는 붉은색감이 부족한 것으로 판단되면 붉은색 조색제도 미량 투입해서 색상변화를 지켜보고 마스터 색상

과 비교하면 된다. 이렇게 조색이 완료되었다고 판단되면 감독관 확인이 되어 있는 제출용 시편을 준비하여 조색제 양에 맞도록 수지(binder)양을 적당히 투입하여 혼합한 후 신너(희석제)를 혼합한 후 스프레이 건에 담고 제출용 시편에 마스터 시편에 도장되어 있는 것과 유사한 방법으로 색상[베이스 코트(3~4회)와 클리어코트(2회)]을 도장한 후 파트오븐에 넣고 시편을 건조시킨다.

제출용 시편 건조가 완료되면 마스터 시편 및 제출용 시편 그리고 사용한 도료를 감독관에게 제출한다.

이렇게 마스터 시편과 제출용 시편 그리고 도료까지 감독관에게 제출하면 제2과제인 조색작업은 완료가 된다. 하지만, 시험장 및 감독관에 따라 도료를 제출하지 않고 수검자 개인이 보관했다가 사용하도록 하는 경우도 있으므로 상황과 감독관의 지시에 따르면 될 것이다.

작업에 집중하다 보면 보관하거나 제출해야 하는 조색도료를 사용이 끝났다고 판단하여 버리는 경우가 종종 있는데 그러지 않도록 반드시 조색이 완료된 도료는 감독관에게 제출 또는 개인이 보관했다가 제3과제인 부분도장(블렌딩)작업에서 사용해야 한다는 것을 명심해야 할 것이다.

6) 비색(색을 비교하는 행위)시 참고할 컬러가이드(Color Guide)

이번에는 지금까지의 조색작업에서 참고한 자료인 컬러가이드이다. 이것은 해당 도료의 메이커에서 색상조색에 따른 혼합정보와 색상배합에 대한 개념을 심어주고 컬러 방향성을 쉽게 이해시키기 위해 만든 컬러 가이드로써 도료메이커마다 조색시스템이 상이하기 때문에 그 컬러 조색제 수 및 명칭 그리고 배합 시스템에서 다소 차이를 보인다.

따라서 사용하는 도료의 기본배합과 컬러 방향성을 정확히 이해하기 위해서는 반드시 그 도료회사의 조색제 구성과 특성을 충분히 이해해야 가능하다.

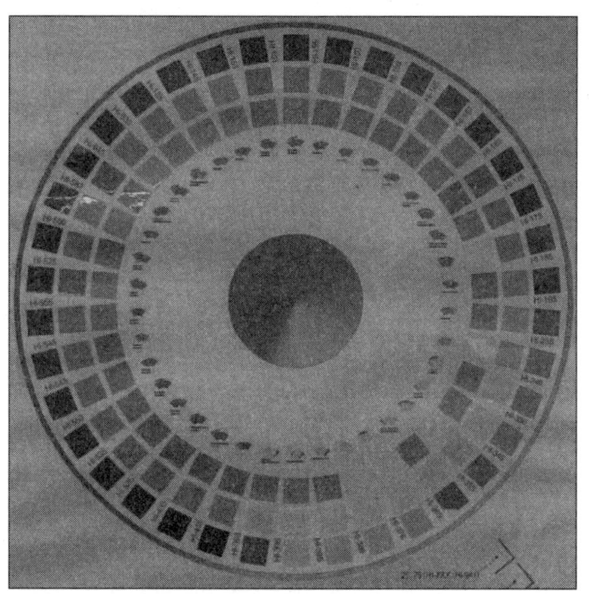

노루페인트 회사(NOROO)의 컬러 가이드(Solid ; 솔리드)

도료회사마다 운영하고 있는 조색시스템은 보통 솔리드 색상, 메탈릭 색상 그리고 펄 색상까지 색상군 별로 다양하며 여기에 크게는 유용성과 수용성으로도 나누어 도료를 공급하고 있는 실정이다. 그림에서는 노루 페인트회사의 솔리드(단색) 색상과 메탈릭 색상의 컬러가이드를 나타내고 있다.

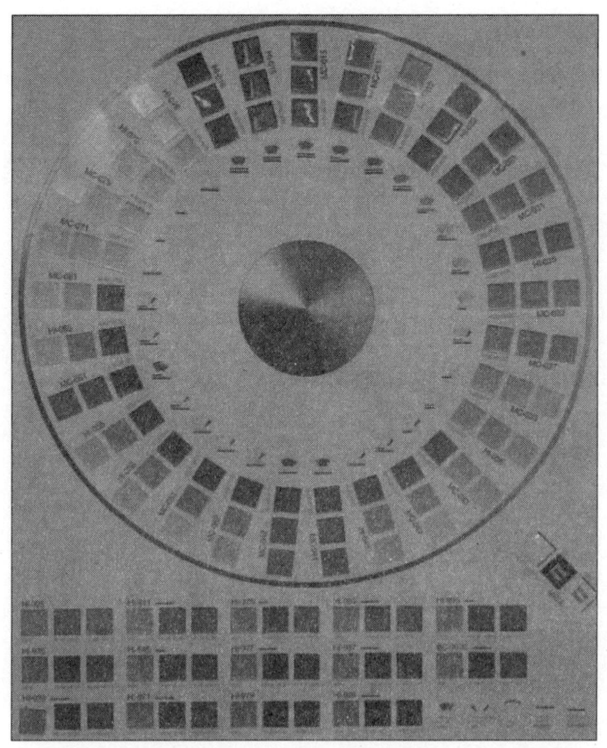

노루페인트(NOROO)의 컬러 가이드(Metallic ; 메탈릭)

컬러가이드 또는 컬러차트에는 그림에서 나타내고 있는 사용되는 조색제(Tinter) 종류(그룹)별 백색과 흑색 또는 특정 컬러와의 배합 비율에 따라 색상이 어떻게 변하는지에 대한 컬러방향이 표시돼 있고 채도(색의 맑기 정도를 나타내는 기준)와 정면톤과 측면톤에 대한 밝고 어두운 정도에 대한 정보가 제공되고 있기 때문에 조색제가 갖고 있는 특성을 충분히 파악하고 조색제와의 상호작용에서의 컬러 변화를 잘 파악한다면 조색기술에 대한 노하우를 빠른 시간 내 습득할 수 있을 것이다.

컬러가이드 또는 컬러차트에 표시되어 있는 도식에 따른 설명

동일한 색상일지라도 어떻게 도장하느냐에 따라 정면톤과 측면톤의 색감이 다르게 나타나므로 도장하는 테크닉이 얼마나 중요하며 또한 사람마다 그 차이가 발생한다는 것을 감안해야 할 것이다.

2과제 조색작업에 대한 전체적인 진행 흐름을 사진으로 파악하기(첫 번째 코너)

이 코너는 전체적인 작업진행 순서 및 흐름을 사진으로 한눈에 파악하기 위한 것이므로 과정에서 놓칠 수 있는 세밀한 부분까지 표시했기 때문에 많은 도움이 될 것이다. 첫 번째 코너에서는 조색시편을 감독관으로부터 지급받아 준비하는 것에서부터 시작하여 육안으로 마스터 시편색상을 보고 어떠한 조색제가 포함되어 있는지를 파악한 후 조색제를 사용하여 색을 혼합하는 것까지를 나타내었다.

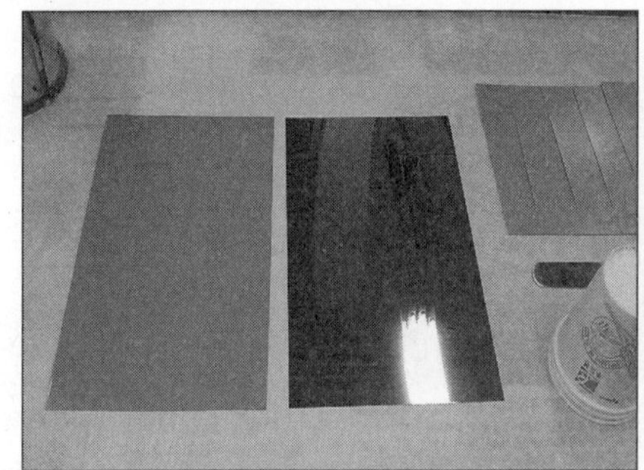

시편(마스터, 제출용, 연습용)을 준비한다

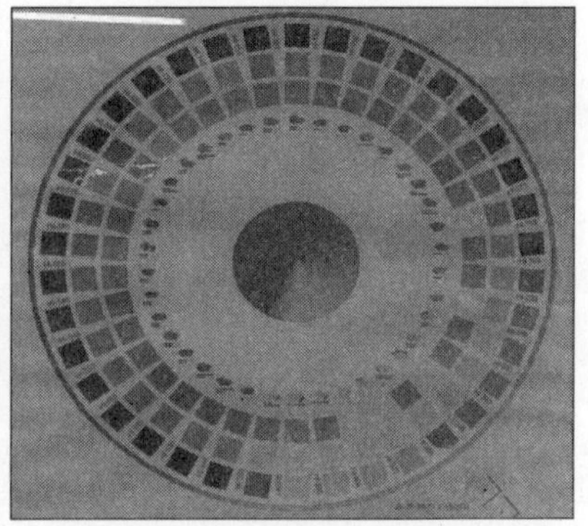

컬러가이드를 참고한다

준비된 수지 및 조색제

조색을 위한 비닐컵과 종이컵 등을 준비한다

주요 조색제(Yellow)를 종이컵에 투입한다

조색제(Blue)를 시편에 한 방울정도 준비한다

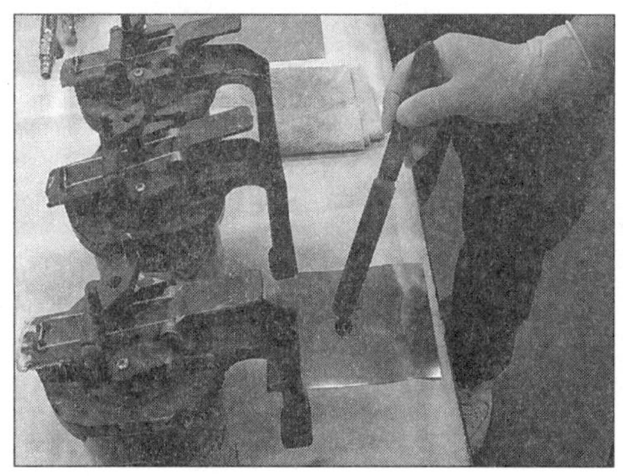

조색제(Blue)를 소량 묻힌다

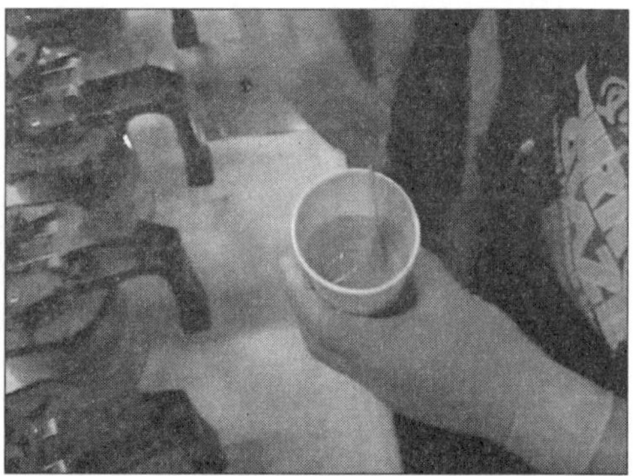

조색제(Yellow+Blue)를 혼합한다

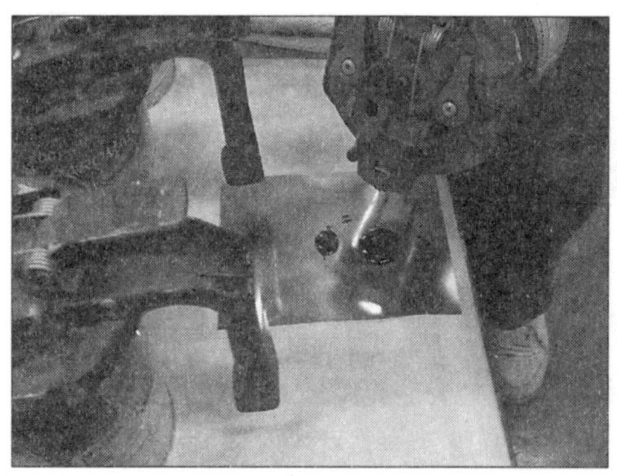

조색제(Black)를 한 방울 시편에 준비한다

조색제(Black)를 소량 묻힌다

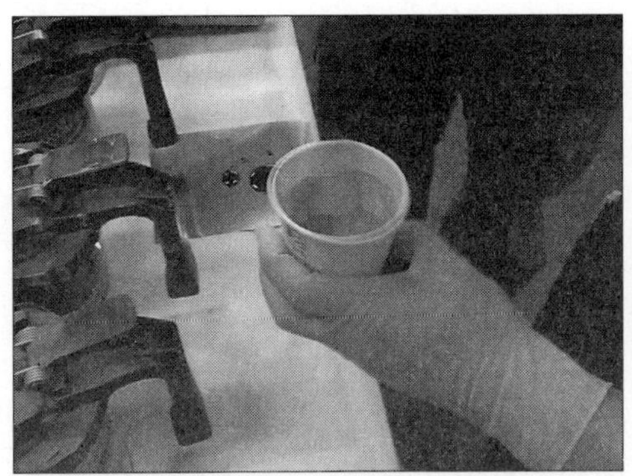
조색제(Yellow+Blue+Black)를 혼합한다

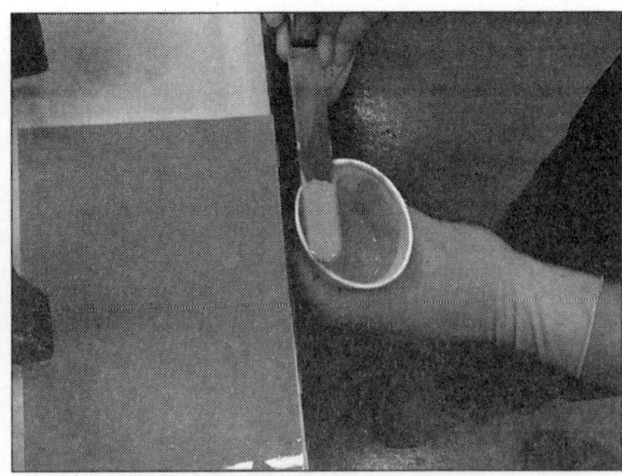
마스터 시편 색상과 조색한 도료를 비교한다

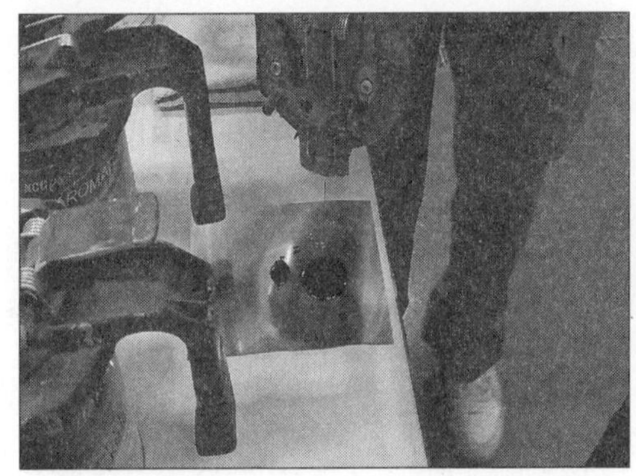
조색제(Red)를 시편에 한 방울 준비한다

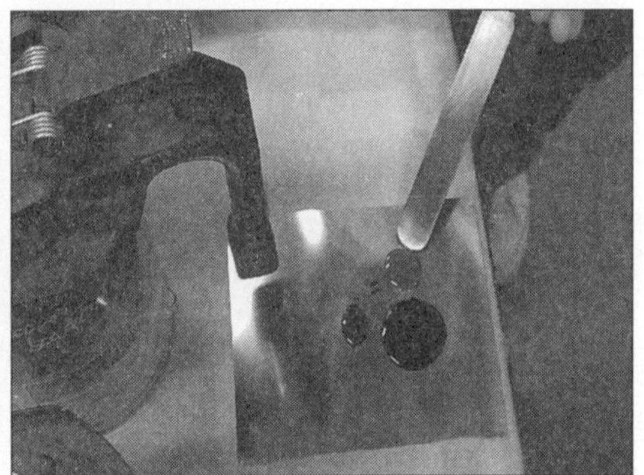
조색제(Red)를 소량 묻힌다

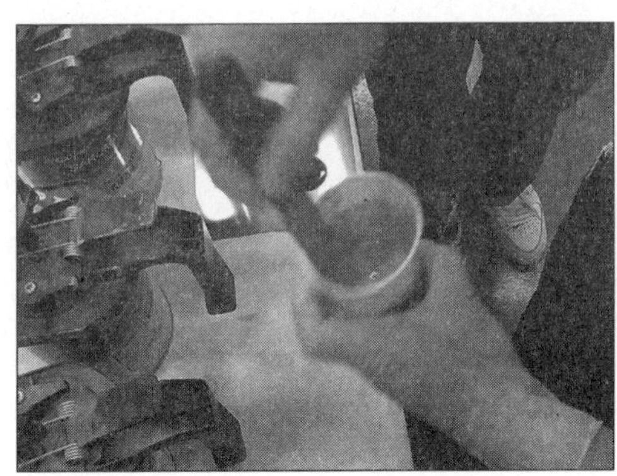
조색제(Yellow+Blue+Black+Red)를 혼합한다

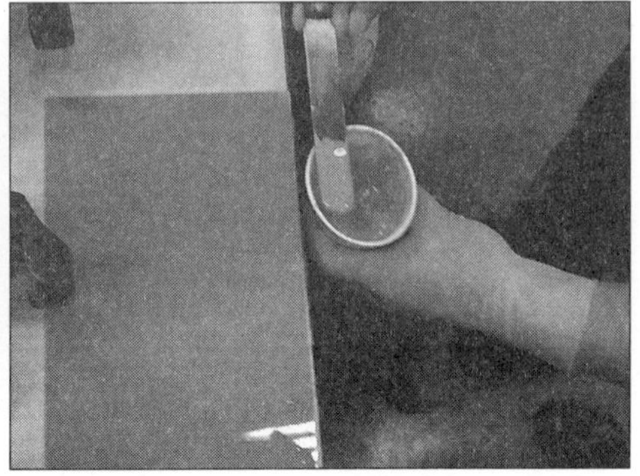
마스터 시편 색상과 비색하여 그 결과를 확인한다

추가해야 할 조색제를 결정한 후 조금만 묻힌다

기존의 색상과 골고루 혼합한다

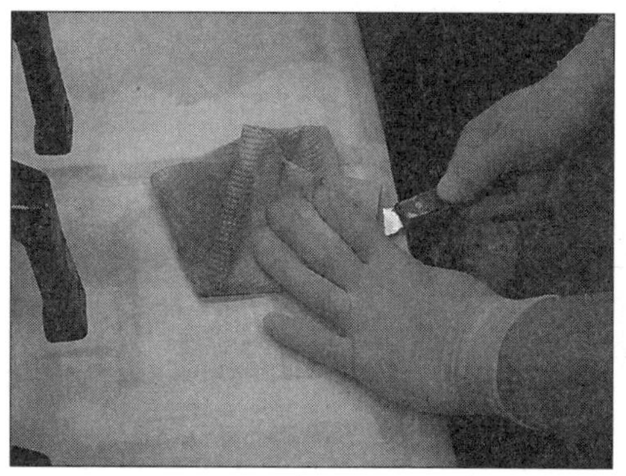

조색이 완료되었다고 판단하면 도료혼합봉 면에 묻은 도료를 깨끗하게 닦는다

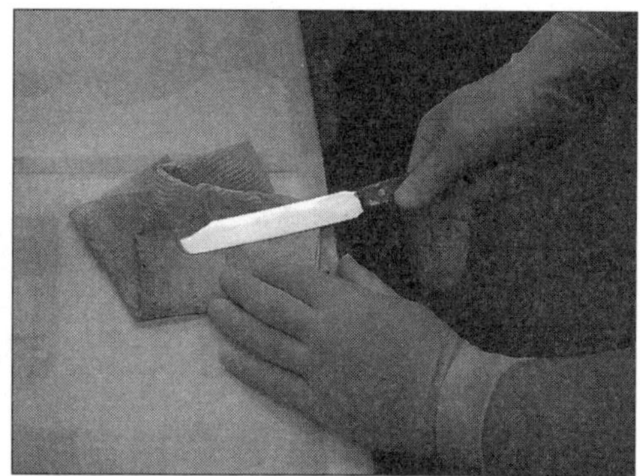

도료혼합봉의 날에 묻은 도료를 깨끗하게 닦는다

【첫번째 코너에서의 주의할 사항】

1. 마스터 색상을 보고 메인 색상을 정확하게 찾아내기 위해 컬러 방향성을 찾는다.
2. 컬러 방향성을 찾는 방법은 마스터 색상에서 느껴지는 메인이 되는 조색제 색상 두 가지를 같은 양, 즉 한 방울씩 떨어뜨려 혼합해보면 어떤 색쪽으로 더 진해지는 경향을 보이는데 이것으로 컬러 방향성을 찾을 수 있다.
3. 컬러 방향성을 찾은 다음에는 느껴지는 컬러감(어떤 컬러~ish 예, Yellowish(노란색감), Reddish(빨간색 느낌), Blueish(파란색 감), 등으로 표시함)을 찾아 그 조색제를 미량 혼합하면서 조색을 진행한다.
4. 조색리드기에서 바로 조색제를 투입하지 않도록 한다(오버 조색이 되는 가장 큰 원인이 됨).
5. 정밀조색, 미조색을 할 때에는 약간의 신너에 조색제를 몇 방울 떨어뜨려 희석한 조색제를 이용하여 투입하면 오버 조색(원하는 조색이 되지 않고 색상이 넘어버리는 현상을 말함)이 될 가능성이 매우 희박하므로 활용하기 바란다.
6. 처음부터 수지(Resin)를 과도하게 투입하지 말고 종이컵에 절반정도로만 투입한 다음 조색을 어느 정도 진행한 후 컬러 방향성을 어느 정도 확보한 그때 수지의 양을 늘려 조색시편에 도장할 수 있도록 도료의 점도를 조절하기 위해 희석제(신너)를 투입한다.
7. 파란색(Blue), 빨간색(Red) 및 검정색(Black) 조색제(Tinter)는 조금의 양(작은 한 방울 정도)으로도 컬러변화가 크기 때문에 한 번에 많은 양을 투입하지 않도록 한다.
8. 사용할 조색제의 절반은 처음부터 백업(조색작업이 실패할 것을 대비하여 미리 도료를 100% 사용하지 않고 남겨두는 행위)을 해 두고 조색제 전부를 한꺼번에 사용하지 않도록 한다(조색작업을 시작할 때 매우 중요한 부분이므로 습관화 시킬 것).
9. 처음부터 비닐컵에 수지와 사용할 조색제 전부를 혼합하여 사용할 경우 조금의 실수 및 과도한 조색제 투입으로 인해 도료를 전부 버려야 하는 상황이 생기므로 반드시 제공받은 도료를 모두 한 번에 사용하지 않고 백업을 받아두었다가 혹시 모를 실수에 대비하도록 한다.
10. 컬러 방향성을 찾고 나서 어떤 조색제의 양이 어느 정도 들어갈지를 잘 파악해야 도료의 양을 늘렸을 때 도료의 손실을 막고 정확하게 컬러의 방향을 찾아 조색을 진행해 나갈 수 있게 된다.

2과제 조색작업에 대한 전체적인 진행 흐름을 사진으로 파악하기(두 번째 코너)

이 두 번째 코너에서는 연습용 시편에 도장하기 위해 조색한 도료에 수지(Resin or Binder)를 첨가하는 것을 시작으로 연습용 시편에 도장(베이스코트(B/C), 클리어코트(C/C))하여 건조된 시편을 서로 비교한 후 컬러 방향성을 다시 찾아 부족한 조색제를 첨가하는 것까지 1차 조색작업을 진행하는 과정을 보여주고 있다.

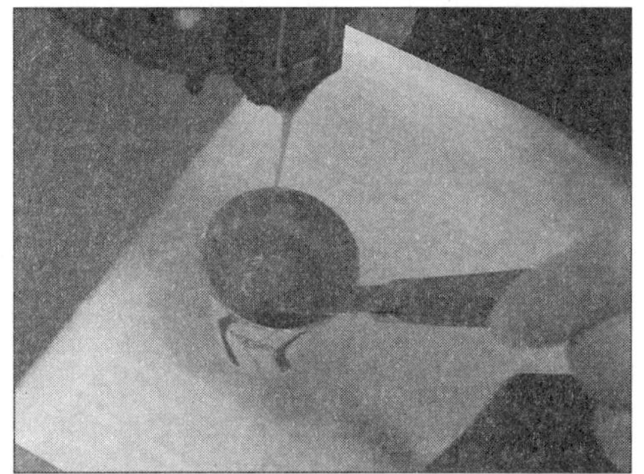

조색제의 양에 맞는 수지(binder)를 첨가한다

조색도료를 골고루 혼합한다

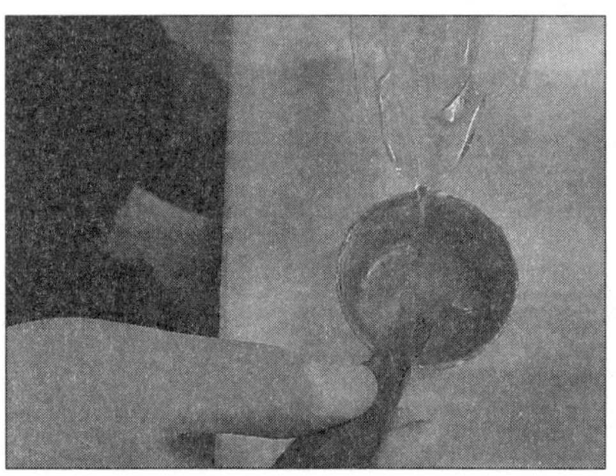

희석신너를 투입하여 도료의 점도를 조절한다

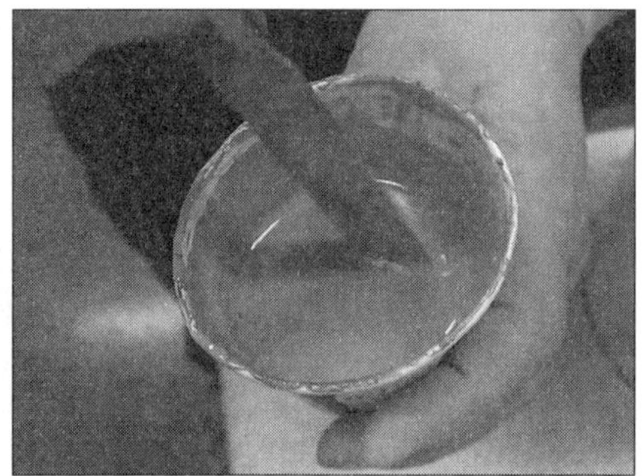

희석도료를 완료한다

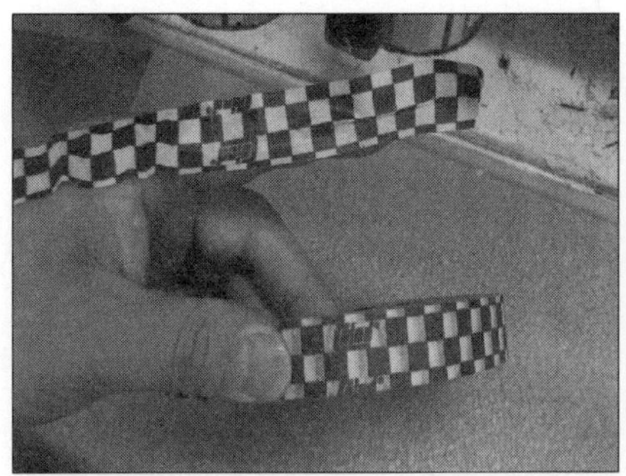

은폐지를 준비한다(도장을 했을 때 적정 도막이 올라가야 어떤 색상에 대한 정확한 색을 띄게 되는 것을 말한다)

연습용 시편을 조색 가이드판에 붙인다

도료를 여과지에 걸러 스프레이 건에 담는다

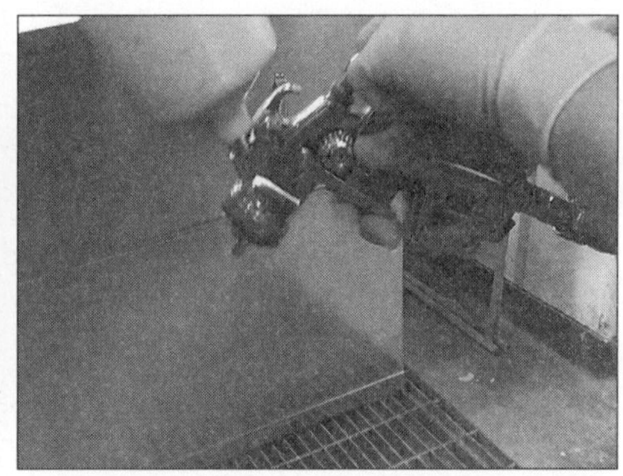

스프레이 건의 조절나사(토출량, 에어, 패턴폭)를 이용하여 조정한다

1차 베이스코트를 도장한다(가볍게 도장)

1차 도장하고 난 후의 도막의 은폐 정도표시

2차 베이스코트(B/C)를 도장한다

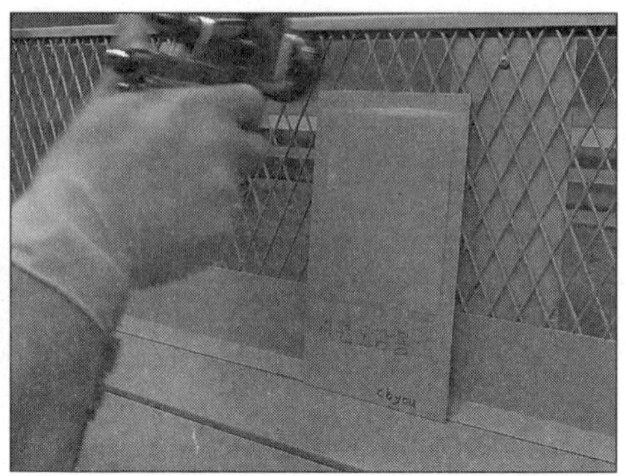

3차 B/C를 도장한다(이때는 플래쉬 오프 타임을 충분히 적용하여 도막이 건조될 때까지 기다린다)

포인트

2차 베이스코트를 도장하고 나서 세 번째 도장을 하기 전에 도막내부에 있는 용제 및 신너 성분이 공기중으로 빠져 나올 수 있도록 방치하는 플래쉬 오프 타임을 충분히 적용한 다음 세 번째 도장을 해야 한다.

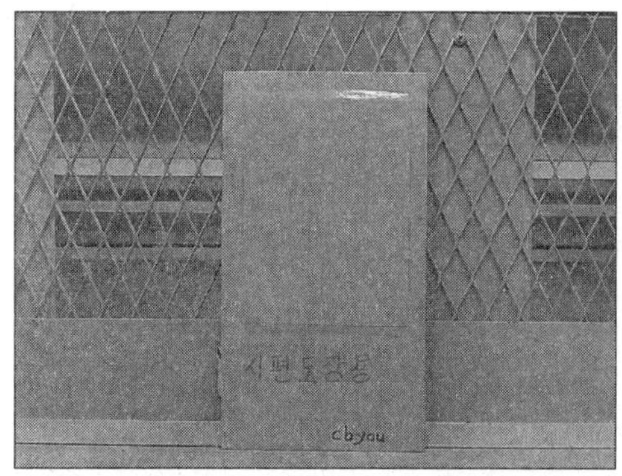

베이스코트(B/C)를 도장한 도막을 바로 클리어코트(C/C)를 도장하기 전에 방치하여 도막의 용제 및 신너 성분이 공기중으로 빠져나오도록 해야 한다

마스터 색상과 베이스코트만 도장한 연습용 시편 색상을 서로 비교, 투명 도료가 도장된 마스터색상과 투명도장이 안된 연습용 색상이 어떻게 다른지 그 차이를 감지한다

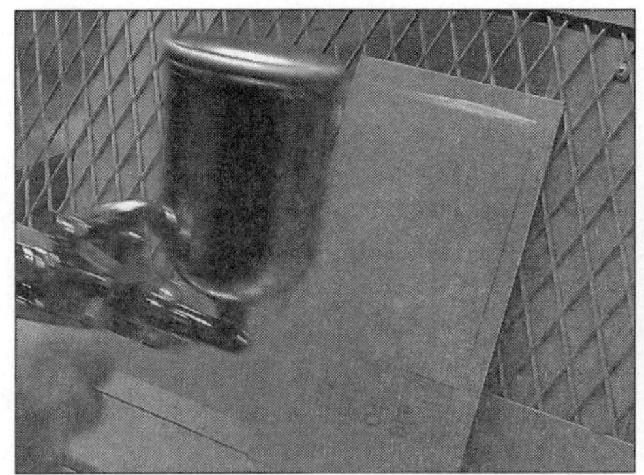
1차 클리어코트(C/C)를 도장한다

1차 도장 후 곧바로 이어서 2차 클리어코트를 도장하여 마무리한다

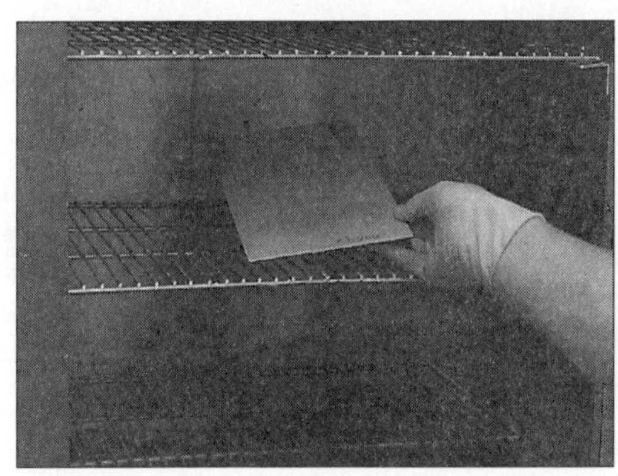
잠시 방치했다가 파트오븐에 시편을 넣는다

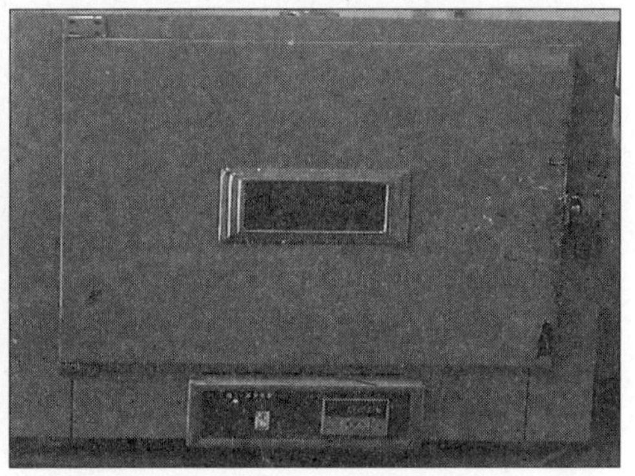
도막을 약 5분 정도 건조시켜 색을 비교할 수 있을 정도까지만 시편을 건조시킨다

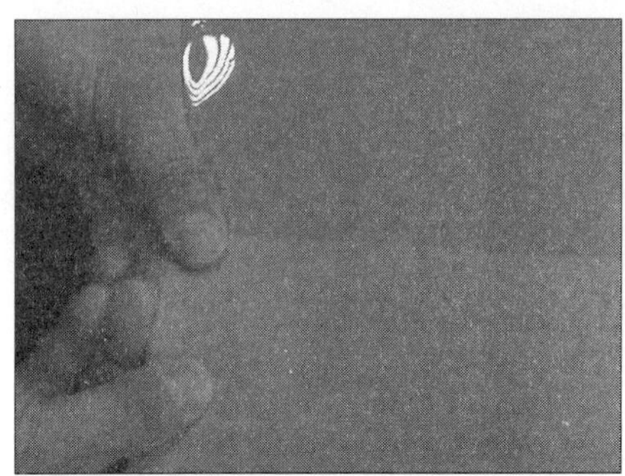
건조된 시편을 오븐에서 꺼내 마스터 색상과 색상을 서로 비교하여 마스터 색상에 비해 연습용 색상이 어떤지를 파악한다

마스터 색상과 비교한 결과를 가지고 추가해야 할 조색제를 선정하고 필요한 양을 추가한다. 이때도 너무 많은 양을 추가해서는 안된다

【두 번째 코너에서의 주의할 사항】

1. 도장 간 플래쉬 오프 타임을 충분히 적용하면서 도장해야 한다.
2. 조색이 완료되어 연습용 시편에 도장할 때 처음부터 너무 많은 양의 도료로 도막 두께를 두껍게 올리지 않도록 하며 은폐가 잘 안되는 색상의 경우, 은폐지를 활용하여 어느 정도 도막이 올라가야 은폐가 되는지를 파악하면 된다.
3. 연습용 시편에 베이스코트와 클리어코트를 도장하고 건조시킨 색상을 마스터 색상과 비교하여야 정확한 색을 비교할 수 있다.
4. 베이스코트에 투명을 도장할 때에는 가볍게 도장한 후 곧바로 도장을 올리면 된다(이때는 플래쉬 오프 타임을 충분히 적용하지 않아도 무방하며 시간을 확보하기 위해서 기다리지 않고 바로 도장해도 된다).
5. 파트오븐에 시편을 넣을 때 다른 수검자 시편이 들어가 있을 수 있기 때문에 조심해서 넣도록 해야 한다.
6. 마스터 색상과 비교하기 위해서 연습용 시편을 도장하여 건조시킬 때에는 건조시간을 표준열처리하지 않고 약 5분 정도로 짧은 시간동안 건조시켜 색을 비교하여 조색시간을 단축하도록 한다.

2과제 조색작업에 대한 전체적인 진행 흐름을 사진으로 파악하기(세 번째 코너)

이번 세 번째 코너에서는 앞 단계에서 비색(마스터 색상과 연습용 색상을 서로 비교하는 행위)한 결과 추가해야 할 조색제를 계속해서 추가하고 혼합하는 것을 반복하면서 연습용시편(칩)에 도장하여 건조된 상태에서 마스터 색상과 비교하고 최종 마무리하는 과정을 나타내고 있다.

여기서 중요한 점이라 할 수 있는 것은 반드시 제한된 1시간 30분 내 조색작업을 완료해야 하는 것과 조색된 도료를 버리지 않고 보관하거나 감독관의 지시에 따라 제출해야 하며 제출용 시편을 제출함과 동시에 마스터 시편 또한 오염시키지 않고 깨끗한 상태를 유지, 제출해야 한다는 점이다.

추가한 조색제와 골고루 다시 혼합한다

다시 마스터색상과 젖은 상태로 색을 비교한다

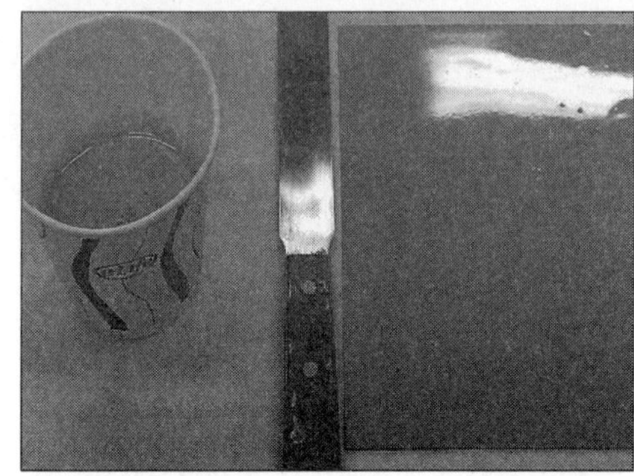
2차 연습용 시편에 도장하기 위해 도료준비

2차 연습용 시편에 베이스코트와 클리어코트를 도장한다

파트오븐에 넣고 약 5분가량 건조시킨다

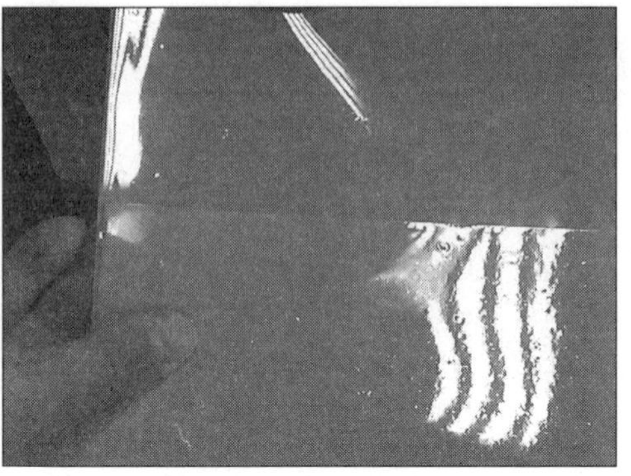

시편이 어느 정도 건조된 후 마스터 색상과 연습용 시편 색상을 다시 한번 컬러 방향성을 찾기 위해 색을 서로 비교한다

컬러 방향성에서 찾은 추가해야 할 조색제를 미량 묻힌다

기존의 조색도료에 골고루 혼합하여 그 색감을 확인한다

마스터 시편의 색상과 비교하여 색상차이를 확인하고 제출용 시편에 도장할 준비를 한다

마스터 색상과 최종적으로 조색한 색상이 서로 비슷하다고 판단될 때 제출용 시편에 도장한다

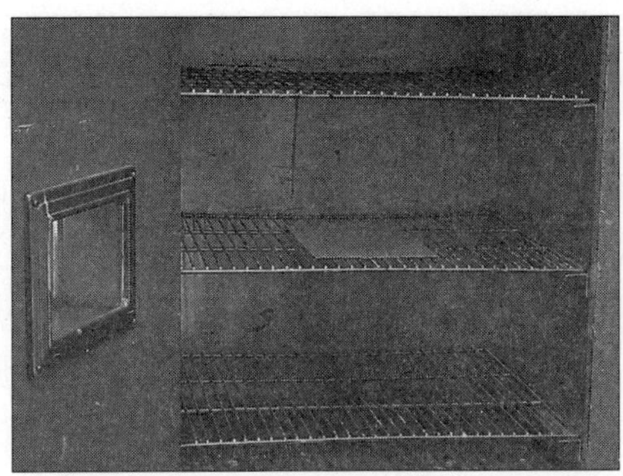
제출용 시편을 파트오븐에 넣어 건조시킨다

건조가 모두 완료된 제출용 시편을 마스터 시편과 함께 감독관에게 제출한다

【세 번째 코너에서의 주의할 사항】

1. 조색작업이 완료되면 제출용 시편에 마스터 시편과 같은 외관이 나올 수 있도록 차분하게 베이스코트를 도장하고 클리어코트까지 도장하여 곧바로 파트오븐에 넣지 않고 자연방치를 약 1~2분 정도 시킨 다음 파트오븐에 넣어 표준열처리를 한 후 감독관에게 마스터 시편과 제출용 시편을 제출한다.
2. 감독관으로부터 별도의 지시에 따라 조색한 도료는 본인이 직접 보관하든지 아니면 감독관의 지시에 따라 조색 도료를 제출한다.
3. 제출용 시편에 도장시 한 번에 너무 두껍게 도막이 올라가지 않도록 하고 은폐가 될 때까지 도장하여 베이스코트가 충분히 건조된 다음 클리어코트를 도장하여 파트오븐에 열처리한다.
4. 감독관에게 마스터 시편과 제출용 시편을 제출할 때에는 시편이 오염되지 않도록 주의한다.
5. 조색을 하고 난 뒤 조색을 했던 작업대와 그 주변을 깨끗하게 정리 정돈한다.
6. 연습용 시편과 제출용 시편을 도장했던 스프레이 건을 깨끗하게 세정하여 블렌딩(부분도장)에 사용하기 위해 준비한다.

2과제 조색작업에 대한 전체적인 진행 흐름을 사진으로 파악하기(솔리드 색상(Red 계통 컬러))

이번 코너에서는 앞서 진행한 조색작업에서 사용한 색상그룹이 다른 색상(Red계통)을 통해 전체적인 진행흐름을 사진으로 파악한다면 색상의 종류에 관계없이 조색하는 순서 및 그 방법에 대해 흐름을 정확하게 파악할 수 있을 것이다. 앞서 설명한 솔리드(Yellow계통) 색상과는 색상의 상이함에 따른 미조색(정밀조색)에 대한 조색시간과 작업의 난이도 차이는 발생하나 진행순서 및 절차는 거의 비슷하다고 볼 수 있다.

마스터 색상 판독하기

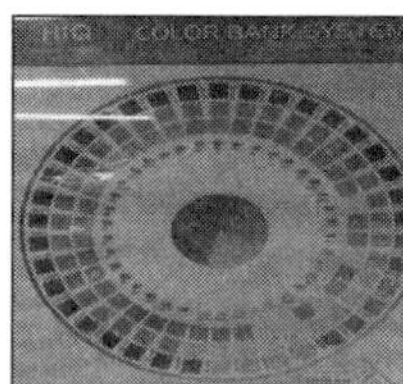

컬러가이드(차트)

수지(binder) 준비

메인 조색제 투입

추가조색제 투입

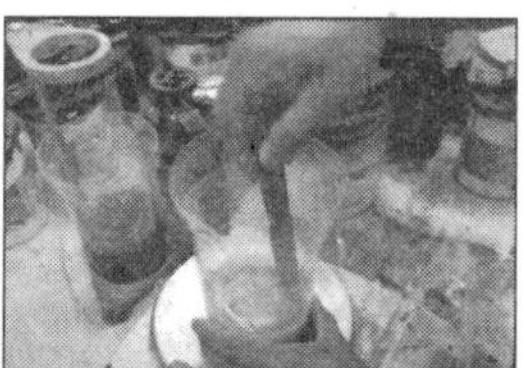
혼합하기

마스터색상과 비교

추가조색제 투입

혼합하기

비색(색비교)하기

연습용시편 준비

희석도료 여과 건에 담기

시편도장준비하기

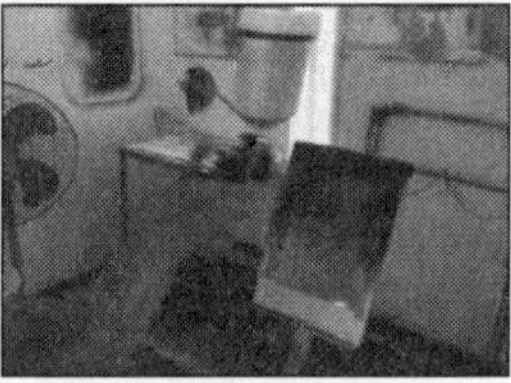
시편에 도장 1

시편에 도장 2

플래쉬 오프타임 적용

시편에 도장 3

플래쉬 오프타임 적용

투명 도료 준비하기

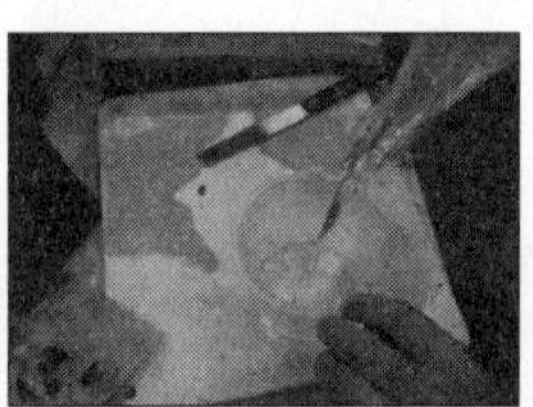
투명 도료(주제) 투입하기

2과제 조색작업에 대한 전체적인 진행 흐름을 사진으로 파악하기[솔리드 색상(Red계통 컬러)]

이번 코너에서 주의할 점은 앞서 진행한 옐로우계통의 색상과 달리 레드계통 색상의 경우 백색과 같은 무채색이 혼합되지 않은 원색의 경우에는 은폐력이 약한 관계로 도장시 횟수가 다른 색상에 비해 많다는 것을 명심하고 도장해야 할 것이다. 앞서 설명한 것과 같이 조색순서 및 그 방법은 색상의 종류에 관계없이 거의 유사하다고 볼 수 있다.

경화제 투입하기

주제 경화제 혼합

투명 도료 건에 담기

투명도장 1

투명도장 2

투명도장 3

플래쉬 오프 타임적용

파트오븐에 넣기

시편 건조하기

비색(색비교)하기

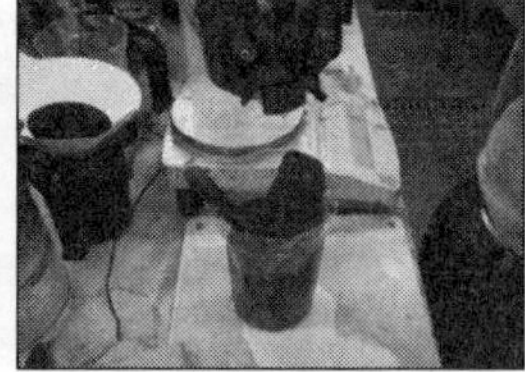
미조색(정밀)하기

희석도료 건에 담기

시편도장 준비하기

시편에 도장 1

시편에 도장 2

플래쉬 오프 타임 적용

투명도장하기

파트오븐에 시편건조

시편색상 비교(마무리)

시편(마스터, 제출용)제출

2과제 조색작업에 대해 전체적인 진행 흐름을 사진으로 파악하기[메탈릭 색상(Silver 계통 컬러)]

이번 코너에서는 앞서 진행한 조색(솔리드(Red, Yellow 계통) 색상)이 아닌 실버(Silver ; 은분)가 포함된 메탈릭 색상에 대한 전체적인 진행흐름을 사진으로 파악한다면 솔리드 및 메탈릭 색상에 대해 조색하는 순서 및 그 방법에 대해 흐름을 정확하게 파악할 수 있을 것이다.

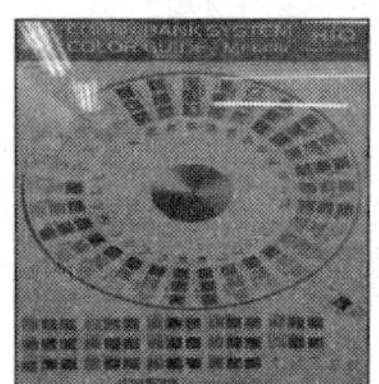
컬러가이드 참고

수지(binder) 준비

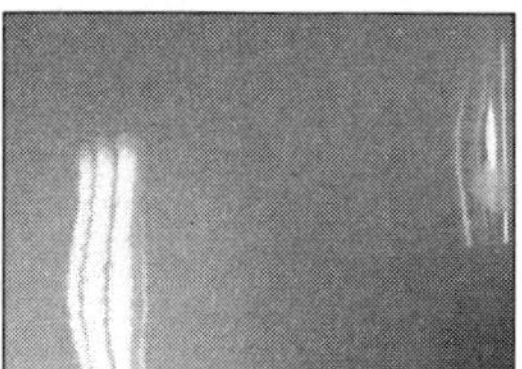
마스터 시편(메탈릭)

조색제 투입

도료혼합

조색제 투입

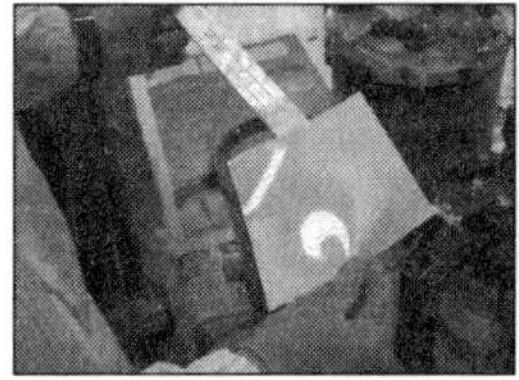
도료와 비교 1

희석도료 만들기

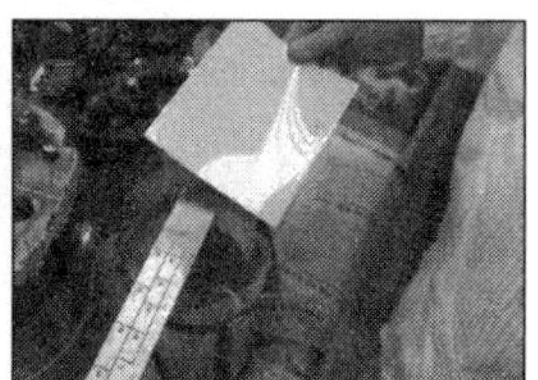
도료와 비교 2

희석된 메탈릭 도료

도료점도 확인하기

도료 건에 담기

연습용 시편 준비

메탈릭 색상 도장 1

메탈릭 색상 도장 2

플래쉬 오프타임 적용

지촉건조 확인하기

시편 파트오븐에 넣기

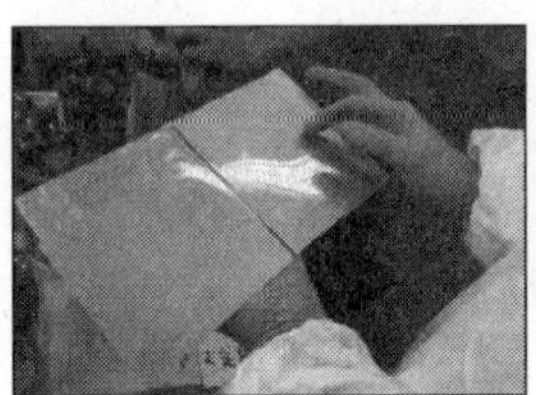
시편색상 비교 1

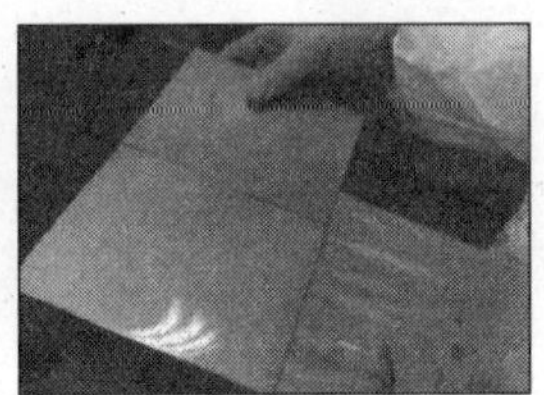
시편색상 비교 2

2과제 조색작업에 대해 전체적인 진행 흐름을 사진으로 파악하기[메탈릭 색상(Silver)]

계속해서 메탈릭 색상의 조색작업시 마스터 색상과 시편색상을 비교할 때 정면과 측면각도를 다양하게 비교해야 정확하게 색의 차이를 알아낼 수 있다. 마스터 시편색상과 연습용 시편색상을 다양한 각도에서 비교한 후 컬러 방향성을 찾는 것이 매우 중요하며 조색제를 투입할 때에도 적은 양으로 조금씩 여러 번에 나눠서 투입하고 혼합하여 그 결과를 파악한 후 원하는 결과가 나올 때까지 계속 반복하면 된다.

특히, 비가내리는 날이나 햇빛이 없는 날 작업할 경우에는 실내의 형광등 불빛에만 의존하여 조색해야 하는 불편이 따른다. 이때에는 그림에 나타낸 데일라이트(Day Light)라고 하는 태양광에 가장 가까운 인공광원을 이용하여 컬러를 비교하면 더욱더 효과적인 조색작업이 가능해진다.

앞서 진행한 솔리드(Yellow계통, Red계통) 색상의 경우에는 도료의 구성요소에 은분(Silver)가 포함되어 있지 않기 때문에 조색작업이 메탈릭 색상에 비해 다소 용이한 편에 속한다.

실버(Silver)가 포함된 메탈릭 색상은 정면톤과 측면톤의 변화가 도장하는 방법에 따라 큰 차이를 보이기 때문에 조색작업에 어려움이 따른다고 볼 수 있다.

시편색상 비교 3

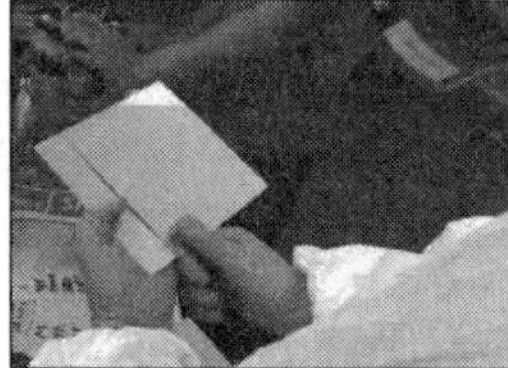
시편색상 비교 4

추가할 조색제 선정

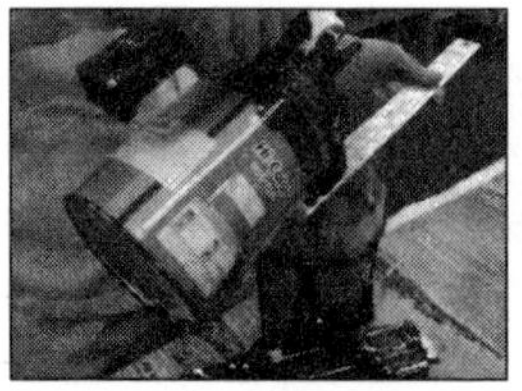
조색제 투입

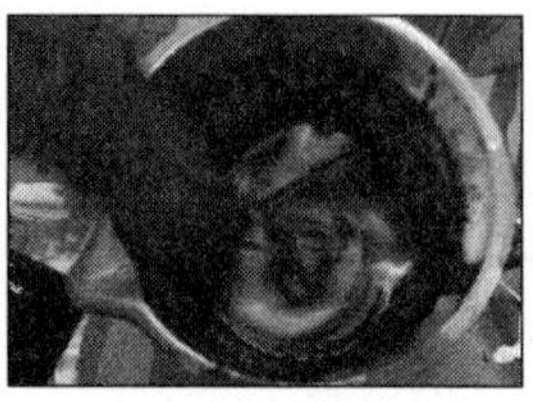
도료 혼합

젖은 도료 색상확인

마스터색상과 비교 1

조색도료 도장하기

시편건조기에서 건조

조색시편 색상변화 비교 (데일라이트)

마스터 시편과 비교

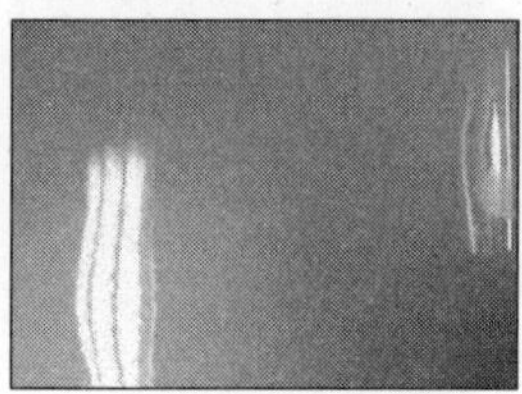
제출용시편 제출

2과제 조색작업에 지급되는 것(장비, 공구 및 재료 등)

2과제 조색작업에 사용되는 설비, 장비, 공구 및 소모자재류들 중에서 지급되는 품목들을 나열한 것이므로 숙지하여 검정에 참고하기 바란다.

탈지제(Degreaser)

수지(binder)

클리어코트(clearcoat)

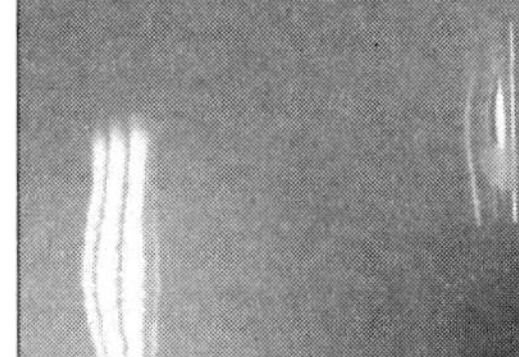
마스터 시편(masterchip)

데일라이트(day light)

건세척기(gun cleaner)

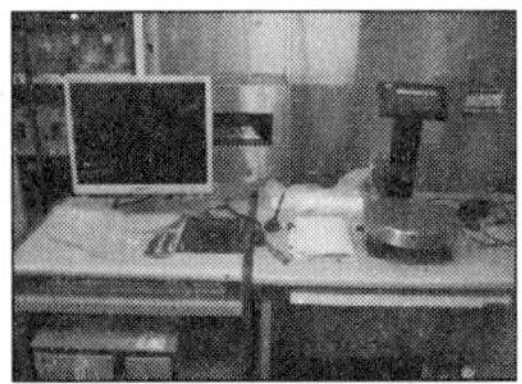
전자저울(electronic scale)

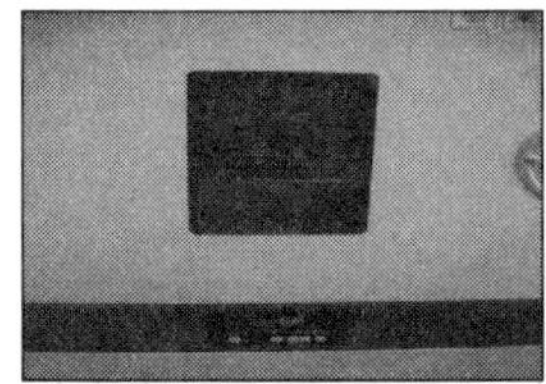
파트오븐(part oven)

조색용 부스(c/m booth)

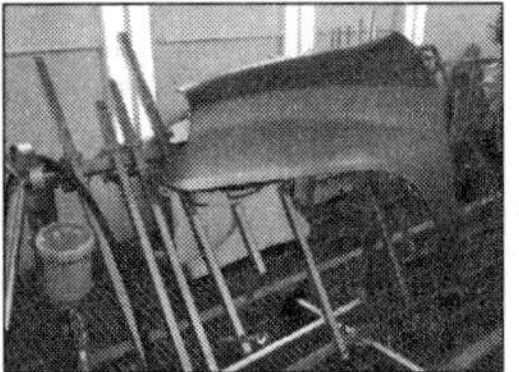
도장용 거치대(bench)

도장실(spray booth)

조색용도료(tinter)

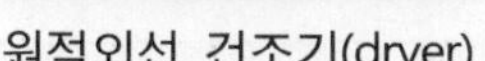

원적외선 건조기(dryer)　시편도장거치대(bench)　연습용 시편(test chip)

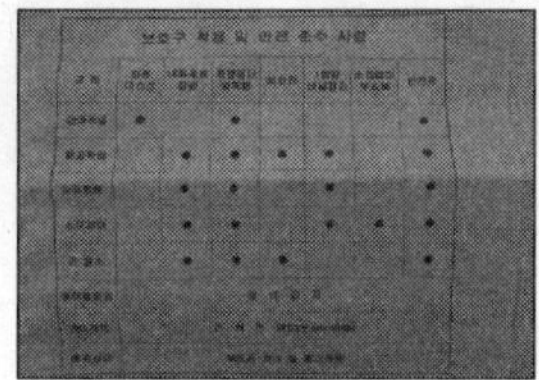

안전보호구 착용기준(safety guide)　제출용 시편(user chip)

2과제 조색작업에 지참할 것(장비, 공구 및 소모품 등)

2과제 조색작업에 사용되는 개인이 지참해야 할 것들에 대해 나열하였으니 참고하여 검정에 차질이 없도록 준비하기 바란다.

1회용 비닐컵(Vinyl cup)

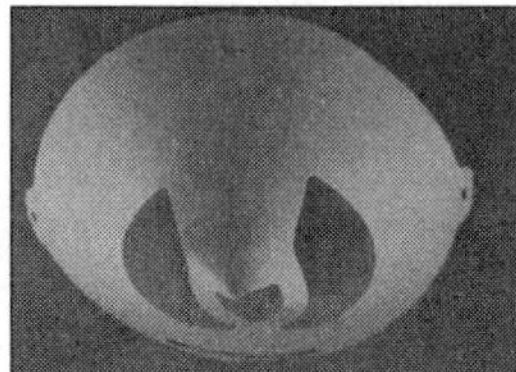
여과지(Strainer

상도용 건(Topcoat gun)

도료혼합봉(Spatula)

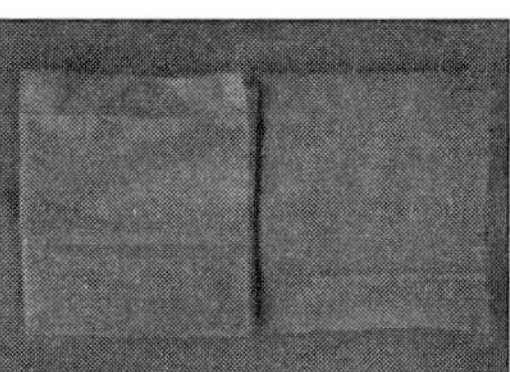
종이타월(Paper towel)

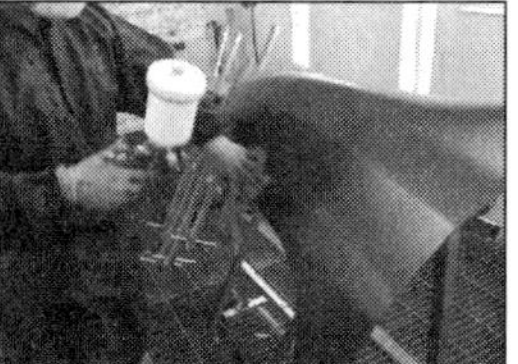
방진복(Dustproof Clothing)

내용제성장갑(Safety Gloves

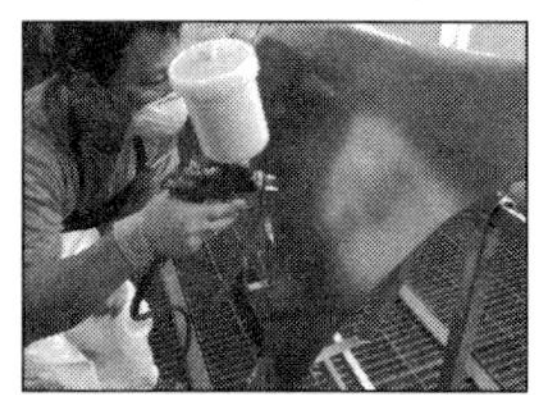
마스크(Mask)

제1과제인 표준보수도장작업과 제3과제인 부분도장(블렌딩)작업에 비해 제2과제인 조색작업은 지참해야 할 목록이 적은 편에 속한다. 움직이는 동선역시 도장작업이 많은 1, 3과제에 비해 단순하며 조색제가 놓여있는 작업테이블에서 시편을 도장할 장소로 이동하면 되므로 단조롭다고 볼 수 있다.

하지만, 조색작업에서의 주의사항으로 꼽는다면 조색한 도료로 도장한 연습용시편을 파트오븐에 건조를 위해 넣어놓고 깜빡하는 경우가 발생하므로 자기가 도장한 시편은 잘 챙겨두도록 하며 파트오븐에 시편을 넣을 때 다른 검정자의 시편이 올려져 있을 수 있기 때문에 겹쳐지지 않도록 주의하면서 시편이 없는 공간에 넣도록 한다.

이렇게 제2과제인 조색작업이 완료되면 제3과제인 부분도장(블렌딩)을 위해 조색작업에서 조색한 도료를 3과제의 베이스 부분도장시 사용해야 하므로 조색작업이 완료되었다고 도료를 버려서는 절대로 안되며 감독관의 지시에 따라 도료를 봉인한 후 감독관에게 제출하는 경우에는 도료를 제출해야 하며 그렇지 않고 각자 도료를 보관하라고 하는 감독관의 지시가 있을 시에는 개인이 도료를 잘 보관하여야 한다는 점을 명심해야 할 것이다.

【제2과제 조색작업 진행시 주의할 사항】

1. 본격적인 조색작업에 앞서 컬러 방향성을 정하는 작업을 진행하여 어떤 색상인지 또 어떤 조색제와 혼합이 어느 정도로 되어 있는지를 파악한다.
2. 한 번에 조색제의 양을 너무 많이 투입하지 않도록 한다.
3. 조색시편(마스터, 제출용, 연습용)관리를 철저히 하고 특히, 마스터 시편을 오염시키지 않는다.
4. 베이스코트는 도장횟수도 중요하지만 도막이 충분히 은폐되었는지를 확인하고 충분히 건조된 후에 클리어코트를 도장하여야 하며 제출용 시편에 도장할 때에도 완전히 건조된 후에 감독관에게 마스터 시편과 제출용 시편을 모두 제출하도록 한다.
5. 조색작업이 모두 완료되면 조색을 했던 테이블이며 그 주변을 깨끗하게 정리, 정돈한다.
6. 조색을 하고 남은 도료는 제3과제 부분도장작업에서 베이스코트 블렌딩 도료로 사용하기 위해 감독관의 지시에 따라 잘 보관하도록 한다.

7. 조색제를 투입할 때 검정색, 파란색 등은 조금만 넣어도 쉽게 색상변화가 발생하므로 최대한 적은 양을 투입하도록 하고 희석신너를 이용하여 희석된 조색제를 조금씩 첨가하여 색상이 넘지 않도록 주의하면서 조색한다.

8. 만약에, 색상이 넘었다고 판단될 때에는 과감하게 그 도료를 버리고 새롭게 조색을 진행해야 하며 넘어버린 조색도료를 원래대로 돌리기 위해 원색이나 기타 조색제를 투입한다면 그 양이 생각하는 것보다 훨씬 많이 투입되어야 원래대로 돌아오므로 도료의 손실이 커서 버리고 다시 조색을 진행하는 것이 보다 나은 방법이라 하겠다. 예를 들면, 메인 색상이 100ml가 들어가 있고 여러 가지 조색제들이 포함된 조색도료라고 볼 때 마지막으로 어떤 조색제가 0.2ml 들어가야 되는데 0.4ml가 들어가서 색상이 넘어버렸다고 한다면 이런 경우에는 메인 색상을 두 배 이상 투입해야 원래 색상으로 돌아온다는 것이다. 따라서 이렇게 오버한 색상의 경우에는 넘어버린 색은 옆에 두고 다시 조색을 진행하는 것이 바람직하다 할 수 있다. 이런 이유에서 조색을 진행하기 전에 주어진 조색제의 절반 정도를 **백업(모두 사용하지 않고 남겨두는 것을 말한다)**받아 두는 이유가 여기에 있다.

9. 최종적으로 조색이 완료되어 제출용 시편에 도장할 때에는 패널에 도장할 때와 같은 도장 방법으로 도장하여 외관이 매끈하고 광택있는 면이 나올 수 있도록 신경써서 도장한다.

10. 조색작업이 모두 완료되면 조색시 사용했던 스프레이 건을 깨끗하게 세정한다.

제3장

3과제 부분도장(블렌딩)작업 따라하기

1. 3과제 부분도장(블렌딩)작업 따라하기

3과제인 부분도장(블렌딩)작업은 2과제인 조색작업과 아울러 실제 보수도장 현장에서 작업 빈도가 높은 편에 속하며 패널의 형상과 손상정도에 따라 패널전체를 도장하지 않고 패널 내에서 일부분을 도장하거나 일부 패널의 손상으로 인해 패널과 패널을 부분도장하여 컬러이색을 줄이는 도장작업을 부분도장이라 한다.

여기서는 패널의 형상과 장소 및 설비 등의 문제로 인해 패널 내에서 작업하는 것을 기준으로 하고 있으며 특히, 2과제 조색작업에서 작업한 조색도료를 부분도장용 베이스코트로 사용하는데 그 특징이 있다고 하겠다. 이렇게 하는 근본적인 이유는 부분도장에 대한 기본적인 개념과 작업방법을 정확히 이해하고 있는지를 확인하기 위해 그런 것이니 현장에서의 작업방법과 상이함은 시험이기 때문에 어느 정도는 이해할 필요가 있다.

조색이 완벽하게 되었다 해도 부분도장을 잘 하지 못한다면 그 효과를 얻기란 어렵다. 즉, 절대적인 조색작업이 중요하긴 하지만 더 중요한 것은 상대적인 도장작업의 기술이라 할 수 있다.

조색작업이 완벽할 정도로 잘 된 도료라고 하여도 도장기술자의 기술력이 천차만별이라면 그 결과는 작업할 때마다 큰 차이를 보일 것이기 때문이다. 따라서 절대적인 조색 및 그 기술력도 중요하지만 상대적인 도료를 사용하는 테크닉이 더 중요하다는 점을 알아야 할 것이다.

1과제 표준보수도장작업을 기준으로 2과제인 조색작업을 거쳐 3과제인 부분도장(블렌딩)을 수행하는데 기본이 되는 3과제 부분도장(블렌딩)작업에 대한 전반적인 작업방법 및 그 순서는 다음과 같이 나타낼 수 있다.

1. 감독관의 지시에 따라 수검자 준수사항을 잘 숙지한 후 작업대에 개인공구 및 준비물을 정리하여 올려놓는다.
2. 1과제 표준보수도장작업이 완료된 패널에 감독관으로부터 발생된 손상부분을 확인한다.

3. 작업 전, 탈지제로 패널전체를 탈지작업 한다.
4. 부분도장(블렌딩) 작업도면과 패널의 손상부분의 위치가 일치하는지 확인한다. ➡감독관 확인 받기
5. 손상부위에 단낮추기작업을 진행한다(작업 후 탈지작업). ➡감독관 확인 받기
6. 중도도장작업(도료혼합, 도장, 건조, 연마)을 한다(도장 前 송진포작업). ➡감독관 확인 받기
7. 상도도장작업에서 2과제 조색작업에서 조색한 도료를 베이스코트(base coat)로 사용하여 부분도장한다.
8. 베이스코트(색상 도료) 블렌딩이 완료되면 클리어코트(clear coat)로 베이스코트 블렌딩 부위와 그 주변을 도장한다.
9. 클리어코트와 그 주변을 블렌딩전용신너를 이용하여 클리어코트를 녹여 끊어지지 않고 자연스럽게 마무리한다.
10. 열처리한다. ➡감독관 확인 받기 및 채점

이와 같이 부분도장(블렌딩)작업에 대한 전반적인 작업순서를 잘 숙지한다면 작업 도중에 큰 실수 없이 과제를 수행할 수 있을 것이다. 무엇보다 3과제에서 중요한 포인트라고 할 수 있는 것은 부분도장 작업도면에서 요구하는 베이스도장범위, 클리어도장범위 및 블렌딩신너 도장범위를 넘기지 않고 지키는 것이라 할 수 있다.

도면에서 요구하는 범위를 초과할 경우에는 감점을 받게 되므로 주어진 치수보다 적게 블렌딩되어야 함을 반드시 기억한 다음 작업에 임해야 할 것이다. 그럼 작업순서에 따른 상세한 작업방법을 알아보기로 하겠다.

1) 작업준비 및 패널 손상부분과 작업도면에서의 위치 확인하기(감독관 확인 필)

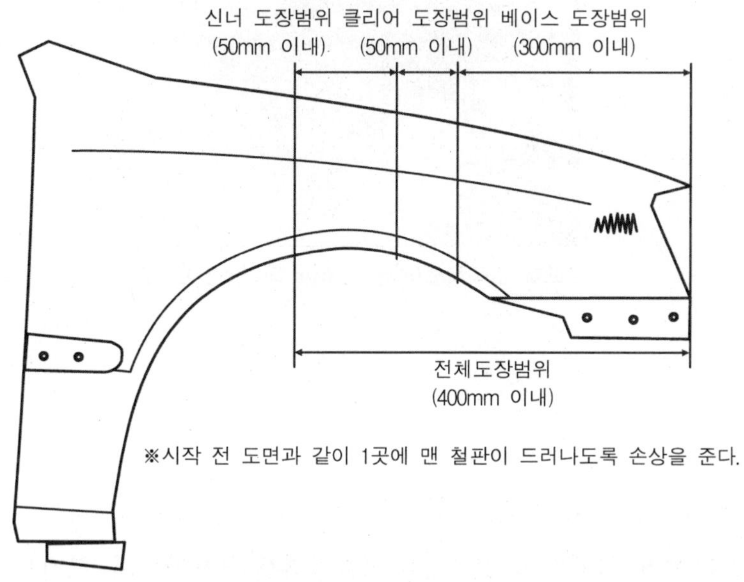

- 휀더의 상태를 고려하여 라인과 도장범위는 감독위원이 변경 가능함
- 도장범위는 최대허용 범위임
  (주어진 치수보다 적게 블렌딩도장이 되어야 하며, 초과시 감점)

부분도장(블렌딩) 작업 도면

우선, 작업에 앞서 부분도장에서 베이스코트(색상 도료)로 사용할 도료인 제2과제에서 조색한 도료를 준비한다. 그리고 제3과제인 부분도장(블렌딩) 작업도면을 보고 실제 패널에 적용된 손상과 그 위치를 확인한 후 문제가 있을 시에는 감독관으로부터 확인을 받도록 한다. 부분도장작업에 필요한 공구 및 소모품 등을 사용하기 편하도록 정리, 정돈하여 작업대위에 올려놓는다.

【주의사항】

도막이 열처리는 되었지만 강한 힘을 주어 밀거나 날카롭고 뾰족한 부분으로 흠집을 낼 경우에는 손상을 입을 수 있으므로 취급시 주의해야 한다.

2과제 조색작업에서 조색한 베이스코트 도료

작업용 개인공구 및 소모품 재료준비

히터건(프라이머 서페이서 건조用), 더블액션샌더(프라이머 서페이서 도막 연마用), 스크레이퍼(끌칼), 목장갑, 내용제성 장갑(또는 비닐장갑), 방진마스크 또는 방독마스크, 스프레이 부스복, 보안경, 종이타월, 연마지(P320, P600, P1200), 마스킹 테이프, 칼, 비닐 마스킹, 스프레이 건(중도용, 상도용(베이스, 클리어)) 등을 준비한다.

2) 패널의 손상정도에 맞는 적절한 연마지를 선택한다

손상부위를 확인한 뒤 우선 해야 할 작업이 바로 패널전체를 깨끗하게 탈지하는 것이다. 이때 마스크와 내용제성 장갑을 착용한 후 탈지작업을 해야 한다.

탈지작업에 대해서는 앞서 언급하였기에 여기서는 자세하게 언급하지 않도록 하겠다. 깨끗하게 패널전체를 탈지하고 나서 손상정도가 어떠한지 그 깊이와 정도를 파악하여야 한다.

이것은 손상부위를 작업하기 위해서 연마지를 선택하기 위한 선행작업이라 할 수 있다. 패널에 손상이 철판까지 진행되었다면 P320 연마지를 선택하여 사용하는 것이 매우 효과적이다.

【주의사항】

1. 내(耐)용제성 장갑 또는 일회용 비닐장갑을 반드시 착용한 후 탈지한다(안전수칙).
2. 보호안전장구를 반드시 착용한 후 작업해야 감점을 받지 않으므로 보호구 착용 및 안전 준수 사항을 참고하여 감점 받지 않도록 한다.
3. P80 또는 P180 정도의 거친 연마지를 사용하지 않도록 한다(깊은 연마흔적 발생).
4. 샌더의 백업패드(딱딱한 패드)에 연마지를 직접 부착하여 사용할 것(스펀지 패드인 중간패드를 사용하면 좋은 결과를 얻기 어려움).

부분도장 작업도면에 맞게 패널에 주어진 손상부위

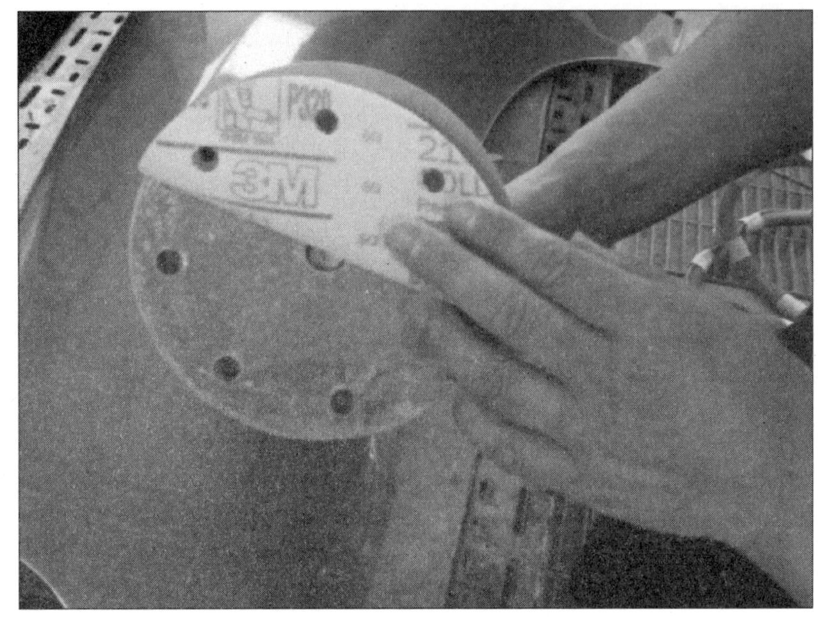

백업패드에 적당한 연마지를 부착한다

작업순서(번호를 따라 가세요)

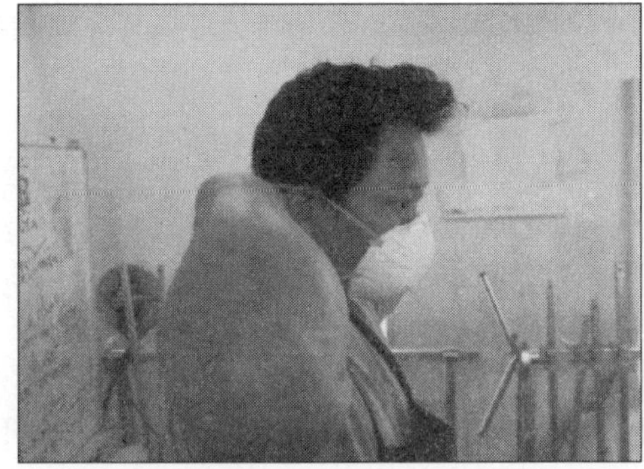

1. 방진마스크를 착용한다

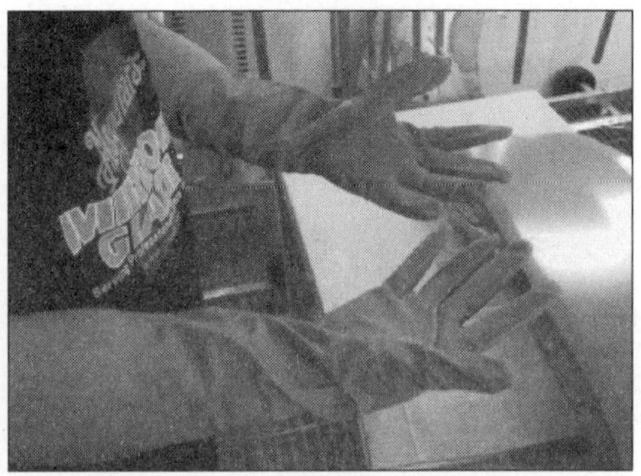

2. 내용제성 장갑을 착용한다

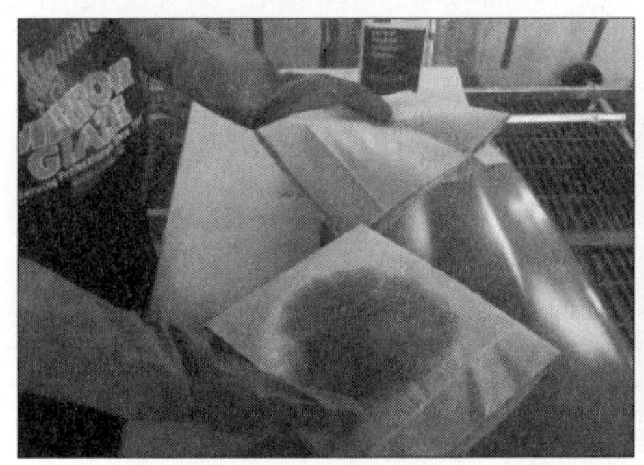

3. 탈지제를 한쪽 종이타월에만 묻힌다

4. 손상부위를 깨끗하게 닦는다

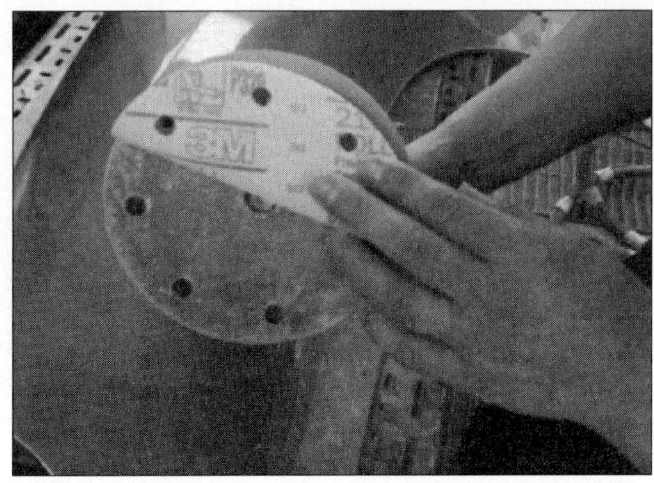

5. 단낮추기를 위해 연마지를 선택하고 더블액션샌더의 백업패드에 부착한다

3) 손상부위 단낮추기하기(감독관 확인필)

앞서 손상부위를 포함한 패널 전체를 탈지제로 깨끗하게 탈지한 후 P(또는 #)320 정도의 연마지(Sand Paper)를 사용하여 손상부위를 단(턱)이 부드럽게 형성될 수 있도록 단낮추기를 실시한다.

이때 중요한 포인트라고 할 수 있는 것이 바로 연마작업시 손상부분에서 연마를 시작하여 바깥쪽으로 연마를 진행해서는 좋은 단낮추기 결과를 얻기 어렵다. 그림에서처럼 바깥에서 손상부위 중앙쪽으로 연마작업을 진행하는 것이 훨씬 효과적이라 할 수 있다.

왜냐하면, 손상부위를 기준으로 연마작업을 진행할 경우에는 손상부분의 중앙이 가장 깊은 부분이기 때문에 손상부분이 연마되면서 철판부분이 드러나고 철판부분과 맞닿은 도막이 가장 얇은 부분이기 때문에 계속해서 그 얇은 도막이 벗겨져 철판면이 넓어지는 동시에 도막의 턱이 높아지는 현상이 발생한다.

따라서 단의 너비를 넓고 부드럽게 만들면서 너무 넓게도 좁게도 하지 않는 적당한 크기의 단낮추기를 할 수 있다.

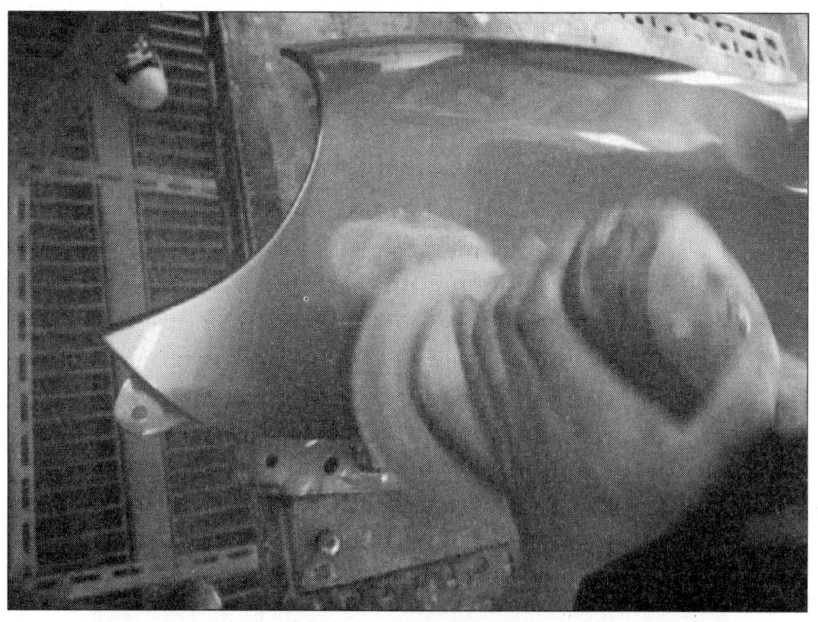

손상부분을 적당한 연마지(p320)로 연마하여 단낮추기작업을 한다

【주의사항】

1. 손상부분 중앙에서 바깥으로 연마하지 않고 반대로 바깥쪽에서 손상부분 중앙부분으로 향하게 연마작업을 한다(원활한 단낮추기를 위해서).
2. 단낮추기에 적당한 연마지를 선택, 사용한다.

작업순서(번호를 따라 가세요)

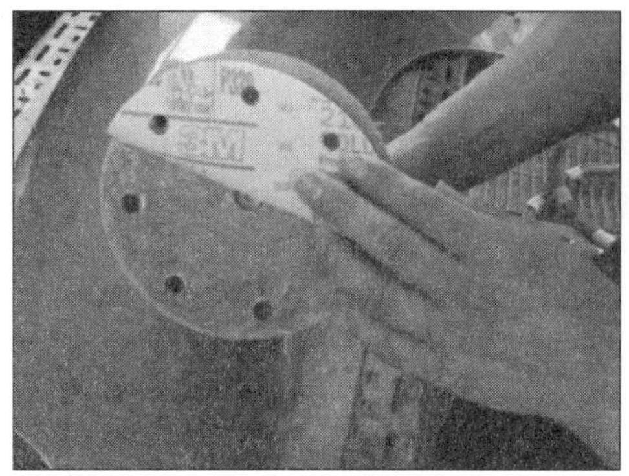
1. 연마지를 백업패드에 부착한다

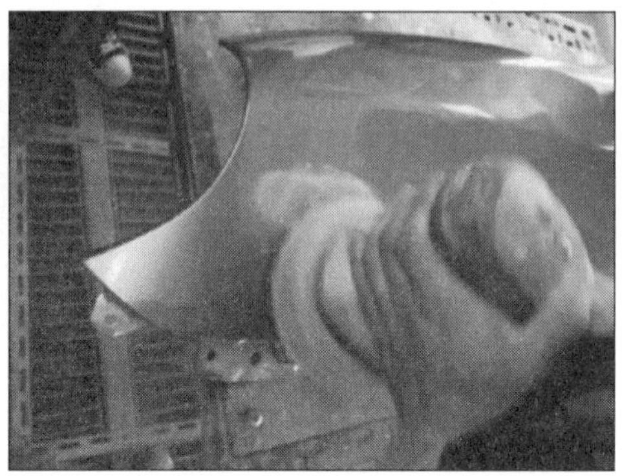
2. 단낮추기(Featheredge)를 한다

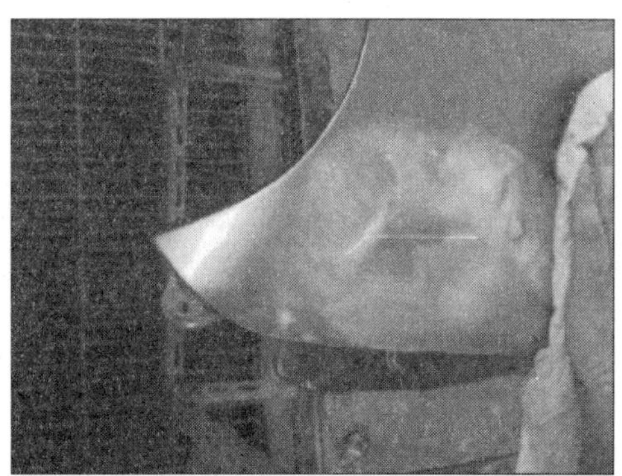
3. 바깥쪽 클리어층 먼저 연마한다

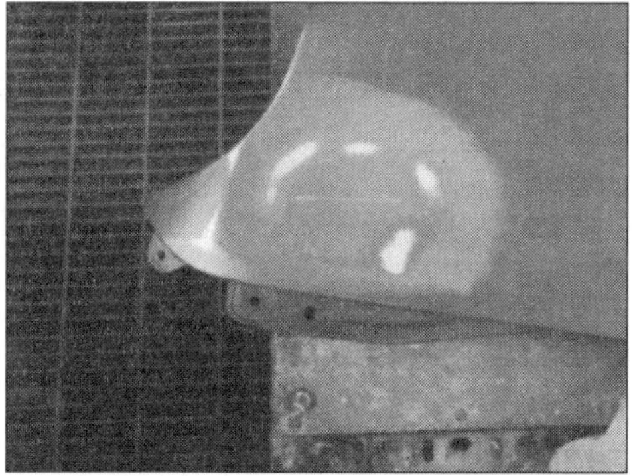
4. 클리어층과 베이스층이 드러나도록 바깥쪽을 먼저 연마하여 안쪽으로 들어온다

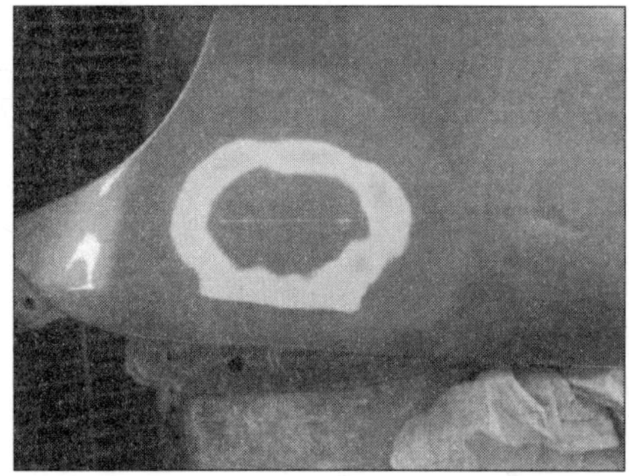
5. 바깥쪽 클리어층 및 베이스층을 연마한 모습

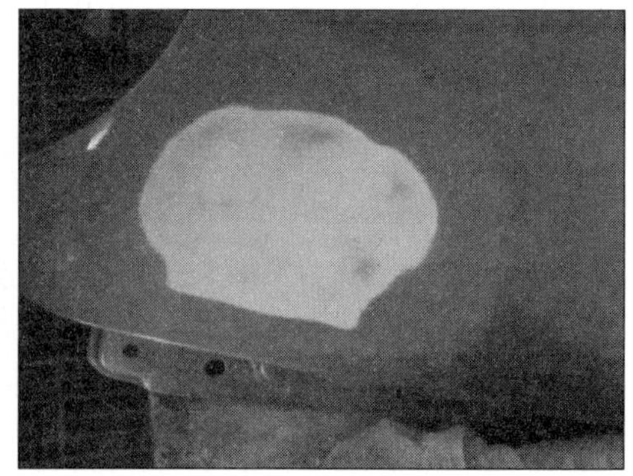
6. 베이스층까지 연마된 모습

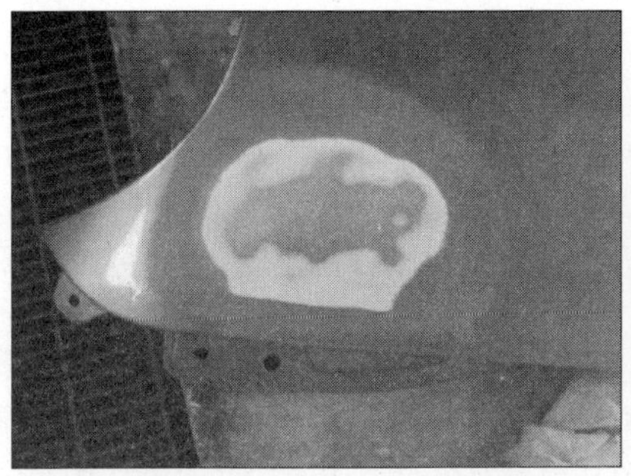

7. 손상부분을 제거하기 위해 소재면까지 드러난 모습

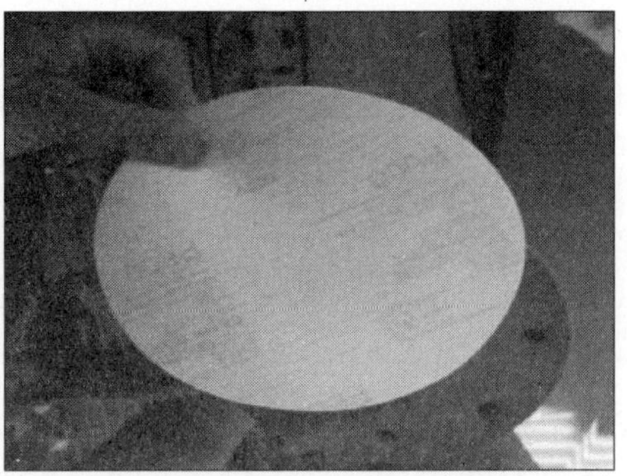

8. P600연마지를 준비한다

9. 중간패드(스펀지로 된)에 P600연마지를 부착한 후 연마하여 고운 연마흔적을 만든다

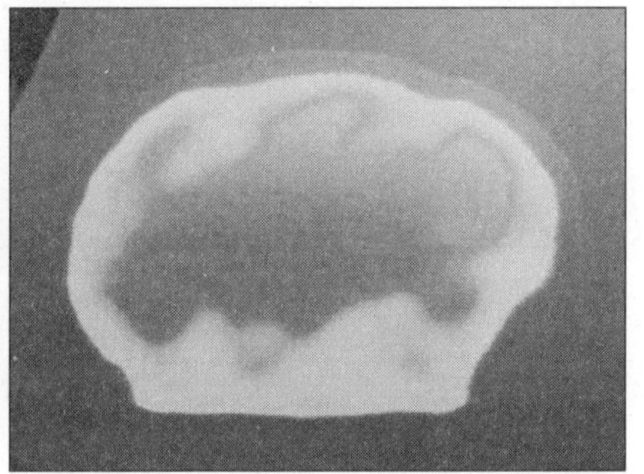

10. 단낮추기가 완료되면 깨끗하게 탈지한 후 감독관으로부터 확인을 받는다

포인트

1. 모든 작업(단낮추기+탈지)이 완료되면 반드시 감독관으로부터 작업에 대한 확인을 받도록 한다.
2. 손상부분에 퍼티는 사용하지 않는다는 과제 요구사항을 숙지한다.
3. 연마작업시 필요한 보호안전장구는 반드시 착용하도록 한다(그림에서처럼 맨손으로 작업하지 않도록 주의한다).

4) 프라이머 서페이서 도료 혼합하기

손상부분을 자연스럽게 단낮추기하고 탈지한 후 감독관의 확인을 받았다면 다음으로 해야 할 작업이 바로 중도인 프라이머 서페이서 도장을 하는 것이다. 프라이머 서페이서는 손상부분의 단낮추기한 부분을 충분히 메꾸는 동시에 그 경계부위를 도장할 정도면 되므로 많은 양의 도료는 필요하지 않다.

검정에서 사용하는 프라이머 서페이서는 보통, 2액형(주제와 경화제가 따로 분리되어 있는 도료를 일컫는다) 우레탄 도료가 대부분이며 특히, 국내 도료메이커에서 생산된 도료로 선정되므로 주로 주제와 경화제의 혼합은 주제(5):경화제(1)의 비율이 많고 어떤 도료메이커에서 공급하느냐에 따라 그 도료의 혼합비율은 다를 수 있기 때문에 평소 현장에서 또는 도장관련 교육기관에서 사용해보지 않은 프라이머 서페이서가 나올 수 있으므로 주제 및 경화제의 비율을 정확히 확인한 후 사용해야 하는 것이 바람직하다.

【주의사항】

1. 2액형 도료인 경우, 도료메이커에서 정한 주제와 경화제의 정확한 비율대로 혼합한다.
2. 주제와 경화제를 혼합한 후, 신너(희석제)를 혼합하여 도료의 점도를 맞춘다.
3. 필요 이상의 도료를 혼합해서 사용하지 않는다.

사용하고자하는 양만큼 프라이머 서페이서 도료를 혼합한다

프라이머 서페이서 도료(주제) 라벨에 표시된 주제와 경화제의 혼합비율(도료회사마다 상이함)

작업순서(번호를 따라 가세요)

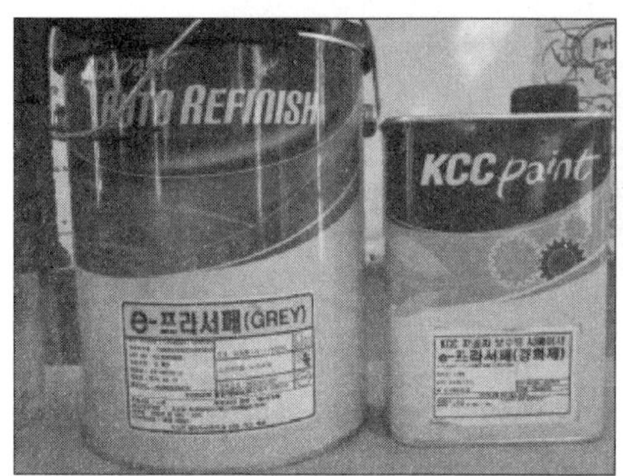

1. 프라이머 서페이서 도료를 준비한다

2. 비닐컵에 주제를 투입한다

3. 주제에 맞는 비율대로 경화제를 투입한다

4. 주제와 경화제를 골고루 혼합한다

5. 신너(희석제)를 적당량 투입한다

6. 도료점도를 체크하면서 신너양을 조절한다

희석된 도료를 여과지에 걸러 중도 전용 스프레이 건에 담는다

포인트

1. 프라이머 서페이서 도료의 주제 및 경화제의 비율을 정확히 지켜 혼합한다(도료 메이커마다 혼합비율이 상이할 수 있으므로 반드시 그 비율을 확인한 후 사용해야 하며 블렌딩도장에서 사용하는 프라이머 서페이서의 양은 매우 적기 때문에 주제와 경화제의 양을 정확히 혼합하기가 그리 쉽지 않다. 따라서 종이컵을 이용하거나하여 정확히 혼합할 수 있도록 한다).
2. 주제와 경화제 및 신너(희석제)를 한꺼번에 투입하여 혼합하지 않도록 한다(작업방법에 표시한대로 순서를 지켜 혼합한다)
3. 도료의 점도를 조절할 때, 한꺼번에 많은 양의 신너를 투입하지 않도록 하며 두 번 또는 세 번에 나눠 투입하면서 적당한 도료의 점도를 확인하면서 조절하도록 한다.

작업용 개인공구 및 소모품 재료준비

프라이머 서페이서 도료(주제 및 경화제), 내용제성 장갑(또는 비닐장갑), 방진마스크 또는 방독마스크, 스프레이 부스복, 보안경, 종이타월, 스프레이 건(중도용), 신너(희석제), 비닐컵(1회용), 스페출라(도료 혼합막대), 종이컵 등을 준비한다.

5) 프라이머 서페이서 부분도장을 위한 역마스킹하기(감독관 확인 필요없음)

프라이머 서페이서 도료를 혼합하고 나서 해야 할 작업은 프라이머 서페이서 도장을 위한 준비작업인 역마스킹하기이다. 여기서 역(reverse ; 거꾸로 뒤집어 하는)마스킹이란 그림에서 볼 수 있듯, 마스킹을 일반적인 마스킹이 아니라 단낮추기한 손상부분쪽에서 구도막 방향으로 마스킹테잎을 붙이고 종이를 뒤집어 마스킹하는 방법을 말한다. 이 역마스킹은 일반적인 도장작업에서는 거의 사용하지 않고 블렌딩도장 즉, 부분도장시에 도장한 경계가 뚜렷하게 나타나지 않고 부드럽게 날려지도록 하여 연마작업이 용이하도록 해주므로 매우 효과적인 마스킹방법이라 할 수 있다.

【주의사항】

1. 마스킹 종이가 구겨지면 도장 후 도막층이 형성되므로 지름이 3cm 정도 둥글게 말아놓은 듯하게 형성시키는 것이 효과적이다.
2. 그림에서처럼 상단부위 마스킹 종이와 오른쪽의 마스킹 종이 사이에 틈이 발생하지 않도록 한다(마스킹 종이 틈 사이로 도료가 흩날릴 가능성이 높다).
3. 마스킹 종이와 손상부위가 너무 가깝지 않도록 하며 대략 10cm 이내를 유지한다(너무 간격이 클 경우에는 프라이머 서페이서 도장면적이 넓어져 도료 및 시간의 손실이 발생하며 무엇보다 더 큰 문제는 베이스코트 도장범위가 넓어지기 때문이다).

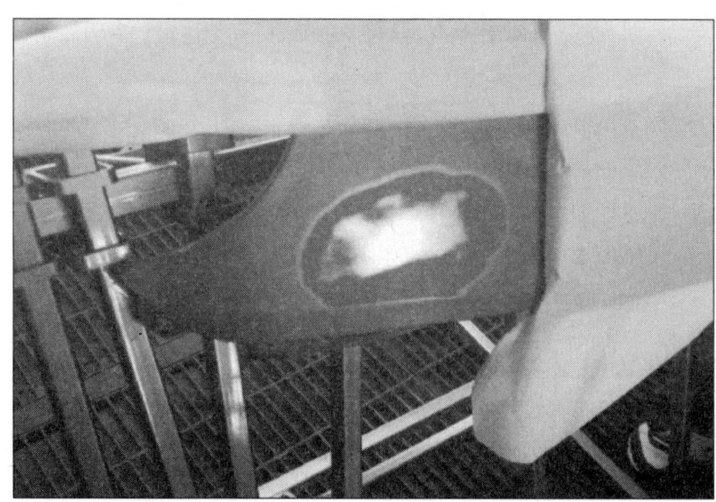

부분도장(블렌딩)작업을 위해 역(거꾸로 하는)마스킹 작업을 한다

작업순서(번호를 따라가 보세요)

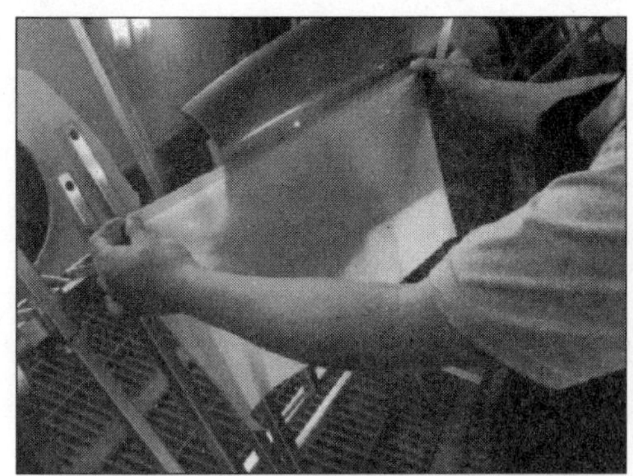

1. 마스킹 종이를 일정크기로 손상부위쪽 바깥쪽으로 붙인다

2. 마스킹 종이를 바깥쪽으로 뒤집는다

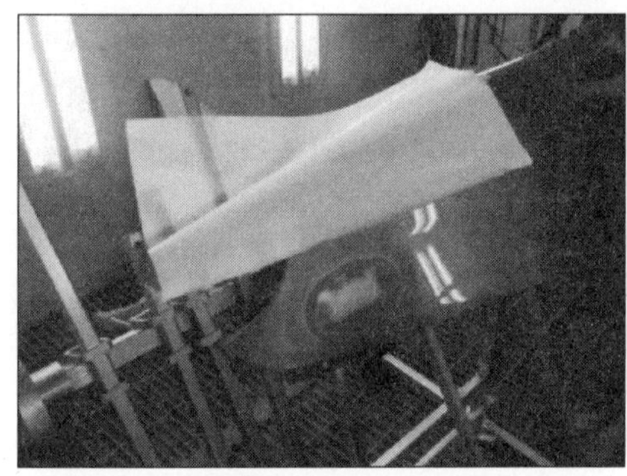

3. 마스킹 종이를 뒤집어 둥글게 만든다

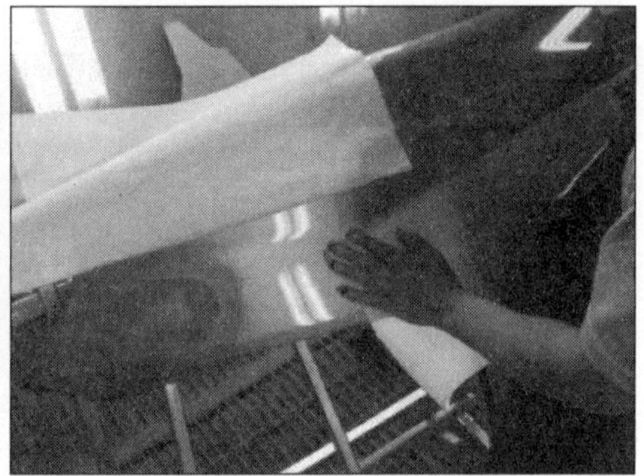

4. 다른 마스킹 종이를 준비한다

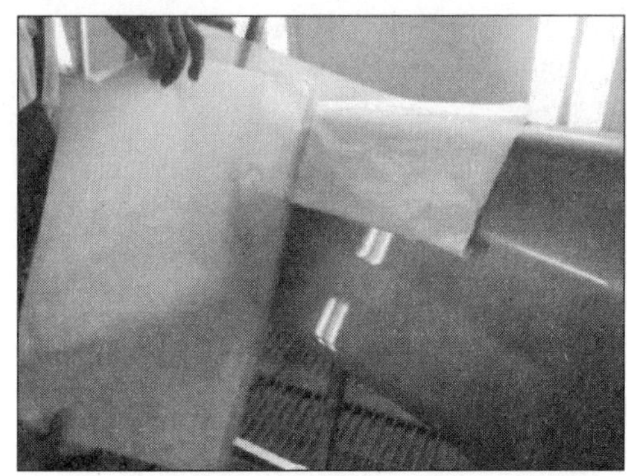

5. 맨 윗 그림과 같은 방법으로 마스킹 종이를 부착한다

6. 수직부분의 마스킹 종이를 바깥쪽으로 뒤집는다

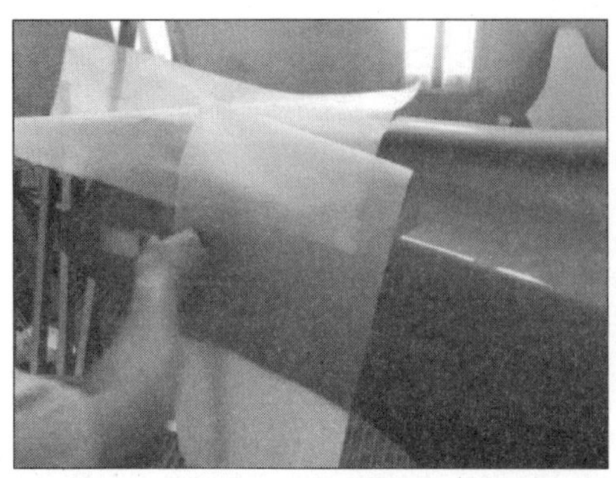

7. 도장할 경계부분의 마스킹 종이를 꺾이지 않도록 둥글게 마무리한다

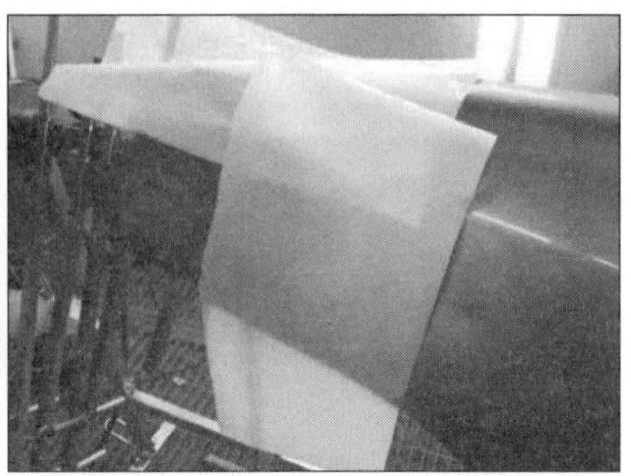

8. 역마스킹 마무리한 모습

작업용 개인공구 및 소모품 재료준비

마스킹 페이퍼(종이), 마스킹 페이프, 비닐(커버링)마스킹, 마스킹 디스펜서(마스킹 페이퍼 걸이) 등을 준비한다.

6) 프라이머 서페이서 부분도장하기(감독관 확인 필)

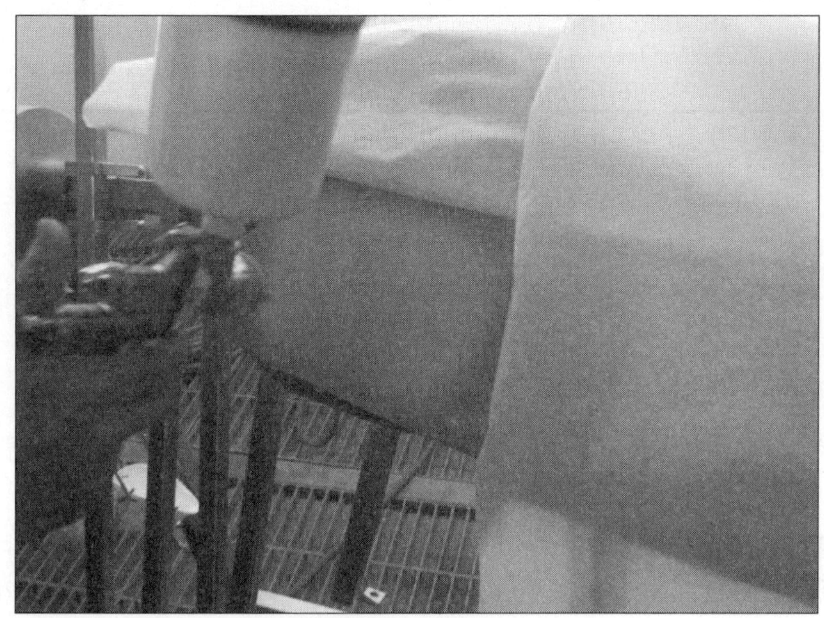

프라이머 서페이서 부분도장하는 장면

프라이머 서페이서를 부분도장하기에 앞서 도장면에 묻어 있는 미세먼지를 송진포로 깨끗하게 제거하는 것이 중요하다. 그런 다음 한꺼번에 두껍게 도장하지 않고 첫 번째 도장시에는 가볍게 도장한다는 느낌으로 도료의 양을 적게 하여 도장하는 것이 무엇보다 중요하다 할 수 있다.

도장하는 작업자에 따라 다소 차이는 있지만 일반적인 도장횟수는 2~3회 정도가 적당하지만 어떤 거리에서 도료의 토출량은 어느 정도로 하였는지 또한 스프레이건의 운행속도는 빠르게 아니면 느리게 하였는지 등의 변수에 따라 도장횟수는 절대적인 기준이 되기 어렵다는 것이다.

따라서 적정도막두께가 도포가 될 때까지 도장하는 것이 가장 바람직한 답이 아닐까 생각한다. 특히, 첫 번째 도장은 위에서 설명한 것과 같이 적은 도료의 양으로 가볍게 도장하여 단낮추기가 되어 있는 도막의 상태를 달랜다는 생각으로 도장하는 것이 관건이며 두 번째 도장에서는 본격적으로 도막두께를 형성시키는 것이 중요하다. 그런 다음 충분히 도막내부에 존재하는 휘발성 유기화합물(용제 및 신너 성분)이 공기중으로 증발하여 빠져나갈 수 있도록 짧게는 1~2분 가량 방치한 다음 세 번째 도장에서는 도막두께와 도막의 외관까지 고려하여 균일한 도막을 올린다는 생각으로 도장하여 마무리하면 된다.

【주의사항】

1. 첫 번째 도장시 한 번에 너무 많은 양의 도료를 토출시켜 도막을 두껍게 도장하지 않도록 한다.
2. 도장하는 횟수보다는 도장되는 도막두께나 외관의 도장상태를 기준으로 마무리하도록 한다.
3. 일반적인 도장횟수는 2~3회 정도가 적당하다.
4. 마스킹 페이퍼 가장자리까지 도장되지 않도록 한다(도막의 경계가 뚜렷해져 도장 후 도막의 경계가 두껍게 형성되어 연마작업시 곤란해진다).
5. 프라이머 서페이서 도장면의 가장자리 부분은 도막이 두껍지 않도록 도장한다(도막의 경계부분이 두꺼울 경우에 연마 후에도 층이 형성되어 상도도장(베이스코트 및 클리어코트)을 하고 난 후에도 프라이머 서페이서 도막층이 형성되기 때문이다).
6. 프라이머 서페이서 도장시 스프레이 건과 피도체와의 거리를 본능적으로 멀리하게 되는데 도장할 부위가 넓지 않기 때문에 거리를 평소 표준도장 할 때보다 더 가까이한 상태에서 도장하도록 한다(스프레이 건과 피도체와의 거리가 먼 상태에서 도장할 경우에는 도료의 비산으로 인해 구도막에 도료 더스트가 묻거나 도장범위가 생각한 것보다 훨씬 넓어지는 결과를 초래하게 된다).

작업순서(번호를 따라가 보세요)

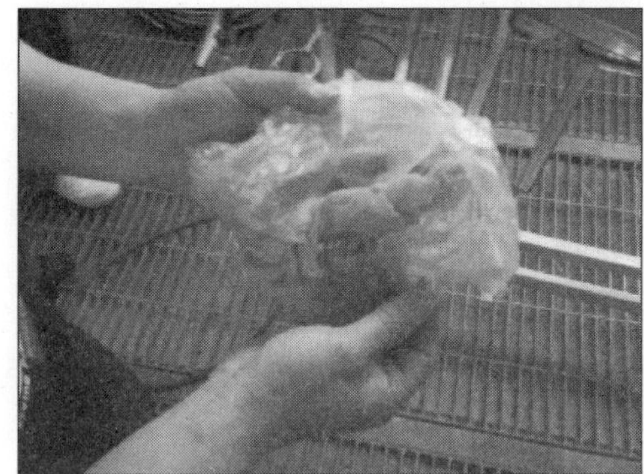

1. 송진포(Tack Cloth)를 그림처럼 준비한다

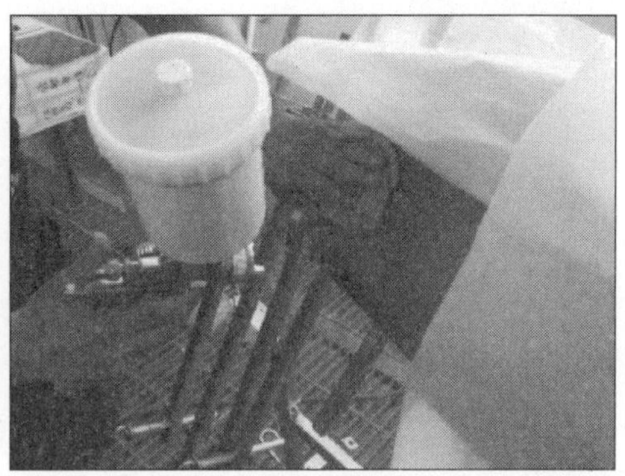

2. 도장할 면에 송진포로 미세먼지를 제거한다

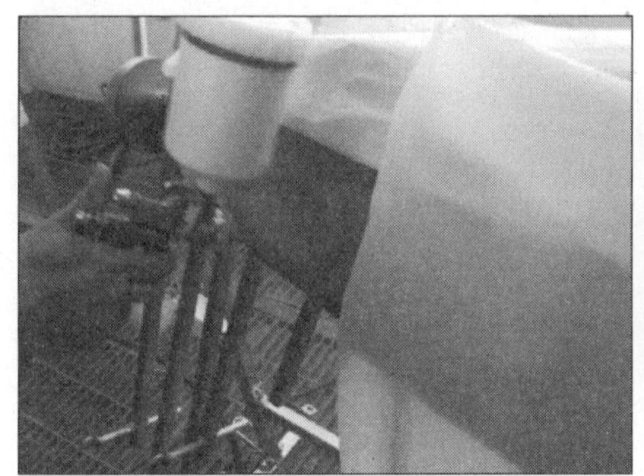

3. 첫 번째는 도막을 얇게 올린다

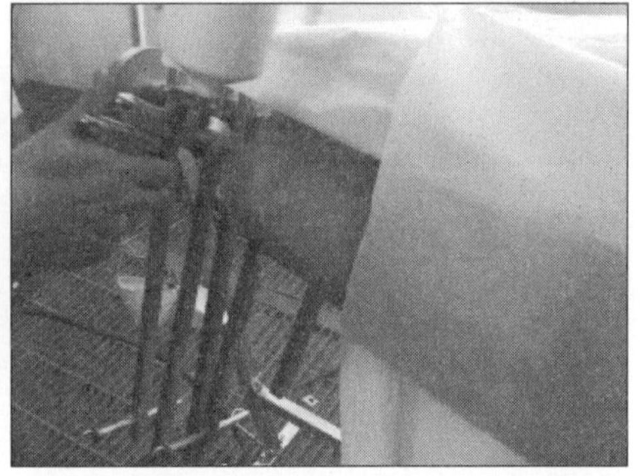

4. 두 번째는 도막을 약간 두껍게 올린다

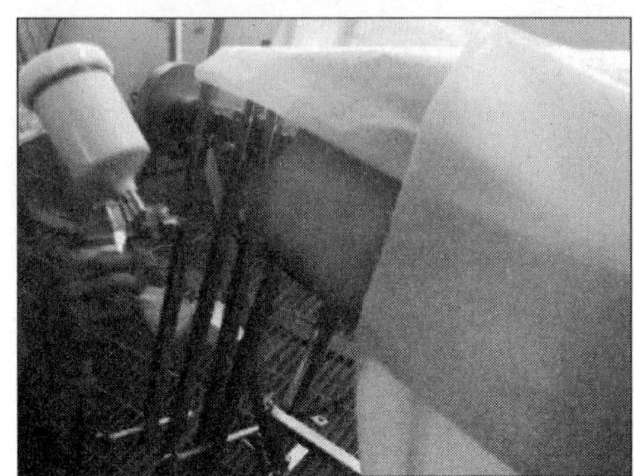

5. 신너가 증발할 수 있도록 그대로 방치한다

6. 점차적으로 도막두께를 형성시킨다

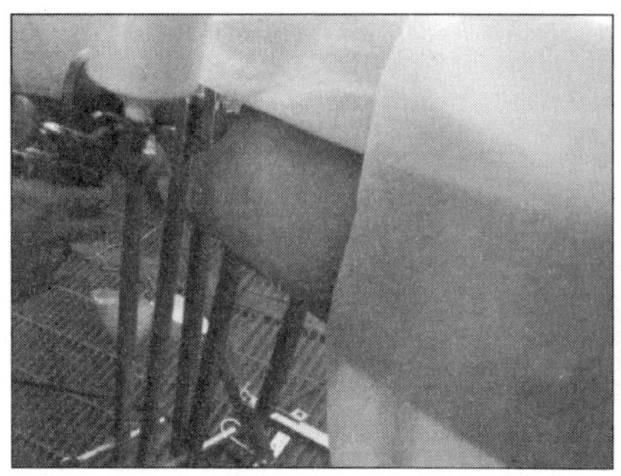
7. 외관을 확인하면서 두께를 형성한다

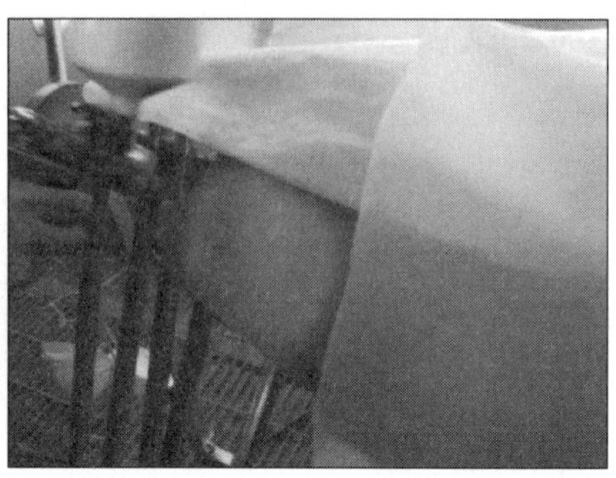
8. 마스킹종이에는 도료가 묻지 않도록 주의한다

9. 본격적으로 도막을 형성한다

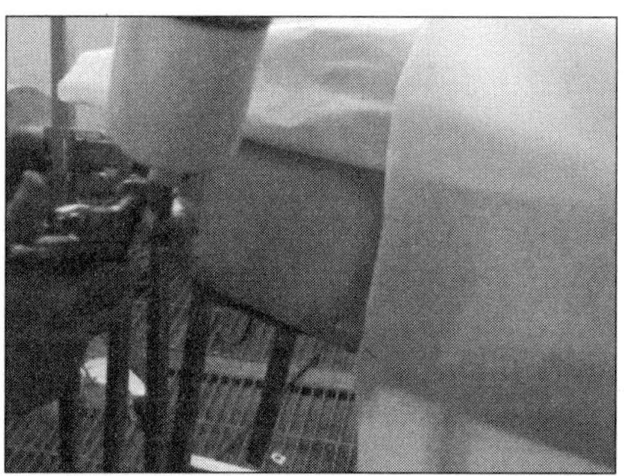
10. 용제가 증발할 수 있도록 플래쉬 오프 타임을 적용한다

11. 마지막으로 도막을 형성한다

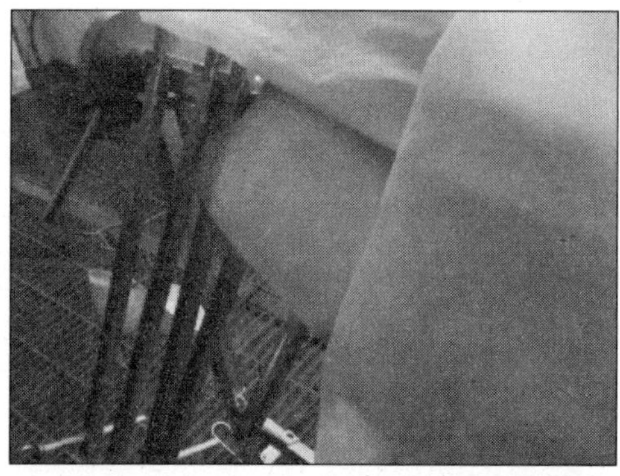
12. 플래쉬 오프 타임을 충분히 적용한다

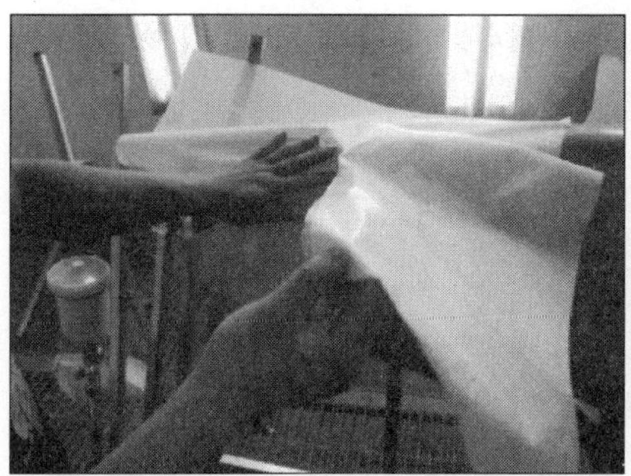

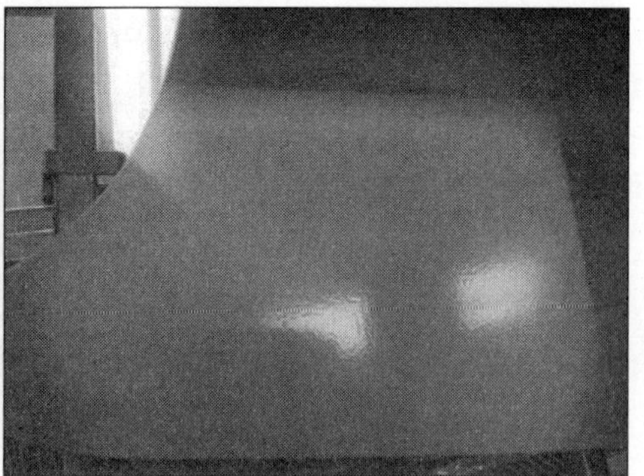

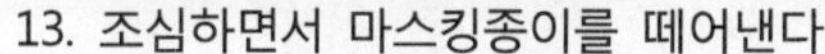

13. 조심하면서 마스킹종이를 떼어낸다

14. 마무리된 프라이머 서페이서 도장면

작업용 개인공구 및 소모품 재료준비

오염이 되지 않고 보관이 잘된 송진포, 프라이머 서페이서 도료를 담은 중도전용 스프레이 건을 준비한다.

포인트

1. 한꺼번에 두껍게 도막을 형성시키지 말 것
2. 마스킹페이퍼 가장자리까지 도장하지 않도록 한다.
3. 손상부분 가운데는 도막을 두껍게, 가장자리로 갈수록 얇게 도장하여 연마작업시 용이하도록 한다.
4. 프라이머 서페이서 도장범위는 최소화한다.
5. 도장 간 플래쉬 오프 타임(Flash off Time)을 충분히 적용한 후 도막두께를 형성한다.
6. 첫 번째 도장시, 도료의 양을 적게 하여 얇게 도장하여 단낮추기 한 도막층을 달래어 도막층 내에서의 트러블(문제)이 발생하지 않도록 한다.
7. 스프레이 건과 피도체(도장할 부위)와의 거리를 적절히 조절하여 도장한다(스프레이 패턴폭, 도료토출량, 에어압력 등을 적절히 조절).

7) 프라이머 서페이서 도막 건조하기(감독관 확인 필요없음)

프라이머 서페이서를 도장한 후 자연방치를 약 1~2분 정도 시켰다가 도막을 건조한다

앞서 프라이머 서페이서의 부분도장작업이 완료하고 나면 조심스럽게 마스킹 페이퍼를 제거한다. 그리고 나서 곧바로 원적외선 건조기나 히팅 건(Heating Gun) 또는 헤어드라이어 등으로 건조하지 않고 도막내부에 잔류하고 있는 용제 및 신너(희석제)성분이 공기중으로 증발할 수 있도록 약 3~5분 가량 방치해둔다. 도장 직후 곧바로 열을 가하면 도막내부에 포함되어 있던 용제 및 신너성분이 바깥으로 빠져나오지 못해 핀홀(Pinhole ; 핀으로 구멍을 뚫어놓은 것과 같은 형태의 도막결함)이나 주름(Wrinkle ; 도막이 쭈글쭈글하게 주름지는 도막현상)과 같은 도막결함이 발생할 가능성이 매우 높아진다.

따라서 프라이머 서페이서 도장작업 직후 플래쉬 오프 타임을 충분히 적용하고 나서 건조시키는 것이 바람직하다. 원적외선 건조기로 도막을 건조시킬 때에는 10분 정도면 도막이 건조가 되고 히팅 건이나 헤어드라이어 등을 이용할 경우에는 그 시간이 더 짧아지거나 또는 길어질 수 있다. 그림에서처럼 건조기와 도막과의 거리는 너무 가까워도 멀어도 좋지 않다. 작업장의 여건이나 환경에 맞도록 거리를 조절하는 것이 효과적이며 도막이 건조되는 과정에서 패널이나 도막의 건조상태를 확인하면서 지켜보는 것이 무엇보다 중요하다.

【주의사항】

1. 프라이머 서페이서 도장작업 직후 곧바로 열을 가하지 않도록 한다.
2. 프라이머 서페이서 도막과 건조기(원적외선 건조기, 히팅 건 등)와의 거리를 충분히 유지한 후 건조시킨다.
3. 프라이머 서페이서를 도장 직후에는 최소 2분 이상 방치하여 도막내부에 잔류하고 있는 용제 및 신너(희석제)가 충분히 공기중으로 빠져나올 수 있도록 플래쉬 오프 타임을 적용하도록 한다.

작업순서(번호를 따라가 보세요)

1. 도장 직후 플래쉬 오프 타임을 적용한다

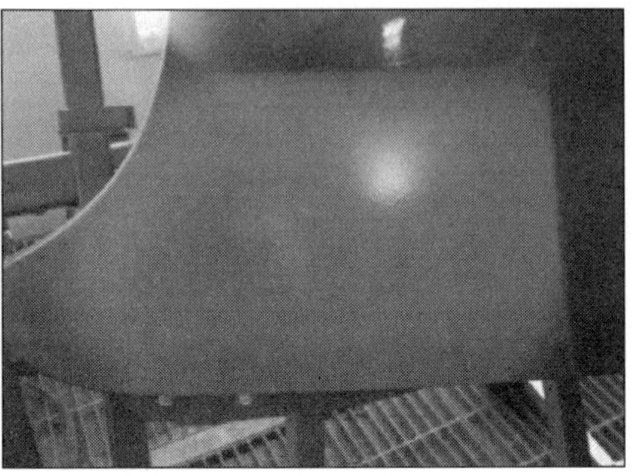

2. 용제 및 신너성분을 공기중으로 증발시킨다

3. 적당한 거리를 유지한다

4. 도막이 충분히 건조될 때까지 건조시킨다 (약 10분 정도면 건조가 되지만 건조기의 종류에 따라 건조되는 시간은 상이하므로 참고하기 바란다)

5. 건조기와 도막과의 거리가 너무 짧다(부적합) **(X)**

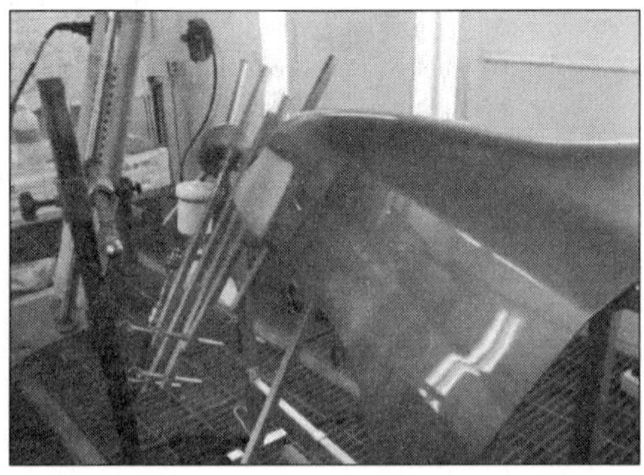

6. 건조기와 도막과의 거리가 적당(적합) **(O)**

앞의 5번 그림에서처럼 프라이머 서페이서 도막을 건조할 때 건조기와 도막과의 거리가 너무 짧을 경우에는 도막의 표면부터 건조가 시작되기 때문에 도막내부에 포함된 용제 및 신너성분이 바깥으로 빠져나오지 못하고 내부에서 대류현상으로 인해 위로 올라오고 내려가고를 반복하다가 내부온도가 더 상승하면 휘발성유기화합물들이 바깥으로 빠져나오면서 도막을 바늘로 찌른 것처럼 발생하는 결함이 바로 핀홀현상인 것이다.

따라서 도장 직후 건조기를 도막가까이 가져가는 것은 핀홀과 같은 도막결함을 일으킬 수 있으므로 처음에는 적절한 거리를 유지했다가 점차 거리를 좁혀가는 것이 바람직한 건조방법이라 하겠다.

작업용 개인공구 및 소모품 재료준비

원적외선 건조기, 히팅 건, 헤어드라이어 등의 건조기구를 준비한다.

포인트

1. 프라이머 서페이서 도장 직후에는 도막과 건조기와의 거리를 적당(50~60cm)하게 유지하였다가 시간이 몇 분(3~5분) 정도 흐르고 난 뒤에는 건조기와 도막과의 거리를 가까이(30cm 정도) 해도 무방하다.
2. 도막결함(흐름현상, 주름현상 등)이 발생하지 않도록 하기 위해서는 프라이머 서페이서 도막과 건조기와의 거리를 적절히 유지하는 것이 중요하다.
3. 고정시켜서 건조하는 포트블 원적외선 건조기가 아닌 헤어드라이어나 히팅 건과 같이 작업자가 직접 잡고 건조를 시켜야하는 경우에는 가까이해서 건조를 시키더라도 한 곳에 머물지 않도록 흔들어주어 열이 집중되지 않도록 건조하면 된다.

8) 프라이머 서페이서 도막 연마(1) 및 블렌딩영역 연마(2)하기(탈지 후 감독관 확인 필)

(1) 프라이머 서페이서 및 그 주변을 연마하는 장면(P600연마지 사용)

이번 공정에서는 프라이머 서페이서 도막이 충분히 건조되고 나면 프라이머 서페이서 도막부분과 그 주변(블렌딩영역)을 고운 방수(# 또는 P로 표시된 연마지 거칠기를 나타내는 기준)의 연마지를 사용하여 연마해야 한다.

프라이머 서페이서 도막을 연마할 때 적당한 연마지로는 P(#)600과 같이 부드러운 방수의 연마지를 사용하고 그 주변을 연마할 때 적당한 연마지로는 #1000 이상(보통 #1200을 사용함)의 고운연마지를 사용하는 것이 효과적이다.

우선, 도막의 상태를 확인하고 더블액션샌더의 백업패드에 중간패드(스펀지로 된 부드러운 패드)를 부착한다. 그리고 나서 P600 연마지를 중간패드에 부착한다. 그림에서처럼 프라이머 서페이서 도막에서 크게 벗어나지 않도록 주의하면서 도막과 그 주변만을 균일하게 연마하는 것이 중요하다(핸드블럭 또는 손으로 연마하는 것보다 스펀지로 된 중간패드에 고운연마지를 부착해서 연마하는 것이 더욱 효과적인 방법이다).

연마가루가 발생하고 도막외관이 일정하게 될 때까지 연마가루를 닦아 도막면을 확인하면서 연마하도록 한다. 프라이머 서페이서 도막면이 일정하게 연마되고 나면 P600 연마지에서 P1200 연마지로 교체한다. P1200 연마지는 프라이머 서페이서 도막과 구도막 사이인 블렌딩영역을 연마하기 위해서이다.

블렌딩영역에 도장되는 도료는 색상 도료인 베이스코트(BaseCoat ; B/C)와 투명도료(ClearCoat ; C/C) 및 블렌딩신너(Blending Thinner)가 도장되기 때문에 거친 연마지를 사용하여 도장면이 거칠면 도장 후에도 도막에 연마흔적이 발생할 수 있기 때문에 블렌딩영역과 그 주변 특히, 블렌딩신너가 도장되는 영역은 더욱더 고운 연마면이 요구되는 곳이기 때문에 구도막쪽으로 향할수록 고운연마지를 사용하여 연마해야 효과적인 부분도장을 할 수 있다.

블렌딩영역을 P1200연마지로 연마할 때에는 도면에서 요구하는 범위(최종 블렌딩 신너 범위)를 넘지 않도록 주의하면서 연마하도록 한다.

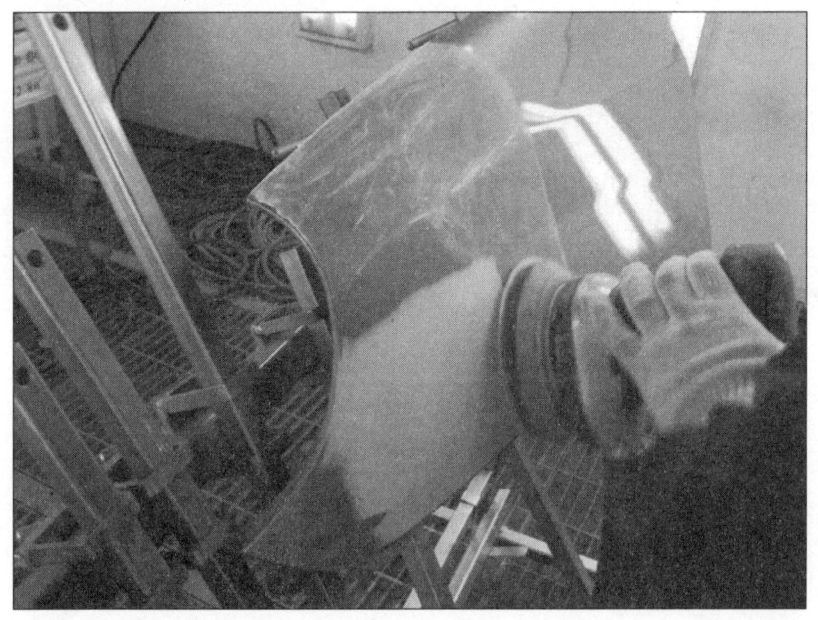

(2) 블렌딩영역(프라이머 서페이서 도막과 그 주변)을 연마하는 장면(P1200연마지 사용)

【주의사항】

1. 프라이머 서페이서 도막의 가장자리가 부드럽게 처리되도록 연마한다.
2. 프라이머 서페이서 도막면의 상태(Orange Peel ; 오렌지 껍질과 같이 울퉁불퉁한 표면상태)가 일정하도록 연마한다.
3. 프라이머 서페이서 도막을 연마할 때 사용하는 연마지로는 P600을, 그 주변과 블렌딩영역을 연마하고 도면에서 요구하는 블렌딩신너 범위까지 연마하는데 사용하는 연마지로는 P1200으로 마무리한다.
4. 프라이머 서페이서 도막 및 그 주변 그리고 블렌딩영역에 이르기까지 구도막에 흠집이 발생하거나 도막이 벗겨지지 않도록 연마한다(특히 가장자리 부분을 조심한다).

작업순서(번호를 따라가 보세요)

1. 건조 직후에는 곧바로 작업을 하지 않고 도막이 식을 때까지 기다린다

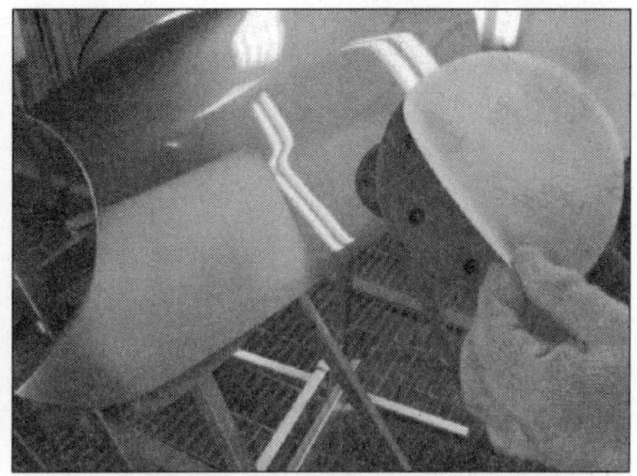

2. 샌더에 중간패드, 연마지(P600)를 부착한다

3. 도막상태를 만져보고 확인한다

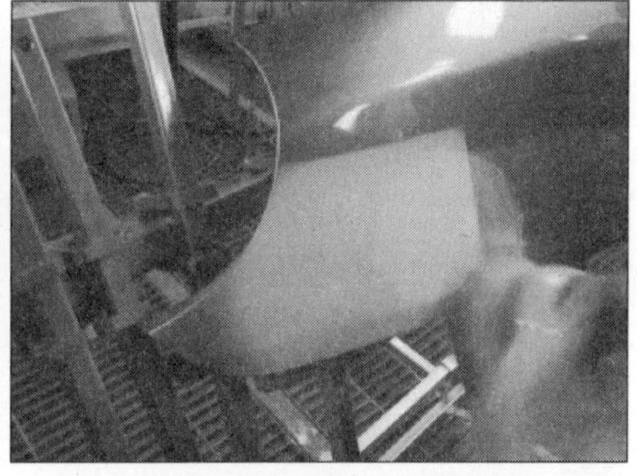

4. 가장자리 부분을 먼저 연마한다

5. 분진가루를 제거하고 연마면을 확인한다

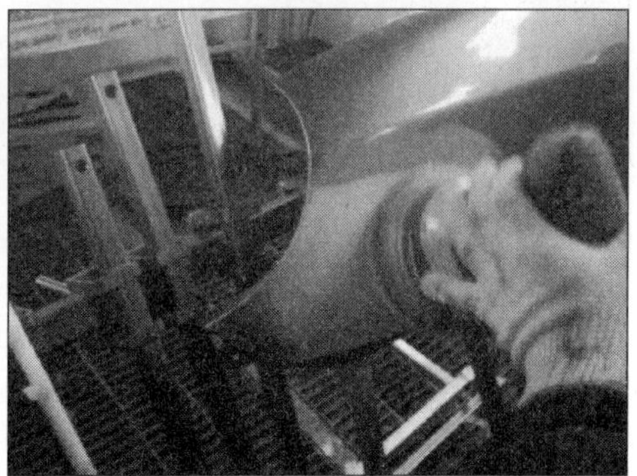

6. 상단부위를 연마한다

7. 하단부위를 연마하고 마무리한다

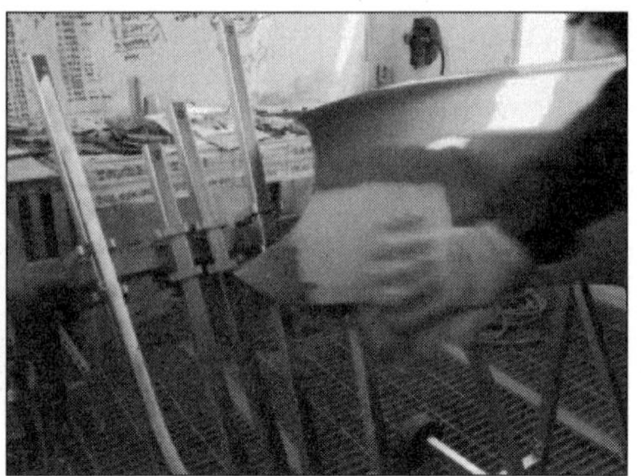
8. 분진가루를 제거한다

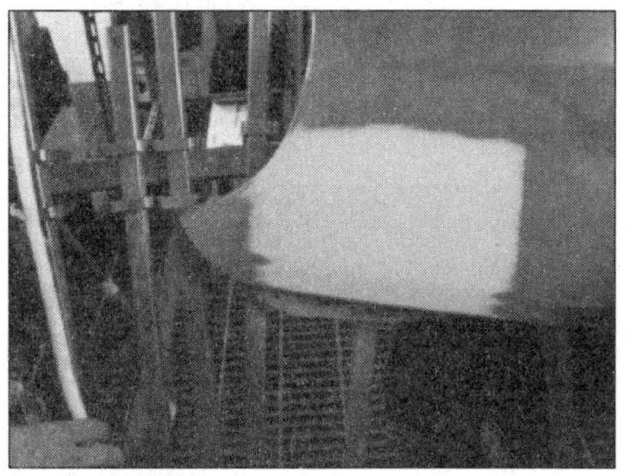
9. 도막면의 연마상태를 확인한다

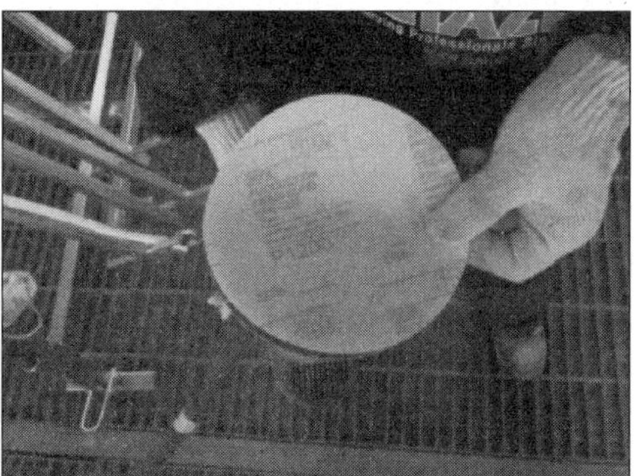
10. P1200 연마지를 샌더에 부착한다

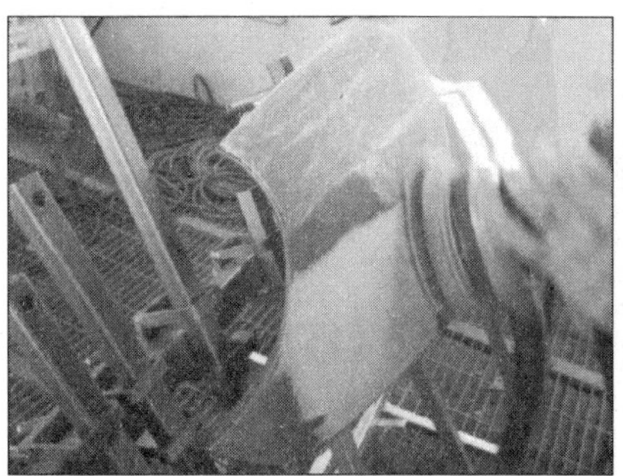
11. 블렌딩영역(보수부위와 구도막과의 경계 부위)을 연마한다

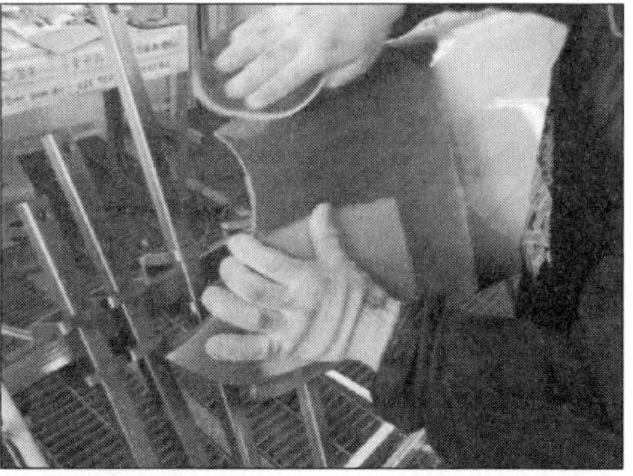
12. 가장자리는 도막이 과연마되지 않도록 주의하면서 마무리한다

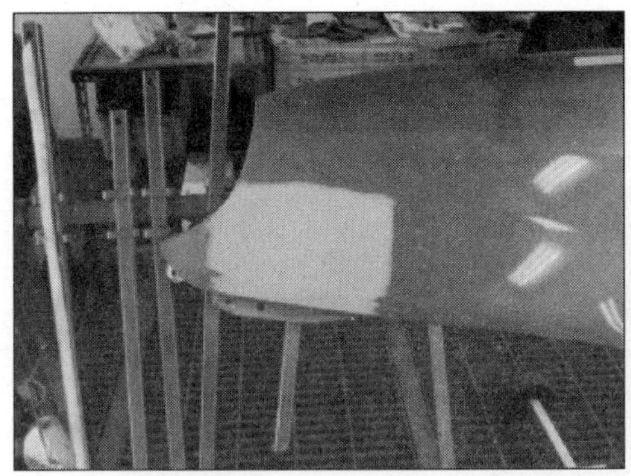

13. 연마작업이 완료된 모습

14. 탈지를 위해 한쪽 종이타월에 탈지제를 묻힌다

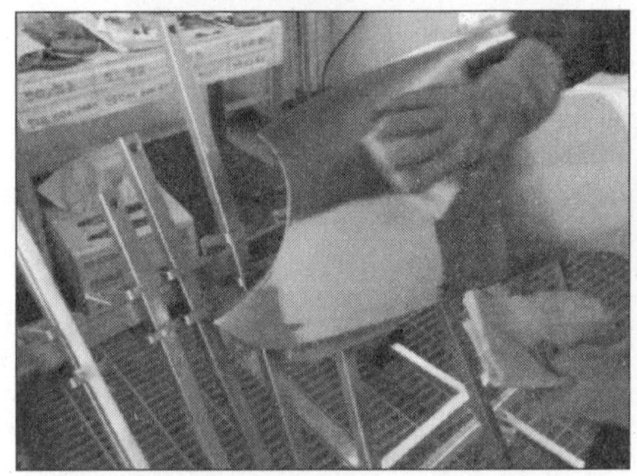

15. 한쪽 손에 탈지제를 묻힌 종이타월로 먼저 도장면을 깨끗하게 닦는다

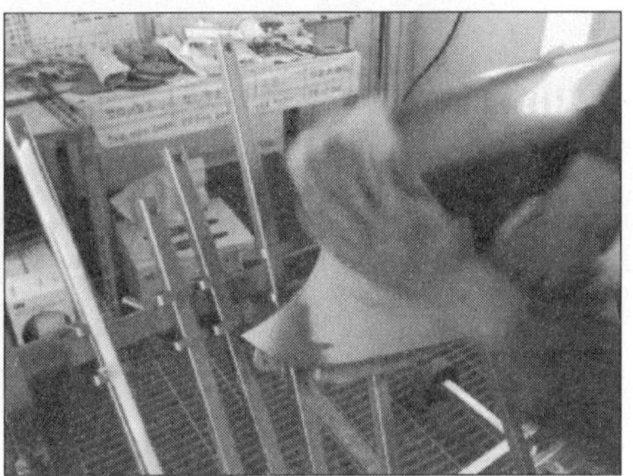

16. 깨끗한 종이타월로 마무리하며 닦는다

17. 패널전체를 깨끗하게 닦는다

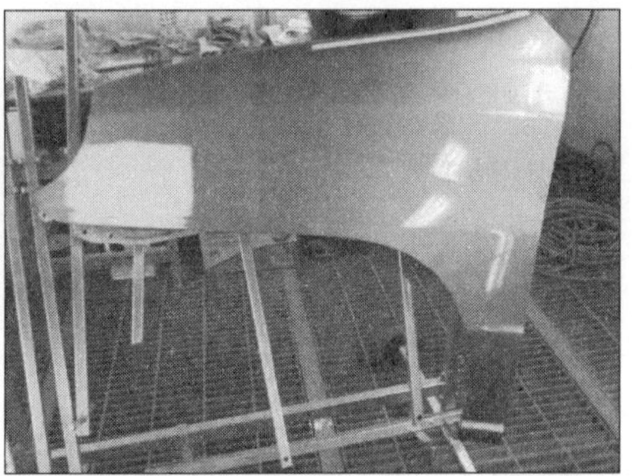

18. 패널 전체가 깨끗하게 탈지되어 도장이 준비된 모습

9) 2과제에서 조색된 상도 베이스코트(Base coat) 도료를 사용하여 신너를 희석한 후 블렌딩도장하기

2과제에서 조색한 베이스코트 도료에 신너(희석제)를 혼합하는 모습

이번 작업은 2과제(조색작업)에서 조색한 도료인 베이스코트를 사용하여 블렌딩하는 공정이다. 우선, 베이스코트의 점도를 확인하고 블렌딩을 할 수 있을 정도로 적당한 점도인지 여부를 확인한다.

도료의 점도가 적당하지 않다면 신너를 희석하여 적절한 점도로 유지하고 상도용 스프레이 건에 도료를 여과하여 담는다.

도장하기 전에 해야 할 중요한 작업중에 하나가 패널에 묻어있는 미세먼지를 송진포로 깨끗하게 제거하는 것이다. 그리고 나서 도장할 부위의 면적과 크기에 맞도록 도료 토출량, 에어압력 그리고 스프레이 패턴폭을 조절하는 것이 무엇보다 중요하다. 평소 패널전체를 도장할 때와 같은 에어압력, 패턴폭 및 도료 토출량보다 다소 적은 양의 도료량 그리고 패턴폭 또한 좁게 조정하고 에어압력 역시 평소 사용하던 압력에 1/2 정도로 조정해서 작업하는 것이 효과적인 부분도장을 위한 방법이라 할 수 있다.

준비된 베이스코트(B/C)도료를 부분도장할 때 우선 도장해야 할 곳은 프라이머

서페이서가 도장된 곳을 먼저 도장하여 은폐를 시키는 것이 중요하다. 이때 처음 도장할 때에는 도료의 양을 적게 하여 가볍게 도장한다는 느낌으로 도장해야 프라이머 서페이서 도막과의 트러블이 발생하지 않게 되는 것이다. 따라서 첫 번째 도장은 가볍게 묻힌다는 생각으로 표면을 달래듯 도장하는 것이 관건이라 하겠다.

【주의사항】

1. 첫 번째 도장시 필요 이상으로 많은 도료가 분사되지 않도록 가볍게 도장한다.
2. 평소 도료의 점도에 비해 좀 더 묽게 희석하여 도료의 점도를 조절한다(그림 1).
3, 스프레이 건의 에어압력, 도료 토출량, 패턴폭 등을 적절히 조절한다(그림 5).
4. 프라이머 서페이서 부분은 은폐가 될 수 있게 도장한다.

작업순서(번호를 따라가 보세요)

1. 2과제 조색작업시 조색한 베이스코트 도료를 준비하여 신너(희석제)로 점도를 조절한다

2. 스프레이 건에 도료를 담는다

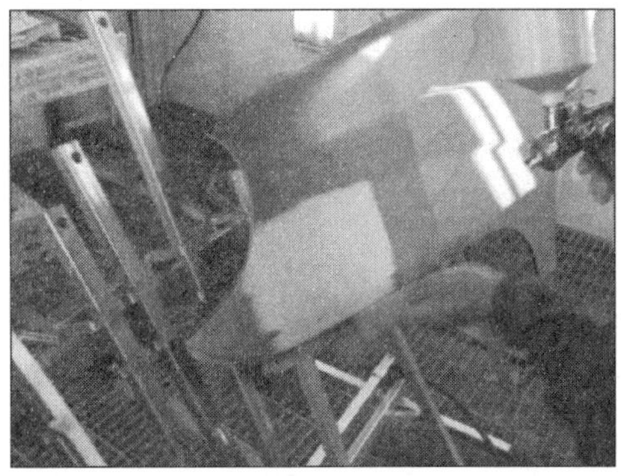

3. 송진포로 미세먼지를 제거한다(가장자리)

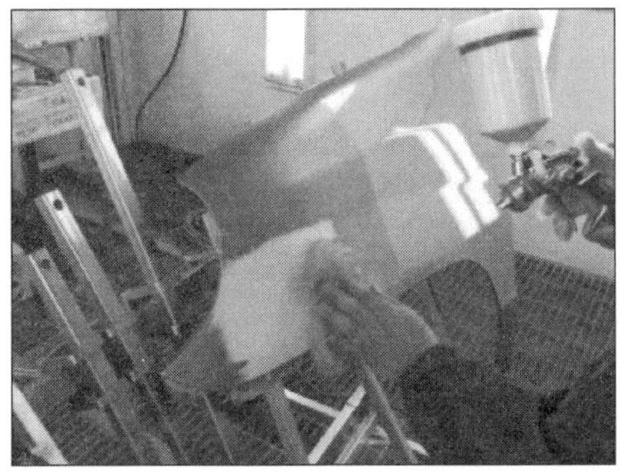

4. 송진포로 미세먼지를 제거한다(도장면)

5. 부분도장(블렌딩)에 맞도록 스프레이 건의 에어압력, 패턴폭 및 도료 토출량을 조절한다

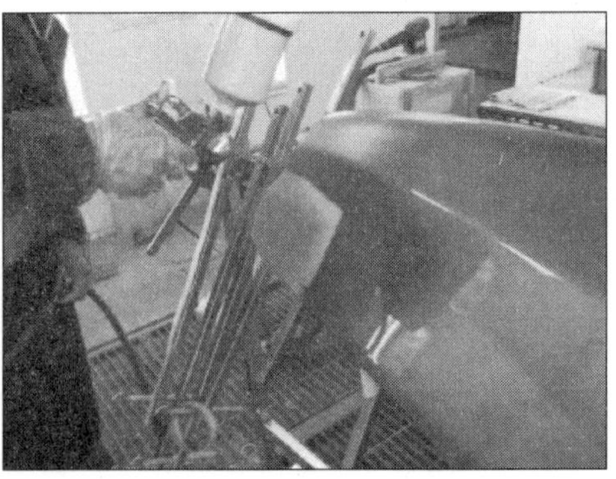

6. 색상 도료인베이스코트(b/c)를 프라이머 서페이서 도막에 부분도장한다(1차)

【주의사항】

1. 베이스 코트(B/C)도장시 (그림 8)에서와 같이 주변으로 가볍게 날려간 도료 더스트를 가볍게 닦아 낸다.
2. 베이스 코트(B/C)범위가 넓어지지 않도록 주의하면서 도장한다.
3. 베이스코트 도료의 종류에 따라 은폐정도에 다소 차이가 있기 때문에 도장되는 모습을 좀 더 가까이해서 도장면의 은폐정도를 충분히 확인하면서 도장해야 효과적인 도장을 할 수 있다.

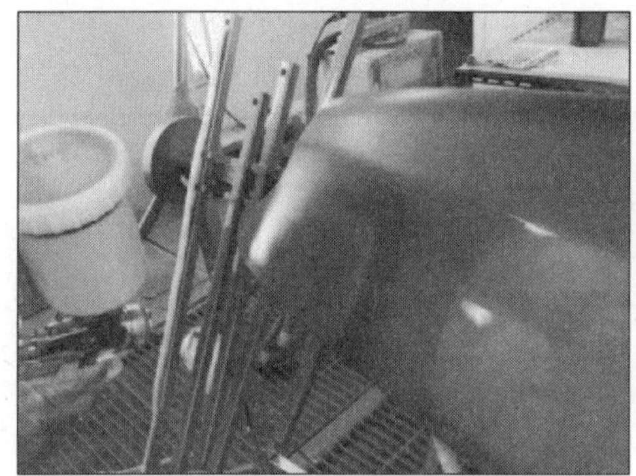

7. 베이스코트(b/c)를 부분도장한다(2차)

8. 도장면 주변에 묻은 더스트를 송진포를 가볍게 움직여 닦아낸다

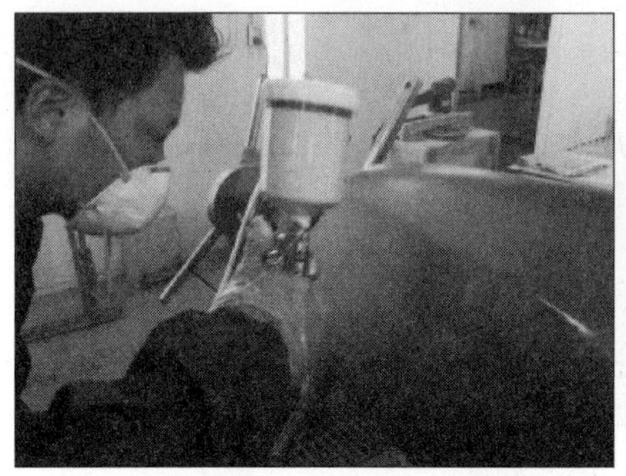

9. 블렌딩영역을 섬세하게 도장한다

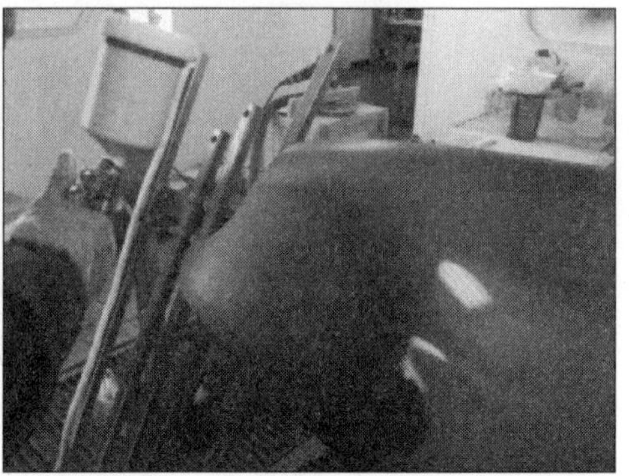

10. 범위를 넘기지 않도록 주의하면서 도장한다

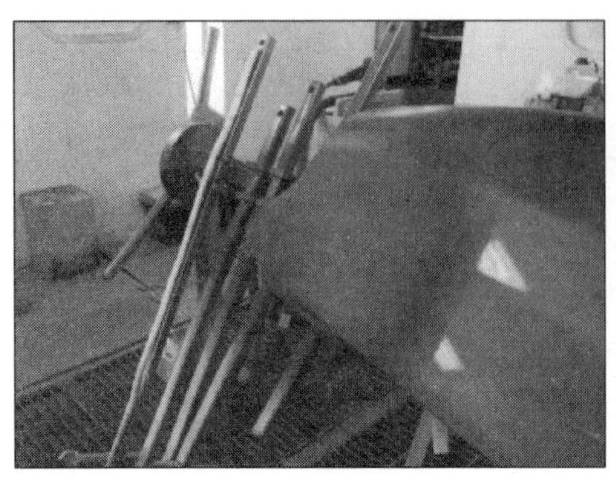

11. 플래쉬 오프 타임을 적용하여 도막이 건조 될 때까지 기다린다

12. 송진포로 도료 더스트를 가볍게 닦아낸다

【주의사항】

도장 직후 곧바로 송진포를 사용하여 도료 더스트를 닦아 내지 않도록 하고 송진포 자국이 생기지 않도록 주의하며 가볍게 건조가 된 후에 송진포를 사용하는 것이 바람직하다.

13. 베이스코트 도장범위를 넘지 않은 모습

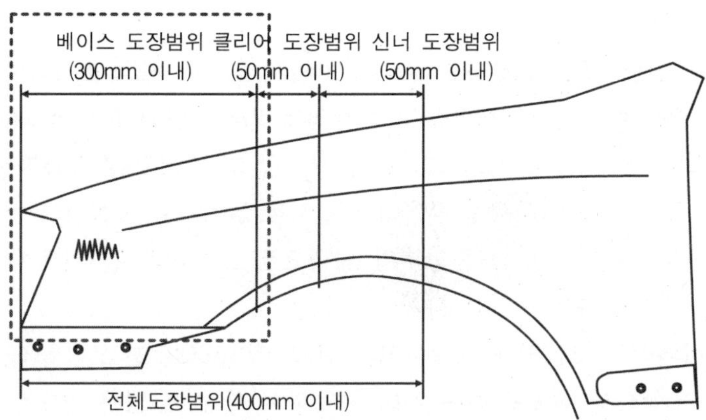

14. 작업시작시 주어진 도면의 부분도장(블렌딩) 도장범위 표시

작업용 개인공구 및 소모품 재료준비

스프레이 건(상도용 또는 부분도장전용), 방진 또는 방독마스크, 여과지, 부스복, 내용제성장갑, 송진포, 마스킹테이프(도장범위를 표시할 용도로 사용할), 제2과제에서 조색한 베이스코트, 희석제(신너)를 준비한다.

포인트

1. 도료의 점도를 조절할 때 평소 도장할 때에 비해 좀 더 점도를 낮게 조절하여 사용한다.
2. 부분도장에 맞는 스프레이 건에 대한 에어압력, 스프레이 패턴폭, 도장물과 건과의 거리, 도료 토출량 등을 적절히 조절한다.
3. 색상에 따라 도료의 은폐정도가 서로 다르기 때문에 프라이머 서페이서 부분의 은폐가 되었는지 확인하면서 베이스코트 도장을 한다.
4. 베이스코트 도장시 범위를 넘지 않도록 각별히 주의하면서 도장한다.
5. 베이스코트 도장 직후 곧바로 송진포를 사용하지 않도록 하고 가볍게 건조가 된 후에 송진포를 누르지 않고 가볍게 도료 더스트를 닦아낸다.
6. 패널의 뒤쪽에 마스킹테이프로 도장범위를 표시하여 두어 도장범위를 넘지 않도록 한다.
7. 블렌딩영역이 끊어져 보이지 않도록 스프레이 건의 터치를 부드럽게 한다(많은 연

습과 훈련 필요).

8. 베이스코트 블렌딩도장시 일자로 끊어져 보이지 않도록 하고 스프레이 건의 움직이는 방향이 손상부위에서 바깥쪽으로 움직임을 가져가면서 도장할 때를 예를 들면, 손상부위에서 바깥쪽으로 스프레이 건을 터치할 때 손상부위 중앙부분에서 바깥쪽 접선방향으로 스프레이 건을 움직인다면 일자로 끊어지는 현상에서 벗어날 수 있을 것이다(바깥쪽에서 손상부위 중앙부위 방향으로 스프레이 건을 움직일 때도 같은 방향으로 진행하면 된다).
9. 프라이머 서페이서 도장면을 은폐시키기 위해 베이스코트를 도장할 때 한꺼번에 많은 양으로 도장하지 않도록 하는 것이 중요하며 한 번에 많은 양으로 도장할 경우, 도막이 두께를 형성하는 시간이 오래 걸리는 동시에 도료가 흐를 수 있는 가능성이 높아지고 또한, 베이스코트에서의 얼룩이 발생할 수 있으므로 한 번에 많은 양으로 도막을 두껍게 올리려고 해서는 안된다.
10. 아울러, 도막은 얇게 여러 번에 걸쳐 한층 한층 도막을 형성해가는 것이 건조시간과 플래쉬 오프 타임을 줄여 작업속도를 빨리 가져갈 수 있는 좋은 도장방법이라 할 수 있다.

10) 상도 클리어코트(Clear coat)도료 준비 및 블렌딩도장하기

앞서(9))에서 베이스코트의 블렌딩이 완료되면 상도 클리어코트 블렌딩을 위해 우선 도료를 준비한다. 검정시 사용되는 재료는 일반적으로 국내 도료회사 중에 선정되어 적용되고 있는 실정이다.

현재까지 사용되고 있는 도료는 KCC와 NOROO 페인트 회사에서 주로 공급하고 있으며 이는 앞으로 도료회사의 공급방식에 변화가 있으면 언제든지 바뀔 수 있기 때문에 감안해야 할 것이다.

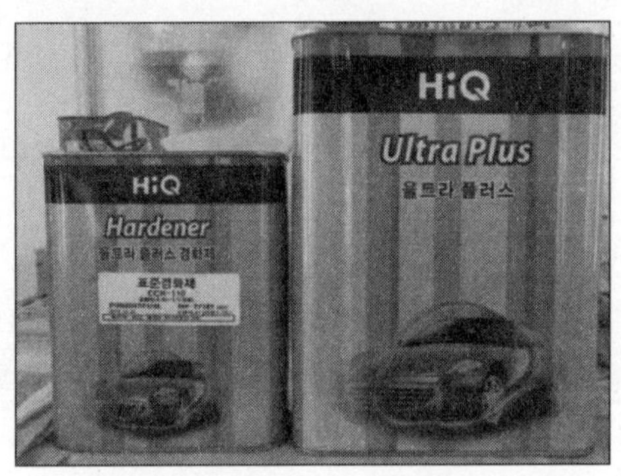

상도 클리어코트(Clear coat)도료를 준비한다

도료회사 및 그 제품의 종류에 따라 다소 차이는 있지만 대체적으로 상도도료인 클리어코트 도료는 주제:경화제 비율이 2:1 또는 4:1의 것이 많이 사용되는 추세라 할 수 있다(경우에 따라서는 10:1(속건성도료) 도료도 사용될 가능성이 높다). 도료를 혼합하는 방법부터 살펴보면, 주어진 클리어코트를 준비하고 혼합비율이 어떻게 되는지 확인한다. 대체적으로 2:1의 도료일 것이라 생각하고 사용하는 작업자가 간혹 발생하므로 반드시 사용혼합비율을 정확하게 도료라벨 또는 경화제 뒷면에 표시된 사용방법을 정확히 확인하는 것이 매우 중요하다.

도료를 혼합하는 과정에서 또 한 가지 중요한 사항은 바로 혼합비율대로 정확하게 혼합하는 것이다. 일반적인 작업자의 심리를 보면 주제에 비해 경화제의 양을 조금이라도 더 투입해서 혼합하는 경향이 있기 때문에 주제와 경화제의 양중에서 유독 경화제의 양이 부족한 이유가 바로 여기에 있으므로 정확하게 투입하도록 한다.

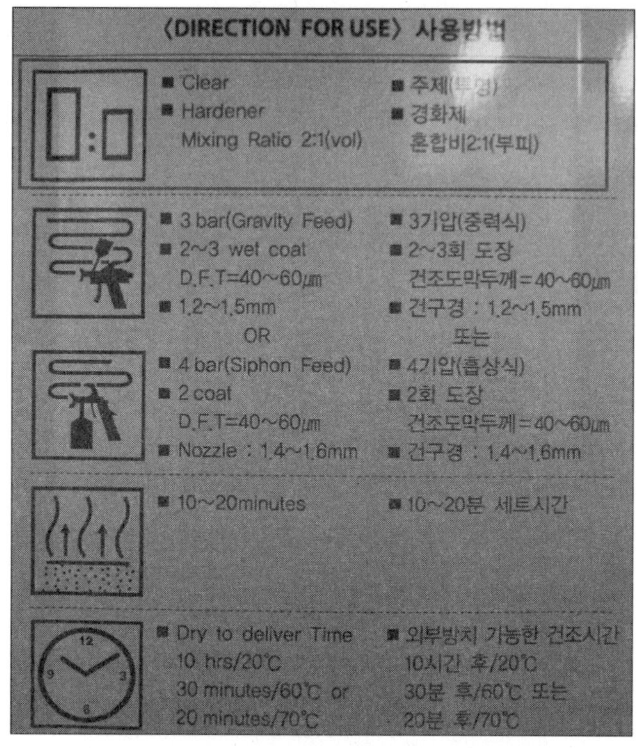

상도 클리어코트(Clear coat)도료의 주제와 경화제의 혼합비율을 정확히 확인한다

그리고 개인별 작업이다 보니 작업자들이 사용할 도료의 양을 정확하게 판단하지 못하고 과도하게 많은 양의 도료를 혼합하여 버리는 경향이 있으므로 특히, 클리어코트 블렌딩에서는 많은 양의 도료가 필요하지 않으므로 적당량 도료를 혼합하여 사용하도록 한다.

보통 블렌딩작업시 클리어코트의 사용량은 90~100ml(0.1L) 정도면 충분하다고 볼 수 있다. 작업순서에 따라 아래 그림과 같이 주제를 비닐컵에 적당량 투입하고 이어 경화제를 주제의 비율에 맞도록 정확히 투입하여 골고루 저어준다.

그리고 나서 사용하고자 하는 상도 전용 스프레이 건(부분도장 전용 건이면 더욱 유리하다)에 여과지를 이용하여 도료를 담는다. 준비된 도료는 거치대에 올려놓고 블렌딩도장을 위해 빈 비닐컵을 준비하고 또 다른 비닐컵엔 블렌딩 전용신너를 약 50~100ml 정도 담아 두면 클리어코트 블렌딩도장 준비는 완료되었다 볼 수 있다.

비닐컵에 적당량의 클리어코트(Clear coat)도료의 주제를 담는다

여기서 빈 비닐컵을 준비하는 이유는 상도용 스프레이 건과 블렌딩 신너를 담아 블렌딩할 스프레이 건을 두개 사용하지 않고 하나의 건으로 클리어코트와 블렌딩 신너를 사용할 경우, 클리어코트 도장을 하고 난 직후에 블렌딩 전용신너를 담고 도장해야 하는데 여분의 스프레이 건이 없을시에는 클리어코트 도장을 하고 남은 도료를 준비해 둔 빈 비닐컵에 담아 내고 스프레이 건에 남아 있던 약간의 클리어코트 도료와 투입하는 블렌딩 전용신너가 거의 1:1의 비율로 혼합되게 된다.

이 혼합도료(클리어코트:블렌딩 신너=1:1로 혼합된)를 이용하여 클리어코트가 도장된 영역과 그 주변을 오버랩 도장(경계지점을 중심으로 약 2.5cm 가량)하여 부드럽게 녹여주듯 도장하는데 사용하면 된다.

클리어코트(Clear coat)주제에 맞는 비율대로 경화제를 투입한다

클리어코트(Clear coat)주제와 경화제를 골고루 혼합한다

클리어코트의 주제와 경화제를 골고루 혼합하고 나면 여과지(도료필터)를 이용하여 도료를 걸러 스프레이 건에 담는다.

클리어코트(Clear coat)를 여과지에 걸러 상도용 스프레이 건에 담는다

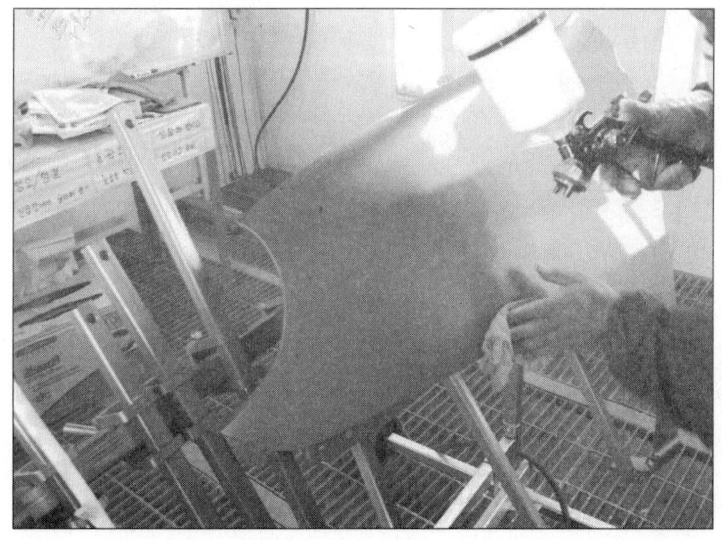

에어블로잉과 함께 송진포를 이용해 베이스코트 부분도장(블렌딩)부위와 그 주변을 가볍게 닦는다

처음에는 가볍게 도장하여 베이스코트 도료와 클리어코트 도료사이에 트러블이 생기지 않도록 한다.

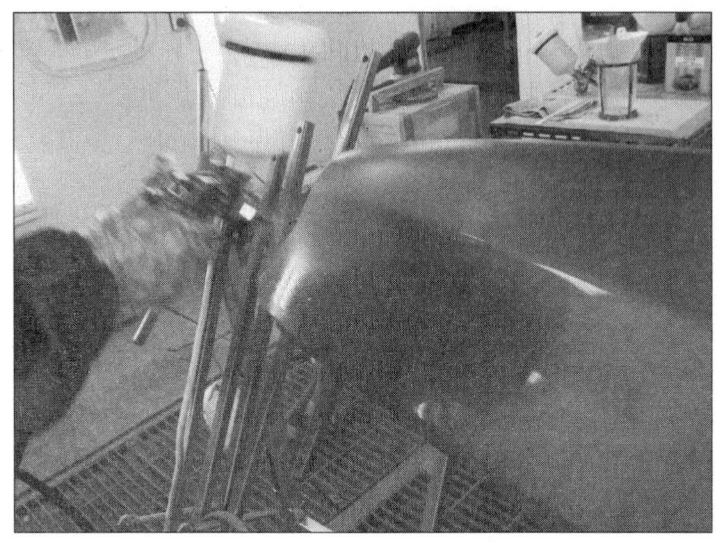

첫 번째는 클리어코트 도료를 가볍게 도장하여 얇은 도막을 올린다

클리어코트 도료를 가볍게 도장한 후 트러블이 발생하는지 확인한다(베이스코트와 클리어코트)

도료의 부착력이 발생하고 흐름현상이 발생하지 않도록 30초~1분 정도 기다렸다가 두 번째 클리어코트 도장을 하여 마무리한다.

클리어코트를 도장한 후 두 번째 도장을 하기 위해 플래쉬 오프 타임을 적용하면서 기다린다

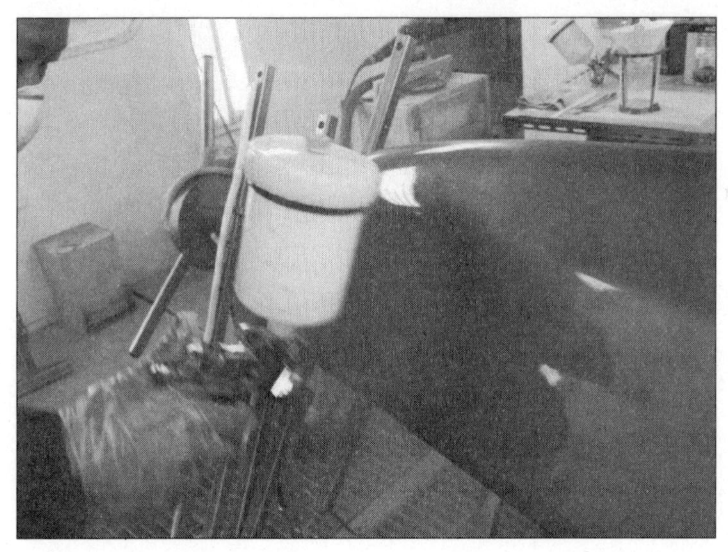

두 번째 클리어코트를 도장한다(이때는 도막을 두껍게 올려 광택이 나도록 도장한다)

두 번째 클리어코트를 도장할 때에는 첫 번째와는 달리 광택이 나고 면이 매끈하도록 도장하는 것이 관건이다. 또한, 클리어코트 범위를 넘지 않도록 하는 것이 매우 중요하다.

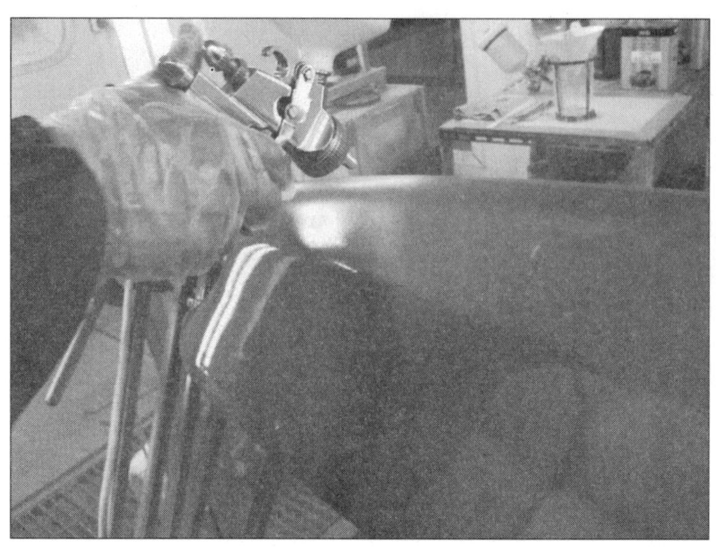

두 번째 클리어코트를 도장하여 부분도장 영역 주변을 도장하여 마무리한다

사용하고 남은 클리어코트 도료를 비닐컵에 담아 낸다

특히, 여기서 중요한 것은 베이스코트와 클리어코트 블렌딩의 형태인데 도면에서 요구하는 형태 즉, 일자형태로 끊어서 블렌딩을 해야 하는지 아니면 실제 패널의 형상을 감안하여 현장에서 블렌딩하는 형태로 해야 하는지를 정확하게 감독관으로부터 확답을 받은 후 작업을 진행하는 것이 현명한 방법이라 하겠다. 직업전문학교나 고등학교 및 대학에서 배운 내용과 실제 현장에서 작업하는 내용은 다소

그 형태에 차이가 있기 때문에 감독관에 따라 그 해석이 다를 수 있으므로 반드시 확인한 후 작업하도록 해야 한다.

블렌딩 전용 신너를 스프레이 건에 담는다(많은 양은 필요하지 않아 약 50ml 정도면 적당함)

주어진 블렌딩 전용신너를 스프레이 건에 담고 블렌딩 신너 범위를 넘지 않도록 주의하면서 블렌딩 신너를 도장한다. 이때 한꺼번에 많은 양의 블렌딩 신너를 도장하지 않도록 하고 조금씩 그 양을 조절하여 구도막쪽에서 손상부위 안쪽으로 도장하는 것이 안쪽에서 바깥쪽으로 신너를 날리는 것보다 범위를 넘지 않으면서 그 경계부위가 자연스럽고 부드럽게 끊어져 보이지 않도록 하는 방법이라 생각한다.

블렌딩 즉, 부분도장을 하는 방법에 있어서는 안쪽에서 바깥쪽으로, 또는 바깥에서 안쪽으로라는 표준방법은 없다고 보면 된다. 특히, 도장작업을 하는 작업자의 성향이나 작업스타일에 따라 그 방법이 천차만별이기 때문에 반드시 이렇게 도장해야 하는 표준방법은 없다고 보면 편할 것이다. 다만, 어떤 방법이 보다 좋은 결과를 보이느냐는 통계에 따른다면 좋은 결과물이 나오는 방법을 택하는 것이 바람직하지 않을까 생각해본다.

부분도장(블렌딩) 전용 신너를 이용해 블렌딩한다(1)

그림에서처럼 블렌딩 신너를 도장할 때에는 피도체와 건의 거리를 너무 멀리해서는 안된다. 신너의 비산으로 인해 그 범위를 넘어 갈 수 있고 클리어코트 도료를 녹이지 못해 좋은 경계면이 나오지 않는 결과를 초래할 수 있기 때문이다.

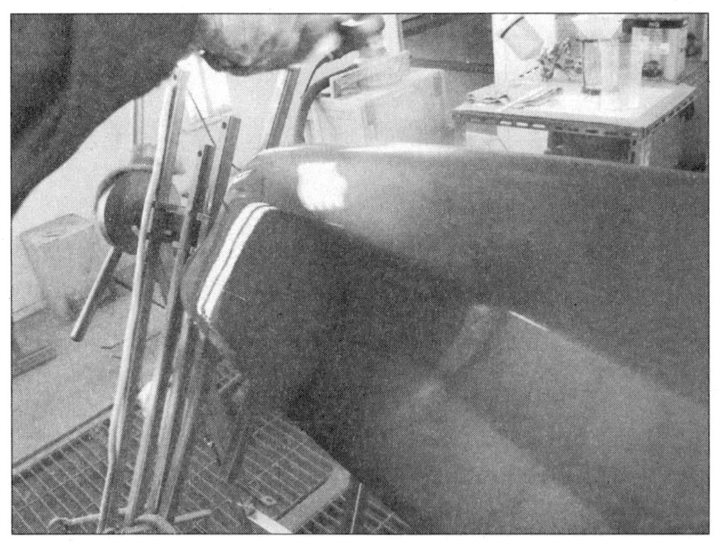

부분도장(블렌딩) 전용 신너를 이용해 블렌딩한다(2)

블렌딩 도장작업이 완료되고 나면 사용한 스프레이 건을 깨끗하게 세척하고 자신

이 사용했던 작업대 주변을 깨끗하게 정리 정돈한 후 등번호 및 도면을 감독관에게 제출하면 된다.

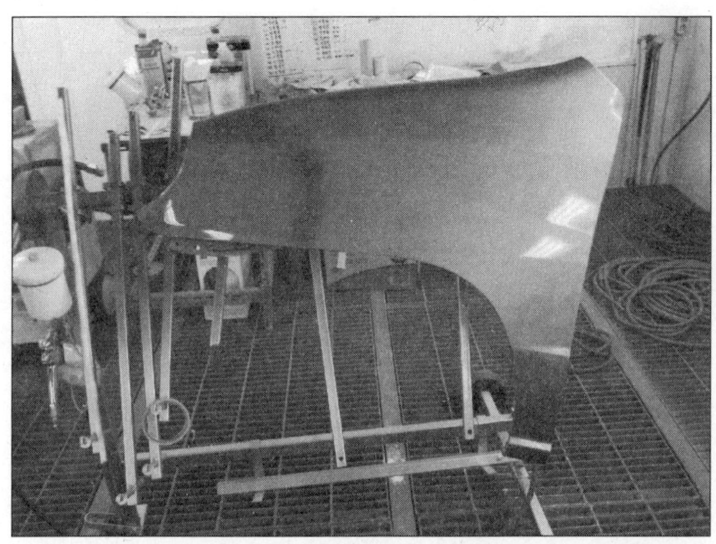

부분도장(블렌딩)신너 도장이 완료된 모습 1(전체적인 이미지)

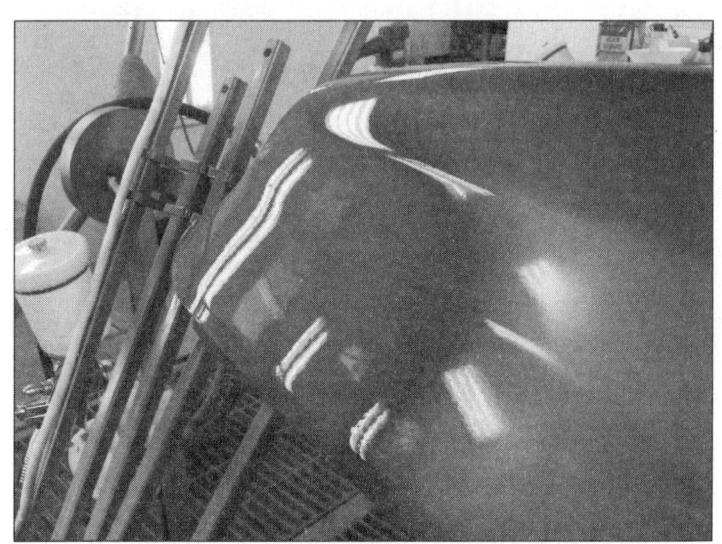

블렌딩신너도장이 완료된 모습 2(경계부위)

아래 사진은 블렌딩 도장작업이 완료된 후 베이스코트 도장범위, 클리어코트 도장범위 및 블렌딩신너 범위를 표시한 것이다. 범위를 넘지 않도록 하는 것이 가장 중요하다.

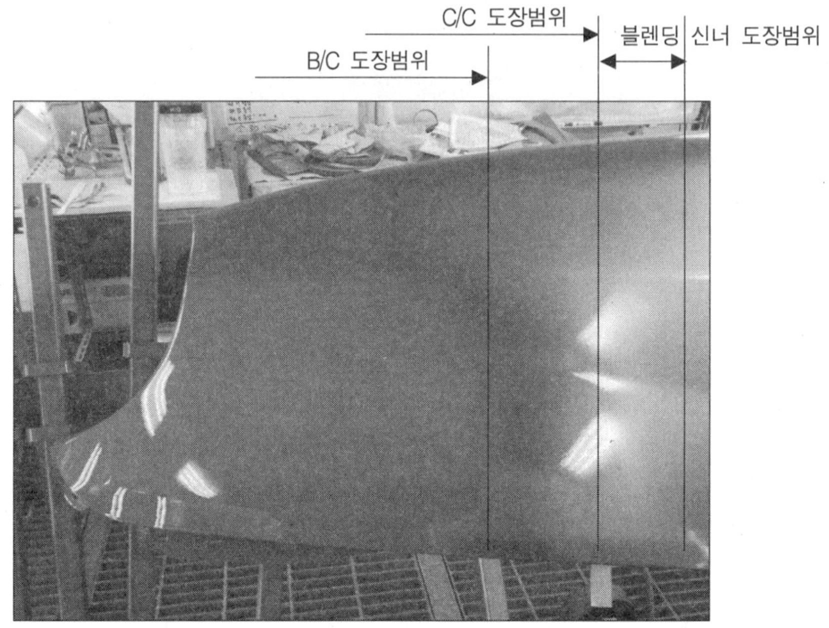

부분도장(블렌딩) 도장이 완료된 패널에 표시한 실제 도장영역별 범위 표시

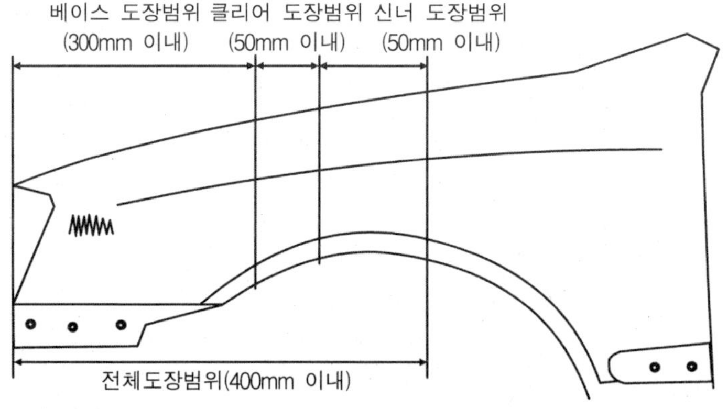

부분도장(블렌딩) 도면에 표시된 작업별 도장범위 표시

【주의사항】

1. 한 번에 두껍게 도장하지 않도록 한다.
2. 건과 피도체와의 거리를 멀리해서 도장하지 않도록 한다.
3. 도장 간 플래쉬 오프 타임(용제가 증발할 수 있는 여유시간)은 너무 길게 주지 않도록 하고 (30초 정도면 적당) 곧바로 이어 클리어코트를 도장한다.
4. 클리어코트 도장범위를 오버하지 않으려면 베이스코트 범위까지 도장한다는 생각으로 도장하면 클리어범위를 넘지 않게 된다.
5. 도장 경계부위가 끊어지지 않도록 자연스럽고 부드러운 터치로 마무리한다.
6. 클리어코트 도장이 끝나고 블렌딩 신너와 남은 클리어코트 도료를 혼합한 1:1도료는 도장할 범위가 충분히 여유가 있을 때에만 사용하도록 한다(경계부위가 여유가 없을 때에는 절대로 사용해서는 안된다).
7. 여유가 되면 블렌딩 전용신너를 도장할 스프레이 건을 따로 준비해두는 것이 블렌딩 부위의 품질을 좋게 하는 방법이다.
8. 클리어코트를 도장할 때 도료의 토출량, 스프레이 패턴, 건과 피도체와의 거리 등을 부분도장에 맞도록 적절히 조절해서 사용하도록 한다.
9. 반드시 블렌딩 영역을 넘어가지 않도록 주의하면서 도장하는 것이 관건이다.

작업용 개인공구 및 소모품 재료준비

스프레이 건(상도용 또는 부분도장전용), 방진 또는 방독마스크, 여과지, 부스복, 내용제성장갑, 핸드블럭, 연마지(P600, P1200), 송진포, 마스킹테이프(도장범위를 표시할 용도로 사용할), 클리어코트(주제 및 경화제), 블렌딩 신너, 세척용 신너 등을 준비한다.

포인트

1. 부분도장에 맞는 스프레이 건에 대한 에어압력, 스프레이 패턴폭, 도장물과 건과의 거리, 도료 토출량 등을 적절히 조절한다.
2. 클리어코트, 블렌딩신너 범위를 넘지 않도록 약 5cm 앞에서 멈추어 마무리한다는 생각으로 도장한다.
3. 블렌딩 신너범위가 과도한 신너로 인해 흐르지 않도록 도장한다.
4. 클리어도장 경계부위가 끊어져 보이지 않도록 스프레이 건의 터치를 부드럽게 한다(많은 연습과 훈련 필요).
5. 부분도장시에는 서둘지 않고 침착하게 한 공정씩 작업하는 것이 관건이다.
6. 블렌딩을 위한 전용 거치대를 준비하면 편리하다(스프레이 건, 도료, 비닐컵, 도료혼합봉, 여과지 등을 담을 수 있는 작은 거치대).
7. 손상부위를 단낮추기할 때 손상부위 바깥쪽에서 연마를 시작하여 안쪽으로 넓게 하여 단낮추기해야 단차를 줄일 수 있다.
8. 프라이머 서페이서 도장시 처음엔 가볍게 도장하여 얇은 막을 형성한 후 점차 두께를 올려 도장한다.

11) 열처리(heat treatment)하기

제3과제인 블렌딩도장작업이 완료되면 감독관의 지시에 따라 각자 도장한 패널을 열처리할 공간(스프레이 부스)으로 옮긴다. 검정시간이 총 6시간 30분으로 되어 있어 오전에 1과제 표준보수도장작업을 3시간 작업하고 나서 중식시간을 가진 뒤 오후에 2과제 조색작업 및 3과제 블렌딩도장작업을 진행하게 되는데 1과제의 경우에는 통상적으로 중식시간을 활용하여 일괄 열처리를 하지만 제3과제인 블렌딩도장은 과제가 완료되고 난 뒤라 열처리 작업을 하지 않고 채점하는 경우도 있다는 것을 감안하기 바란다.

원칙적으로는 해야하는 작업이므로 열처리 작업을 진행해서 채점해야 외관의 경계면 상태 및 결함등을 정확하게 파악할 수 있다. 일반적인 보수도장에서의 표준 열처리는 60℃×30분 또는 80℃×20분 정도가 보편적이라 할 수 있다.

【주의사항】

1. 패널을 옮길 때 도막에 닿지 않도록 주의한다.
2. 열처리실 바닥에 내려 놓을 때 도막이 손상되지 않도록 주의해서 옮긴다.
3. 평일은 큰 문제가 없지만 주말이나 휴일에 검정을 보는 경우에는 검정장 주변식당이 영업을 하지 않는 경우가 많고 중식시간 역시 30분으로 짧기 때문에 간단한 도시락을 준비하는 것이 좋을듯하다.

부분도장(블렌딩)이 완료되면 열처리를 위해 스프레이 부스실에 패널을 조심해서 옮긴다

12) 스프레이 건(spray gun) 세정하기

3과제 블렌딩 도장작업이 완료되면 패널을 열처리실로 옮겨 놓고나서 사용한 스프레이 건(상도 베이스코트, 클리어코트, 블렌딩신너를 사용한)을 깨끗하게 세정한다. 앞서 부분도장한 프라이머 서페이서 건은 사용하고 난 직후에 바로 세정해야 건이 손상되지 않으므로 주의해서 사용직후에 바로 세정하도록 한다.

블렌딩 도장작업에 사용된 베이스코트(색상 도료) 건과와 클리어코트(투명 도료) 및 블렌딩신너를 사용한 건 역시 도장이 완료되고 나서 바로 세정하는 것이 좋다. 검정을 치러다보면 정신없어 건을 세정하지 않은 채 점심을 먹으러 가는 경우가 있는가하면 건을 세정했는지조차도 잊어버리는 경우가 있으므로 건 세정에 각별히 주의해야 검정을 무사히 치룰 수 있을 것이다.

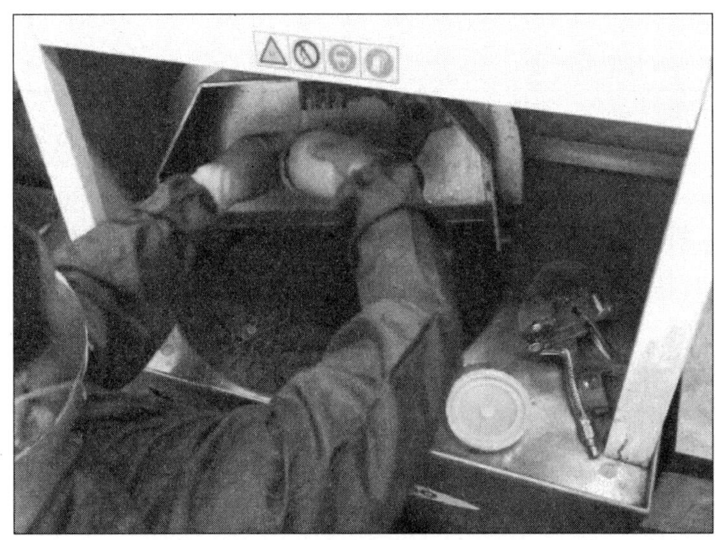

스프레이 건(spray gun) 세정하기

【주의사항】

1. 사용한 스프레이 건은 사용직후 곧바로 깨끗하게 닦는다.
2. 에어캡, 도료캔, 뚜껑캡 등의 틈새 부분에 묻은 도료를 깨끗하게 닦는다.
3. 스프레이 건 세정작업은 앞서 제1과제에서 다루었으므로 여기서는 생략하며 1과제 때 건 세정방법을 참고하기 바란다.

3과제 블렌딩도장작업에 지급되는 것(장비, 공구 및 재료 등)

1과제 표준보수도장작업에 사용되는 설비, 장비, 공구 및 소모자재류 들 중에서 지급되는 품목들을 나열한 것이므로 숙지하여 검정에 참고하기 바란다.

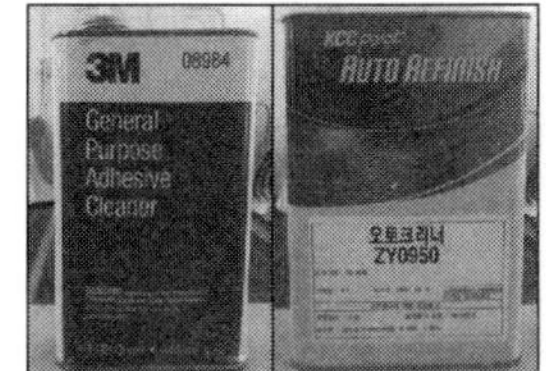

탈지제(Degreaser)

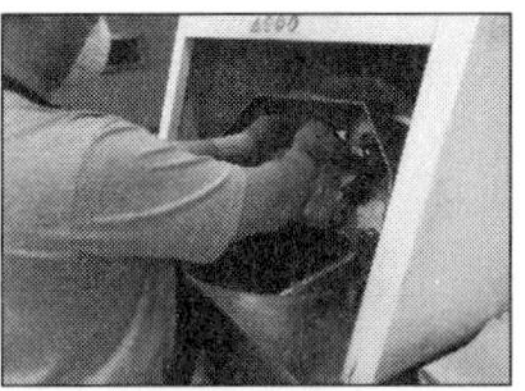
건세척기(gun cleaner

클리어코트(clearcoat)

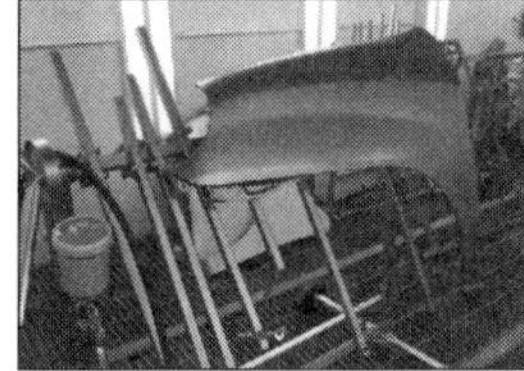
도장용거치대(bench)

도장실(spray booth

2과제때 조색한 도료

패널(fender)

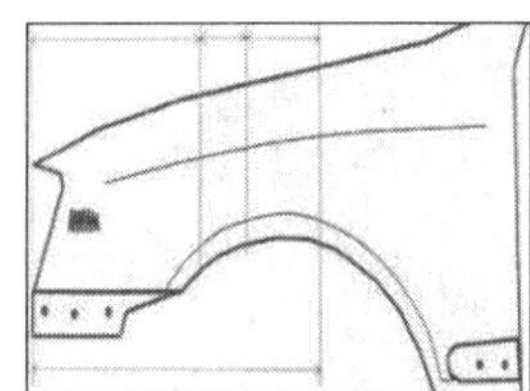
블렌딩 과제 도면(3과제)

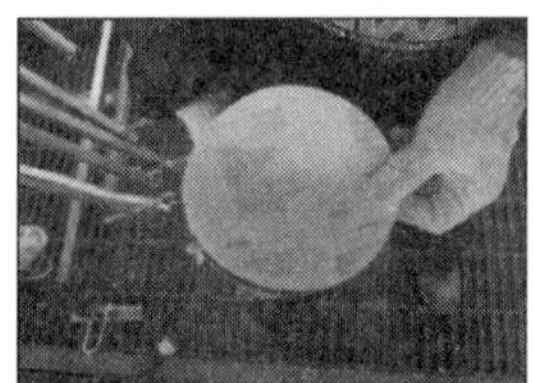
연마지p1200(sand paper)

연마지 p600(sand paper)

원적외선 건조기(dryer)

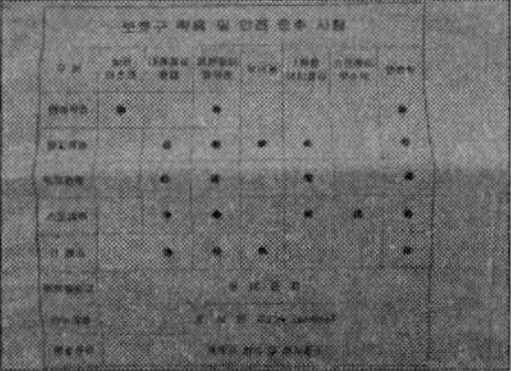
안전보호구 착용기준

3과제 블렌딩도장작업에 개인이 지참할 것(장비, 공구 및 소모품 등)

제3과제 블렌딩도장작업에 사용되는 개인이 지참해야 할 것들에 대해 나열하였으니 참고하여 검정에 차질이 없도록 준비하기 바란다.

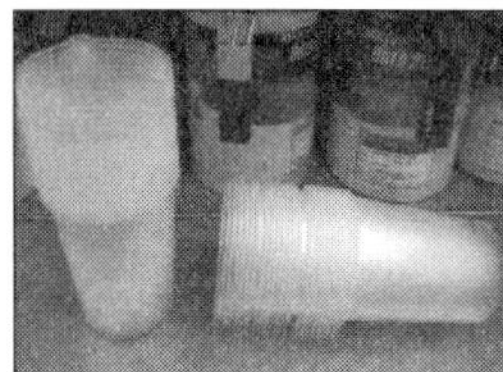
1회용 비닐컵(Vinyl cup)

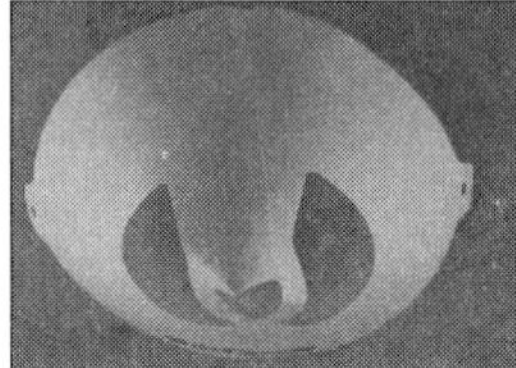
여과지(Strainer)

상도용 건(Topcoat gun)

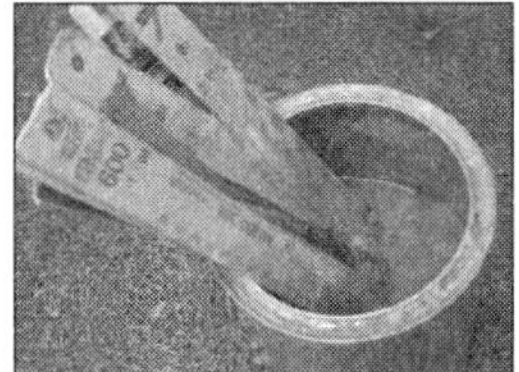
도료혼합봉(Spatula)

종이타월(Paper towel)

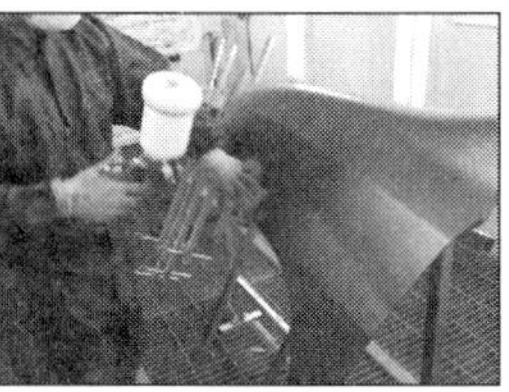
방진복(Dustproof Clothing)

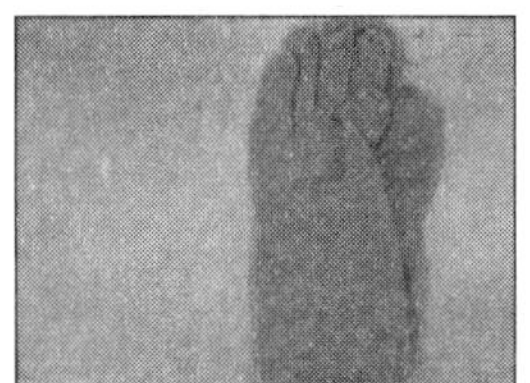
내용제성장갑(Safety Gloves

마스크(Mask)

송진포(Tack cloth)

중도 스프레이 건
(surfacer gun)

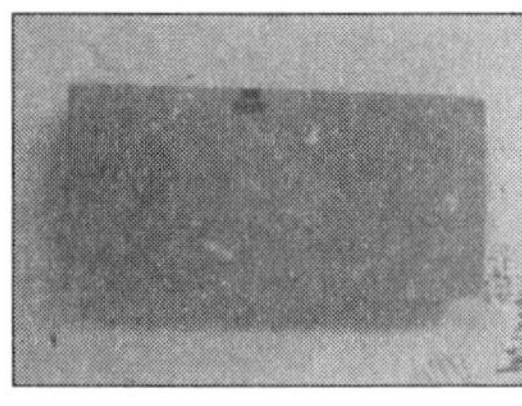
핸드블럭(hand block)

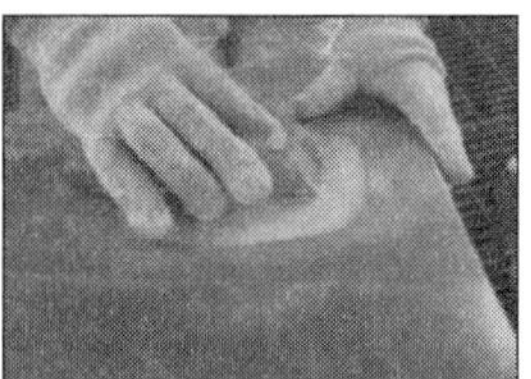
목장갑
(Cotton work gloves)

PART Ⅲ

자동차 보수도장 실무를 위한

자동차 보수도장에 대해 살펴봅시다

제1장 자동차 보수도장공정

PART Ⅲ에서는

자동차 보수도장 기능사 실기시험 100% 합격과 아울러 자동차 보수도장에 대한 전체공정에까지 완전하게 알 수 있도록 다루고 있다.

기초가 되는 소지조정단계부터 구도막을 적절히 처리하는 것이 큰 목적으로 하고 상도에 이르기까지의 실제 도장작업은 사용하는 도료와 그 도장사양으로 진행되지 않으면 안된다.

보수도장에 필요한 적절한 공정에 대해 정확하게 이해하는 것이 목적이다.

자동차 보수도장에 관련 전체도장작업 사진 및 안전보호구

제1장 자동차 보수도장공정

일반적으로 자동차를 보수하는 경우에는 다음에 의한 공정으로 보수작업을 진행하고 있다. 자동차 보수도장에서의 표준공정은 작업자, 작업환경, 작업에 사용되는 장비, 공구, 설비 및 소모자재 그리고 그 때의 작업조건 등에 따라 많은 변수들이 존재하고 있기 때문에 반드시 이렇게 해야 한다는 법칙 아닌 법칙을 정하기가 그리 쉽지 않은 것이 보수도장의 한계일 것이다. 여기서는 상세한 보수도장공정보다는 개략적인 공정순서에 맞는 개념을 잡는 정도의 내용을 다루었으니 참고하기 바란다.

1. 도장할 손상부분 확인하여 작업범위를 설정한다

손실정도를 체크하여 판금 후 도장할지, 교환작업을 할지를 결정한다

2. 구도막의 상태를 확인한다

차의 구도막의 종류와 도막의 열화상태 등을 판정한다

3. 도장사양을 결정하고 견적을 낸다

사용하고자 하는 도료 및 작업공정을 결정한다

4. 도장전처리(pretreatment)를 한다

세차, 부품의 제고, 구도막의 박리 및 연마에 대해 결정한다

5. 하지처리를 한다

위시프라이머도장, 퍼티(빠데)도포 및 연마작업을 한다

6. 중도(프라이머 서페이서)도장을 한다

퍼티(빠데) 및 연마를 완료하고 프라이머 서페이서 도장을 마무리한다

7. 상도도장을 한다

조색작업을 진행하고 상도도장을 마무리한다

8. 열처리 및 마무리한다

열처리 한 후 부품을 부착하여 마무리하고 작업장 주변을 깨끗이 청소한다

자동차 보수도장공정도

자동차 보수도장공정을 진행하기에 앞서 선행되어야 할 작업이 있다. 그것은 바로 자동차에 대해 각부 명칭을 이해하는 것인데 외부에 보이는 각각의 패널(파트)의 명칭을 알고 이해하는 것은 작업에 있어 가장 기본이 되는 작업이며 현장에서 같이 근무하고 있는 작업자들끼리도 부품명칭을 정확하게 이해하지 못하고 있거나 같은 파트라 하더라도 서로 이해하고 사용하는 명칭이 다른 경우가 많기 때문에 서로 소통이 되지 않거나 업무의 오류가 발생하기도 한다.

특히, 현장에서 사용하는 용어들의 대부분은 크게 미국식 영어이거나 일본식 용어들이 대부분이라 할 수 있기 때문에 같은 부품을 가지고 서로 다르게 알고 말하고 사용하고 있는 것이 현실이다.

따라서 현장에서의 자동차에 장착된 각각의 패널에 대한 정확한 명칭을 이해하는 것은 실수를 줄이고 작업에 대한 결함이나 재작업이 발생할 수 있는 오류 등을 사전에 방지하는데 그 목적이 있다 하겠다. 부품에 대한 각부 명칭은 다음 그림과 같다.

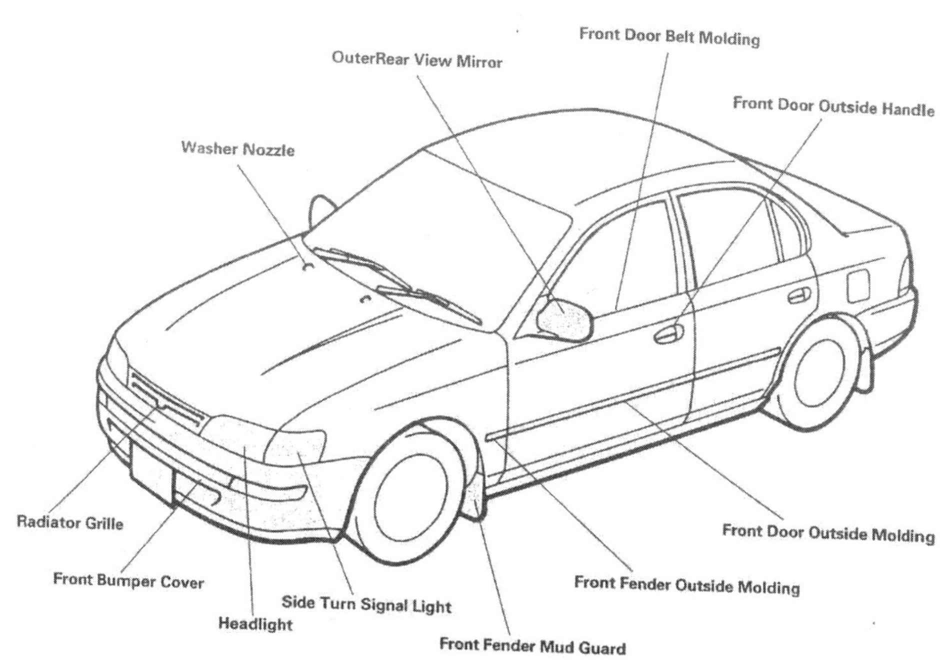

자동차의 각 부품에 대한 명칭을 나타낸 것

1. 손실부분에 대한 작업범위를 설정한다

일반적으로 작업에 앞서 손실정도를 체크해서 작업해야 할 범위가 어느 범위를 보수해야 할지를 결정한다. 도장하는 면적의 크기에 따라 다음의 3종류로 크게 분류한다.

1) 가벼운(경) 보수

상도도장의 가벼운 손실, 살짝 부딪힌 정도, 스프레이 건을 사용하여 붓칠, 샌딩, 연마에 의한 보수방법을 말하며 스크래치 등은 그림과 같이 고운 연마지(P2000이상)로 컬러샌딩을 한 후 광택작업으로 마무리하기도 한다.

가벼운(경) 보수

2) 부분 보수(터치업 도장, 구분도장)

부분보수에는 터치업 도장과 구분도장이 해당하며 각각의 패널에 대한 블록(패널)도장이나 전체가 아닌 부분도장이 여기에 해당한다.

(1) 터치업 도장(Touch Up & Spot Repair, Blending)

터치업 도장은 작은 손실과 좁은 범위를 보수하는 경우에 진행하며 보수부와 구도막과의 색 및 표면의 색이 다른 것을 눈에 띠지 않게 하기 위해 보카시, 즉 부분도장(블렌딩)이 필요하다.

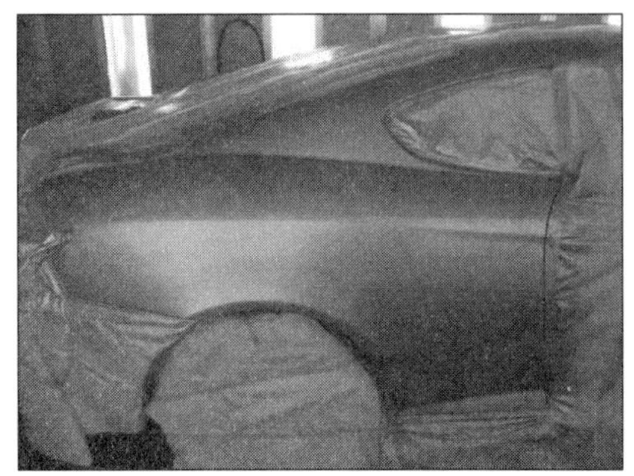

부분(블렌딩) 도장(Basecoat)

부분(블렌딩) 도장(Clearcoat+Blending thinner

(2) 블럭도장(Block Painting & Panel Painting)

자동차의 각각의 패널들, 즉 도어(FRONT L/H, R/H DOOR), 본네트(BONNET), 트렁크(TRUNK ASSY'), 휀더(FRONT L/H, R/H FENDER, REAR L/H, R/H FENDER) 등의 파트(PART)가 구별되어져 있어 이러한 패널들을 보수하는 방법을 말한다. 일반적으로 구역 또는 구분도장이라고도 하며 일반적으로는 보카시(블렌딩도장)도장을 하지 않지만 솔리드에 비해 조색이 어려운 메탈릭 색상이나 펄 색상의 경우에는 블럭도장을 할 경우 색차가 크게 발생하므로 인접한 패널(파트)과 패널간 블렌딩을 하는 경우도 있다. 이것은 구도막의 종류와 상태에 따라 터치업 도장이 곤란한 경우와 파손이 큰 파트를 교환한 경우 등은 구분도장을 하는 것이 유리한 편이다.

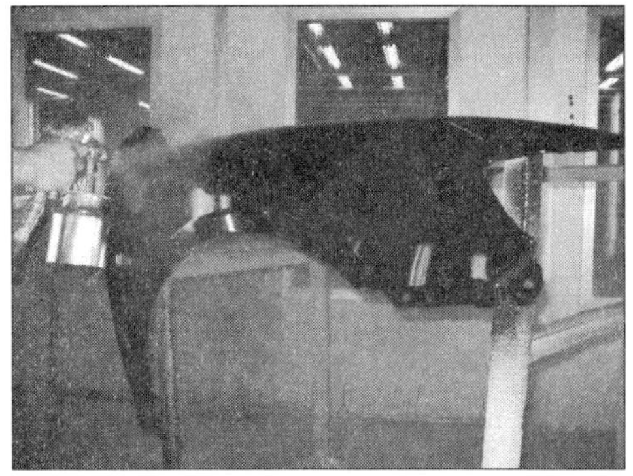
블록(패널)도장(Fender)

블록(패널)도장(Bumper)

블록(패널)도장(Rear Fender)-도장 전

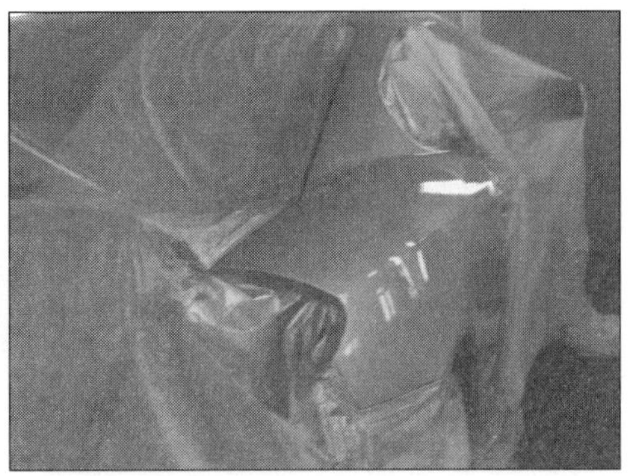

블록(패널)도장(Rear Fender)-도장 후

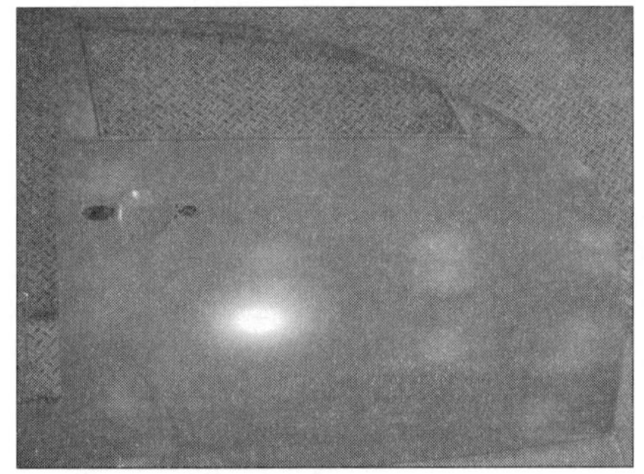

블록(패널)도장(Door)-도장 전

블록(패널)도장(Door)-도장하는 모습

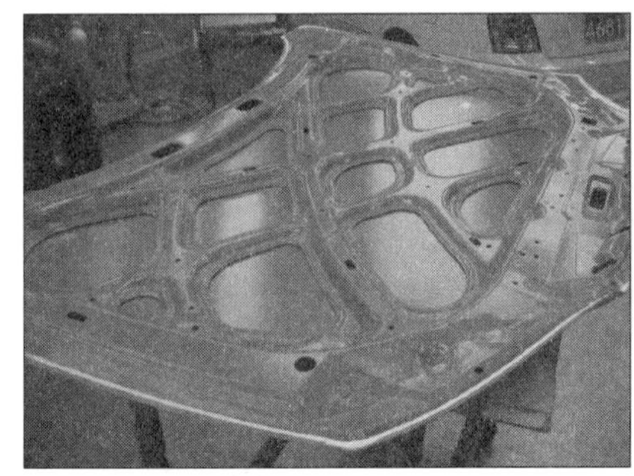

블록(패널)도장(Hood-내부도장)-도장 전 상태

블록(패널)도장(Hood-외부도장)-도장 후 상태

블록(패널)도장(Hood)

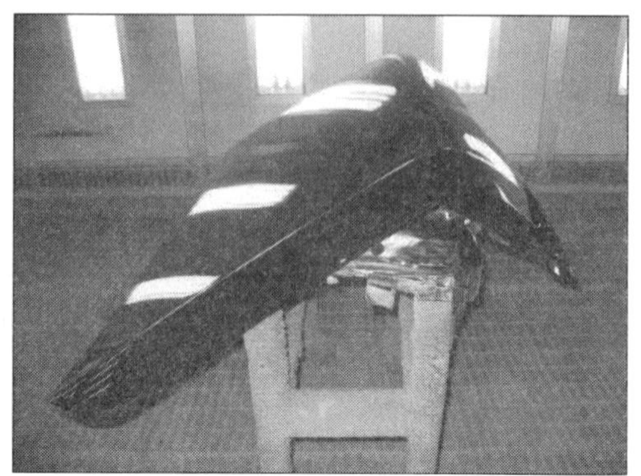

블록(패널)도장(Trunk)

(3) 그룹도장(Group Painting)

자동차의 패널 여러 개를 한꺼번에 도장하는 것을 말하며 좌측 또는 우측 그리고 앞과 뒷부분을 그룹지어 도장하는 방법을 말한다. 이럴 경우에는 앞서 설명한 블록도장을 연속해서 묶여져 있는 형태로 보면 될 것이다.

예를들어, 좌측에 도어 하나, 우측쪽에 도어 하나를 도장하는 것에 비해 좌측이든 우측이든 그룹지어 앞 휀더, 앞도어, 뒷도어, 뒤휀더를 이렇게 4개의 패널을 한꺼번에 도장하는 것이 떨어져 있는 두 개의 패널을 도장하는 것보다 마스킹하는 시간이며 작업하는 전체적인 시간이 절약되며 작업성 및 편리성에서도 훨씬 좋은 결과를 나타낸다.

그룹도장(Front Bumper, Fender교환, L/H(Front Door, Rear Door, Rear Fender 판금 후 도장 작업)

그룹도장(Front Bumper 및 Fender교환을 위해 기존 범퍼와 휀더를 탈거한 모습

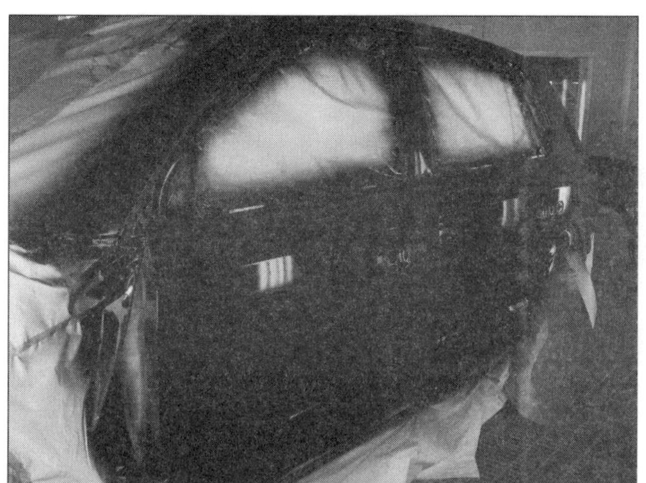

그룹도장(도장작업 완료된 모습)

(4) 전체도장(All Painting)

자동차 전체를 도장하는 것을 의미하며 전체도장을 할 경우에는 동일한 색을 한꺼번에 전체에 도장할 수 있어 조색이나 색조에 크게 영향을 받지 않아 오히려 블록도장을 할 경우에 비해 조색하는 시간이 절약되어 까다로운 색을 조색하는 차의 도장작업보다 쉽게 마무리 되는 경우가 종종 있다.

그만큼 조색에 대한 부담감이 적다는데 큰 장점이라 할 수 있다. 또한, 이렇게 전체도장을 할 경우에는 손실된 패널 개소가 많을 경우나 부분적으로 도장을 많이 해야 할 경우 등 작업하는 시간이나 비용면에서 비경제적일 때 전체도장이 더 바람직하다.

전체도장(사전작업-손상부분 점검 및 확인)

전체도장(하지작업-단낮추기작업)

전체도장(하지작업-퍼티도포 및 연마작업)

전체도장(하지작업-퍼티도포 및 연마작업)

전체도장(프라이머 서페이서 도장작업)

전체도장(연마 및 마스킹 작업)

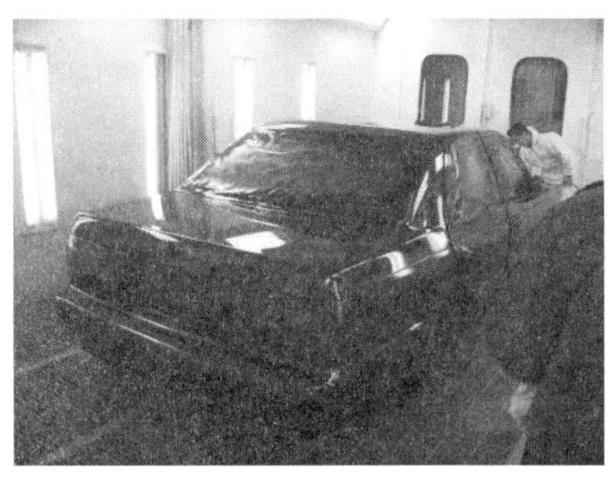

전체도장(상도도장작업)

전체도장(열처리 및 마무리)

전체도장(출고)

교통사고로 인해 대파된 차량(후면부)

교통사고로 인해 대파된 차량(전면부)

2. 구도막의 상태를 확인한다

일반적으로 보수도장을 하는 경우, 그 자동차의 구도막의 종류와 도막의 열화된 상태 등을 정확히 확인하지 않으면 안된다. 구도막의 판정은 다음의 방법으로 하는 것이 일반적이다.

1) 눈으로 보고 확인하는 방법

자동차 외관의 상태를 눈으로 보고 판단하고 확인하는 방법을 말한다. 구도막을 확인하는 가장 간단한 방법이면서 또한, 중요한 방법이기도 하다.

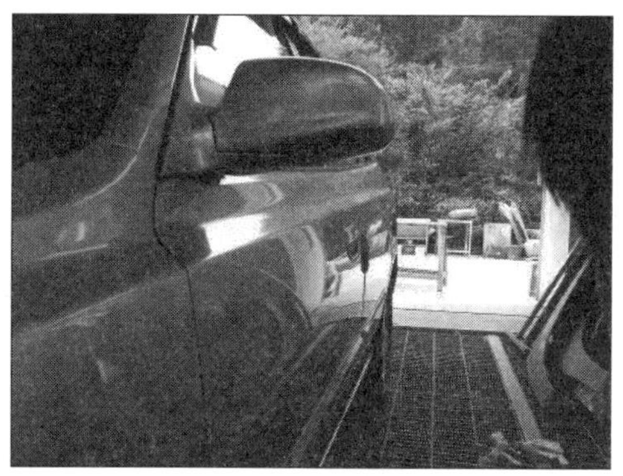

목시법

2) 용제로 알아보는 방법

자동차 외관의 상태를 락카신너를 함침시켜 보아 그 결과로 판단하는 방법을 말한다. 구도막의 종류가 아크릴 소부계, 멜라민 소부계, 소부 프라이머계 및 아크릴계 우레탄계, 속건 우레탄계 도료는 용제에 대한 반응이 없으며 NC(Nitro Cellulose) 락카계 및 NC변성아크릴 락카계는 용제에 반응하여 녹는 것을 알 수 있다.

용제법

3) 가열시키는 방법

가열시켜 알아보는 방법은 일반적으로 P800~P1000 정도의 고운 연마지를 사용하여 연마한 후 흠집을 제거한 손상이 있는 부분에 적외선 램프 등으로 80℃ 이상의 열을 가하는 방법을 말한다.

구도막의 종류가 아크릴 소부계, 멜라민 소부계, 소부 프라이머계 및 아크릴계 우레탄계, 속건 우레탄계 도료, NC(Nitro Cellulose) 락카계는 열에 반응하지 않으며 NC변성아크릴 락카계는 열에 약간 연화되고 CAB 아크릴 락카계는 열에 연화된다. 소부계 및 우레탄계 도료는 열에 반응성이 강한 것을 알 수 있다.

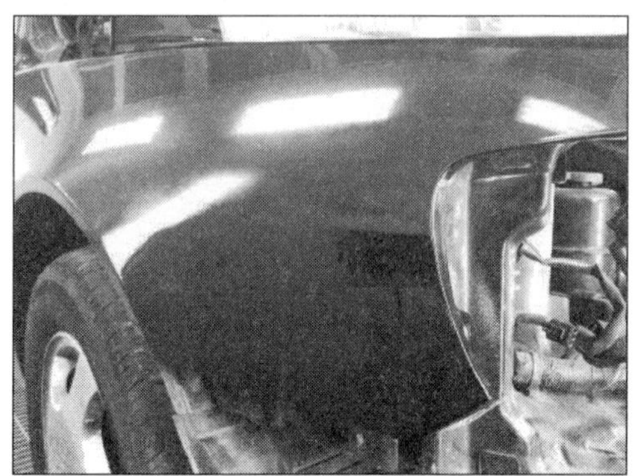

가열법(80℃ 이상의 열을 가하는) 방법

4) 연필 경도법으로 판별하는 방법

연필 끝을 평평하게 하고 그 연필을 45° 각도로 도막에 일정한 압력으로 눌렀을 때 도막에 나타난 손실 흔적이 없는 그때의 연필 경도를 그 도막의 경도로 결정하는 방법을 말한다.

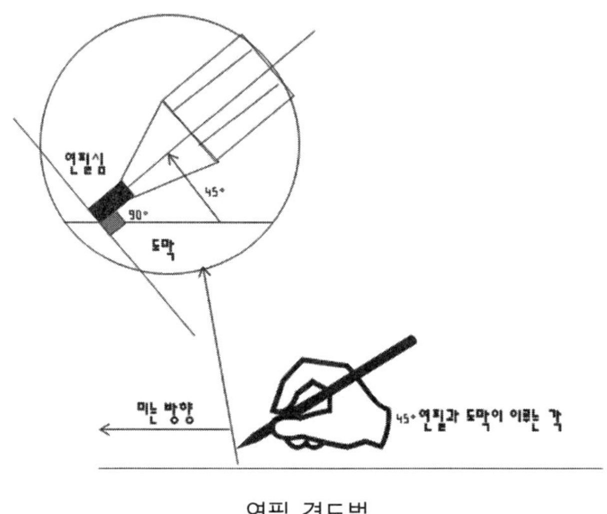

연필 경도법

구도막의 종류가 아크릴 소부계, 멜라민 소부계의 연필 경도는 2H, 소부 프라이머계는 HB~H, NC(Nitro Cellulose)락카계는 F~H, NC변성아크릴과 CAB 아크릴 락카계는 B~HB를 나타내고 아크릴계 우레탄계, 속건 우레탄계 도료는 H~2H로 나타난다.

3. 도장사양을 결정하고 견적을 낸다

보수도장을 하는 경우, 어떤 도료의 종류에도 사용할 수 있는 것은 제한하지 않는다. 구도막이 소부계와 아크릴 우레탄계 등의 락카신너에 녹지 않는 도료와 소지까지 박리해서 칠이 변한 경우에는 도장의 경우 지지미(Lifting)을 일으키는 것은 매우 드물게 일어난다.

그러나 구도막을 락카신너에 함침시킨 락카계 도막의 경우, 재보수의 경우 지지미를 일으키는 경우가 있기 때문에, 사용할 수 있는 재료는 제한될 수 있다.

※사용 가능한 경우는 프라이머 서페이서를 사용하는 경우, 상도와 동일한 타입의 도료를 사용하는 것을 의미하며, 조건에 따라 가능한 경우 적응하는 프라이머 서페이서를 선택하는 것을 의미한다.

구도막의 상태를 판단하고, 보수에 사용하는 도료를 선정한다면, 다음의 표에 나타난 사양까지 공정을 검사해야 하고 견적을 낸다.

보수용도료 \ 구도막	소부도료	RC락카	RC변성 아크릴 락카	CAB 아크릴 락카	아크릴 우레단	속건 아크릴 우레탄
RC 락카 도료	사용가능	사용가능	사용가능	사용가능	사용가능	사용가능
RC 변성 아크릴 락카 도료	사용가능	사용가능	사용가능	사용가능	사용가능	사용가능
아크릴 우레탄 도료	사용가능	조건에 따라 가능	조건에 따라 가능	조건에 따라 가능	사용가능	사용가능
속건 아크릴 우레탄 도료	사용가능	조건에 따라 가능	조건에 따라 가능	조건에 따라 가능	사용가능	사용가능
CRB 아크릴 락카 도료	사용가능	조건에 따라 가능	조건에 따라 가능	사용가능	사용가능	사용가능

구도막의 종류에 적용할 수 있는 도료의 종류

4. 도장 전처리를 한다

보수도장을 하기 위해서는 우선적으로 차의 상태가 양호해야 한다. 그러지 않으면 도장하는 과정에서 티, 먼지, 흙 등이 도장작업과정에서 도장 표면에 묻게 되어 도막결함으로 이어지게 된다. 따라서 작업을 하기 전 선행되어야 할 작업은 바로 차를 깨끗하게 닦는 것이다. 차를 수리하기 위해 정비소(공업사)에 입고하면 정확한 견적을 내기 위해서라도 차를 깨끗하게 세차하는 것이 중요하다.

세차는 외관의 표면에 묻은 먼지나 찌든 때를 제거하는 것뿐만 아니라 타이어, 휠하우스, 유리창과 패널사이의 공간에 있는 흙이나 낙엽 등을 깨끗하게 제거할 수 있기 때문에 작업 전에 반드시 세차를 하는 것이 효과적이다.

1) 세 차

일반적으로 도장하는데 “세차를 왜 하느냐?”라고 생각하는 이들이 많다. 하지만 세차는 도장작업 전 필수작업이라 할 수 있다. 세차를 하지 않고 도장작업을 할 경우에는 십중팔구 티, 흙먼지 등으로 인한 도막결함이 발생한다고 봐야 할 것이다. 마스킹 작업을 아무리 잘한다 해도 틈새로 티, 먼지 등이 튀어나와 묻게 되는 것이다. 세차는 그림처럼 자동세차기가 있는 경우에는 그대로 하면 되고 보통, 손세차를 할 경우 세차의 기본은 지붕에서 시작하여 본네트, 트렁크를 통해 사이드 순으로 진행한다. 즉, 세차의 기본은 위에서 아래로 진행하며 중성세제를 사용하여 표면에 묻은 왁스류를 제거하여야 하며 세차를 하는 가장 궁극적인 목적은 도장실에 오염물을 유입시키지 않도록 하기 위함이다. 수동이 아닌 자동세차기가 있다면 위에서 설명한 세차하는 방법은 그리 신경 쓸 일은 아닐 것이다.

세차를 위해 지붕에서부터 시작하여 타이어에 이르기 까지 물을 뿌린다

자동세차를 한 후 물기를 깨끗하게 닦는다

자동세차기로 깨끗하게 닦는다

자동세차를 한 후 물기를 제거한다

2) 부품취급(탈착)

일반적으로 범퍼류와 같은 가열건조로 인해 열에 약한 부품과 플라스틱 파트류는 취급에 유의해야 한다. 떼어낼 수 있는 앞 뒤 범퍼와 양쪽 사이드 밀러 등은 떼어 내어 작업하는 것이 완벽한 도장을 할 수 있다.

헤드램프 및 범퍼를 탈거한다

프런트 범퍼를 탈거한 모습

3) 구도막 박리

구도막 박리는 구도막에 심한 손상이 있는 경우나 도막이 열화가 심하거나 할 때 박리를 할 필요가 있다. 구도막 박리는 크게 두 가지 방법으로 구분할 수 있는데 첫 번째 방법은 전체도장과 같이 넓은 면적을 박리할 경우에는 페인트 리무버(박리제)를 이용하여 구도막을 제거하고 또 다른 방법은 벗겨내야 할 면적이 작은 경우, 디스크 샌더와 같은 공구를 이용하여 벗겨내는 방법이다.

(1) 페인트 리무버(박리제)에 의한 구도막 박리

패널(파트) 및 차 전체를 금속소지까지 완전하고도 깨끗하게 제거하기 위해서는 화학약품인 페인트 리무버, 즉 도막을 벗기는 전용 박리제를 사용하는 것이다.

페인트 리무버에 의한 구도막의 제거는 다음의 방법으로 제거하는 것이 일반적이라 할 수 있다.

리무버에 의한 페인트 박리작업

- 박리를 해야 할 곳 이외의 곳은 마스킹 테이프와 종이를 이용하여 마스킹한다.
- 벗겨낼 구도막 표면을 P40~80의 다소 거친 연마지를 사용하여 표면을 문질러 스크래치를 내어 리무버가 잘 침투될 수 있도록 한다.
- 털에 힘이 있는 붓을 이용하여 리부버를 묻힌다. 이때 리무버가 활성화 될 수 있도록 잘 달라붙게 하는 것이 포인트이다.
- 도막이 부드럽게 부풀어 올라 떠 윗부분이 올라오고 스크레이퍼 또는 플라스틱 주걱 등으로 구도막을 긁는다. 일반적으로는 완전한 박리가 되기 위해서는 앞서 설명한 방법을 반복해서 되풀이해야 한다.
- 리무버로 제거한 깨끗한 도막(퍼티 등)과 마스킹자국의 도막은 디스크샌더와 더블액션샌더(P40~80 연마지)를 사용해서 정성들여 연마하여 떨어지게 하고 동시에 박리한 금속면도 페이퍼로 연마한 후 탈지를 실시한다.

위의 방법대로 진행하면서 보다 도막이 쉽게 부풀어 올라 쉽게 도막이 벗겨 질 수 있도록 하는 쉬운 방법은 비닐을 이용하여 리무버를 바른 곳을 덮어 주는 것이다. 이렇게 되면 왁스성분으로 인해 증발하지 않고 도막 내부로 침투하여 쉽게 도막이 벗겨진다. 아래 그림처럼 페인트 리무버를 사용하여 도막을 벗겨내면 된다.

페인트 리무버(KCC 제품)

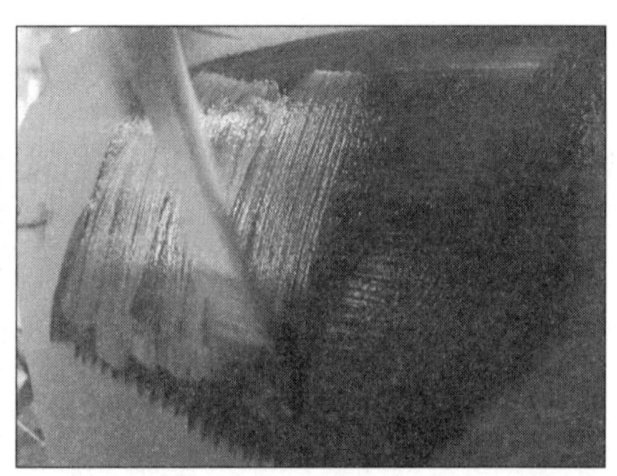
페인트 리무버를 구도막에 붓으로 바른다

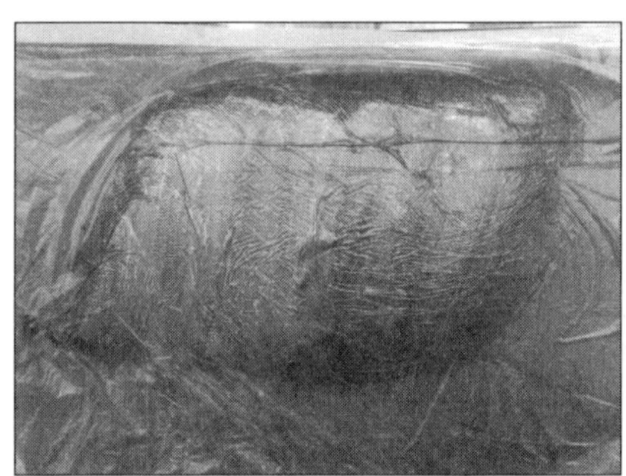
비닐을 리무버 바른 부위에 덮는다

부풀어 오른 도막을 플라스틱 주걱으로 긁는다

【페인트 리무버 사용시 주의할 사항】

1. 리무버는 강산으로 되어 있는 화학약품이기 때문에 사용시 안전보호구를 철저히 착용한다.

2. 이때 착용해야 할 안전보호구로는 유기용제용 방독마스크, 보호안경, 보호장갑, 앞치마 등을 착용해서 작업을 실시해야 한다.
3. 페인트 리무버가 묻어서는 안되는 곳은 마스킹하고 바닥도 비닐 등을 깔아 바닥에 묻지 않도록 한다.
4. 리무버는 피부에 닿거나 눈에 들어가지 않도록 해야 한다.
5. 리무버를 바른 도막에는 리무버를 완전하게 제거해야 한다.

(2) 샌더에 의해 연마하여 제거하는 방법

연마에 의한 방법은 크게 두 가지 방법으로 대별할 수 있는데 그 중 하나는 거친 연마지(P40~80)를 이용하여 샌더로 구도막을 벗겨내는 것이고 또 다른 방법은 기계 샌더를 이용하지 않고 핸드블럭에 연마지를 부착해서 하는 방법이다.

디스크샌더(DS)와 같은 싱글액션샌더(SAS)를 사용하기 때문에 구도막 박리는 쉽게 이루어지지만 철판면이 과도하게 드러날 때까지 작업할 경우에는 철판면이 찍혀 파이기 때문에 철판 표면이 드러날 때까지 작업하지 않도록 하는 것이 중요하다.

핸드블럭에 연마지를 이용한 박리작업

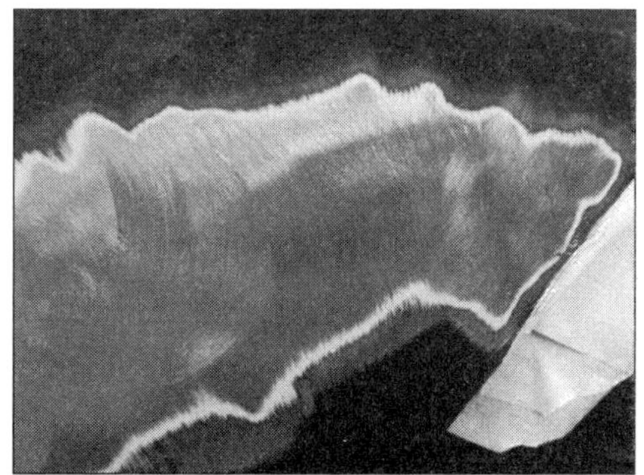
샌더에 연마지를 이용한 박리작업

샌더를 이용할 경우에는 샌더와 구도막과의 각도가 15~20° 정도를 유지하는 것이 중요하다. 특히, 샌더를 너무 힘주어 강하게 눌러 구도막을 포함한 패널이 꿀럭 꿀럭거릴 정도로 힘을 주지 않도록 해야 한다.

싱글액션샌더에 거친 연마지를 부착하여 구도막을 박리하는 작업

5. 하지처리를 한다

연마작업으로 금속 표면이 노출되는 경우에는 기존 신차도장에서 철판 표면에 방청목적으로 도장되는 인산아연피막과 하도(Primer)로 보는 전착도막(ED, Electro Deposition)이 모두 벗겨져 철판에 대한 내부식성이 떨어지므로 이를 보완하기 위한 방법으로 보수도장에서 하도로 보는 워시프라이머(Wash Primer)를 도장하여 금속 표면의 내부식성을 증가시켜 주어야 한다.

하지만, 보수도장에서의 워시프라이머의 사용은 그다지 많지 않다. 이유로는 여러 가지가 있겠지만 신차도장과 같이 공정이 하도, 중도, 상도와 같이 엄격히 구분되어져 있는 것과 달리 보수도장에서는 하도, 중도 및 상도의 구분이 명확하지 않아 그 사용이 많지 않다고 볼 수 있다.

1) 워시프라이머 도장작업(철판면이 드러난 경우 적용)

워시프라이머는 철판이나 알루미늄 그리고 아연도금이 된 강판에 도장하여 내부식성을 증가시켜주기 위해 사용하기 때문에 특히, 보수도장에서는 부식에 대한 저항성이 낮아 철판 표면이 드러난 경우에는 워시프라이머의 적용이 무엇보다 중요하다고 볼 수 있다.

신차도장에서는 도장전처리 작업으로 인산아연피막처리를 하도도장으로 전착도장을 구분하여 도장해 주기 때문에 철판에 대한 내부식성 및 수명에 큰 영향을 미치는 것이 사실이다. 하지만, 보수도장에서는 이러한 구분이 없어 철판 표면이 드러나더라도 철판에 대한 내부식성을 증가시키기 위한 노력이나 신차의 하도로 프라이머를 도장하기에 현실적으로 역부족인 경우가 많다.

이런 이유로 말미암아 보수도장에서는 하도와 중도를 융합한 하도의 프라이머 중도의 서페이서를 합친 도료인 프라이머 서페이서(Primer Surfacer)를 적용하여 철판면에는 하도의 기능을, 상도면에는 중도의 기능을 부여하도록 한다.

워시프라이머를 적용할 때에는 일반적으로 도막이 너무 두껍지 않도록 하며 가볍게 한 번 도장하여 얇게 철판 표면이 드러나 보일 정도로 얇게 도장하는 것이 포인트이다.

워시프라이머(NOROO)

워시프라이머(KCC)

워시프라이머(NOROO) 주제 투입하는 모습

워시프라이머(NOROO) 주제 투입한 모습

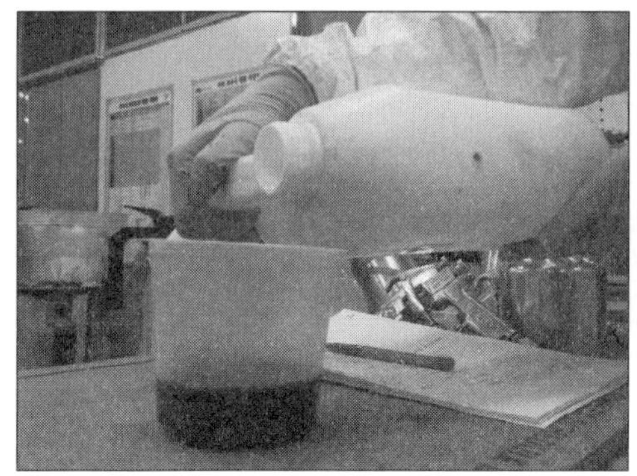

경화제를 투입하는 모습

경화제를 투입한 모습

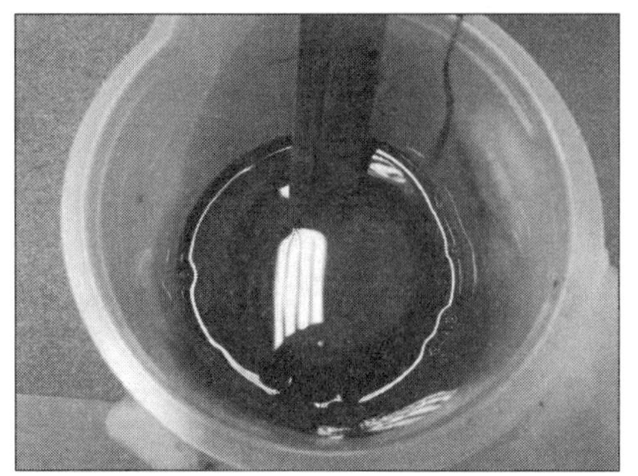
주제와 경화제를 혼합하는 모습

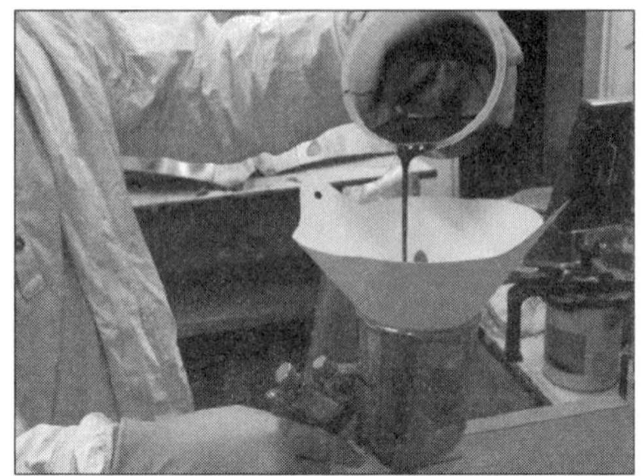
혼합한 도료를 건에 담는 모습

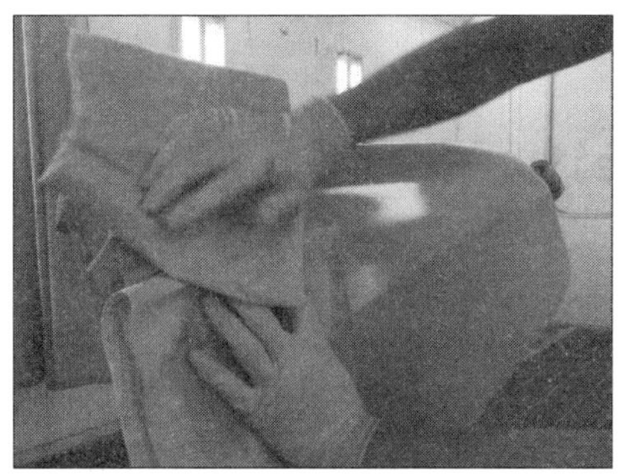
패널을 깨끗하게 탈지한다

워시프라이머를 패널에 도장한다

[워시프라이머(wash primer)에 대해 알아보기]

- 조성

주제 : 부틸수지(폴리비닐 합성수지), 크롬산 아연, 용제 등으로 되어 있으며,

경화제 : 인산(아인산), 용제, 물 등으로 되어 있다.

- 기능

1. 금속표면에 내식성과 부착성을 부여한다.
2. 신차라인의 인산아연 피막처리를 대치한다.
3. 아연도금 강판과 퍼티 등의 차단기능을 한다.
4. 알루미늄과 같은 비철 금속류의 부착성을 높여준다.

- 적용범위

1. 부착불량이 발생할 수 있다.단, 래커 구도막 위에는 추천 하지 않는다.
2. 맨철판 위에 곧바로 퍼티, 프라이머 서페이서 또는 베이스코트를 도장하면 부착불량이 발생할 수 있다. 단, 래커 구도막 위에는 추천 하지 않는다.
3. 전착도막 위에 적용한다.
4. 우레탄 보수도막 위에 적용한다.
5. 폴리에스테르 퍼티 위에 적용한다.
6. OEM 구도막에 적용한다.

2) 기준면(단낮추기 작업)을 작업한다

퍼티작업을 하기 위해서는 우선적으로 해야 할 일이 있는데 그게 바로 기준면을 확보하는 것이다. 여기서 기준면이라고 하면 단낮추기작업(Feather Edge)을 일컫는다. 손상부분에 대한 요(움푹 패인, 찌그러진)부분을 원래대로 복원하기 위한 작업으로 단, 즉 도막과 철판면과의 턱을 없애고 평활성을 확보하기 위해 하는 작업을 말한다.

패널 교환작업이 아닌 판금작업 후 도장작업으로 이어지는 작업을 할 경우, 구도막과 철판 표면과의 턱을 부드럽게 만들어주기 위하 작업이며 이 단낮추기작업, 즉 퍼티가 자리를 할 곳인 기준면을 잘 잡지 못한 상태에서 퍼티를 도포할 경우에는 올바른 보수도장이 어렵기 때문에 퍼티작업을 하기 전에 해주는 기준면 작

업인 이 단낮추기작업이 매우 중요한 작업이라 할 수 있다.

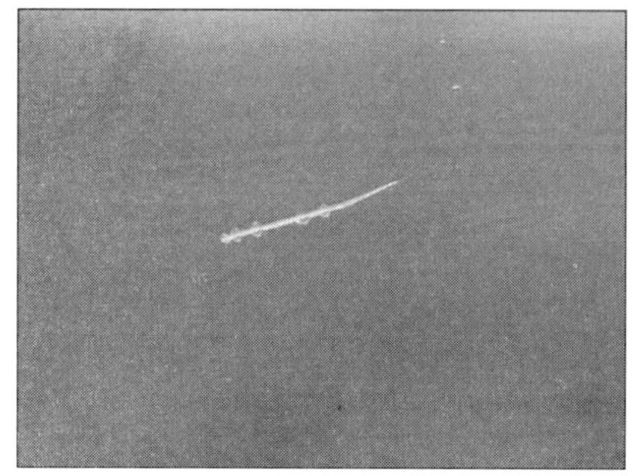

도막에 발생된 손상부분

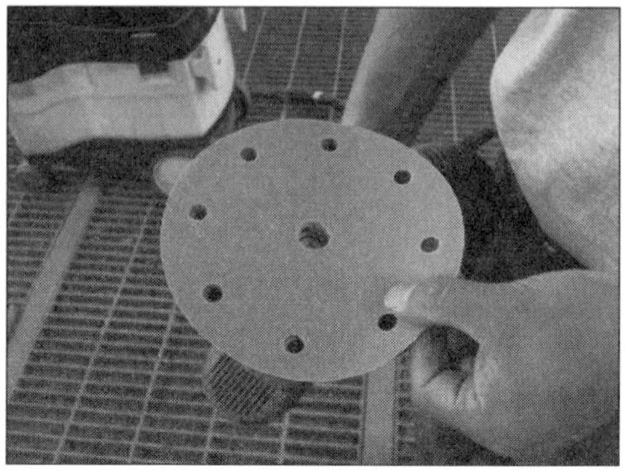

연마지를 선택하여 샌더에 부착한다

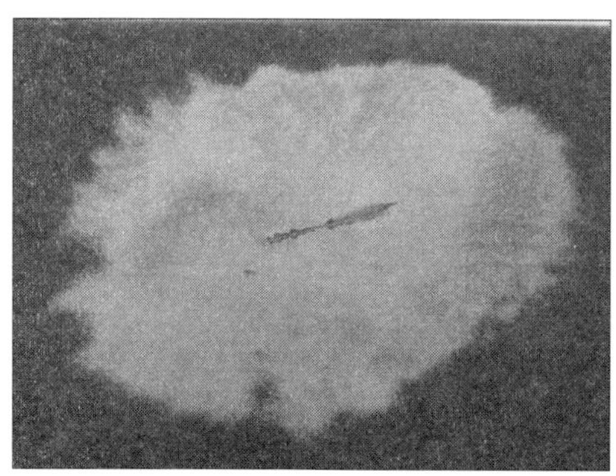

기준면을 만들기 위해 손상부분 바깥쪽을 먼저 연마한다

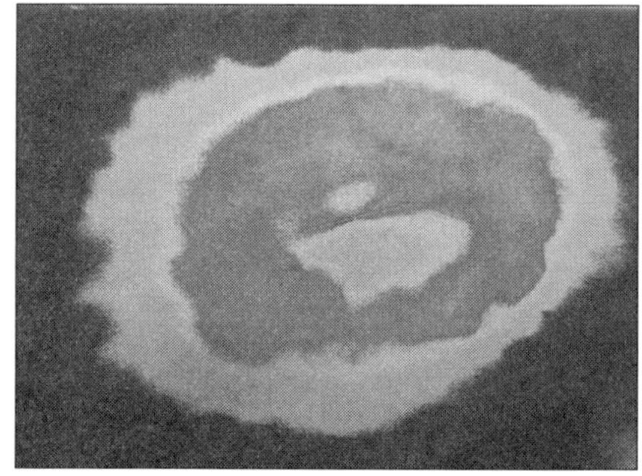

바깥쪽 도막을 벗겨내어 안쪽으로 진행한다

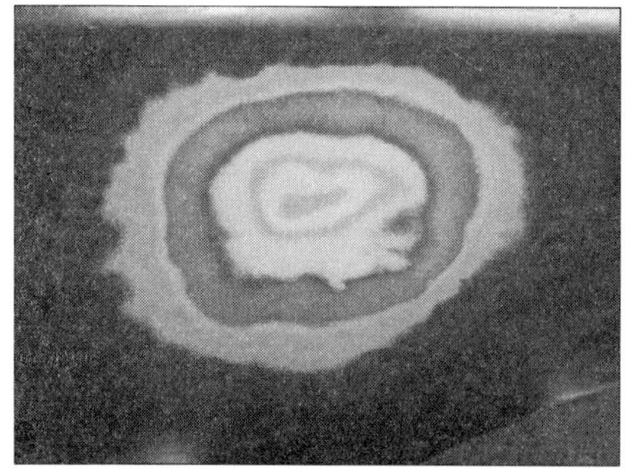

앞의 방법으로 계속 진행하여 연마한다

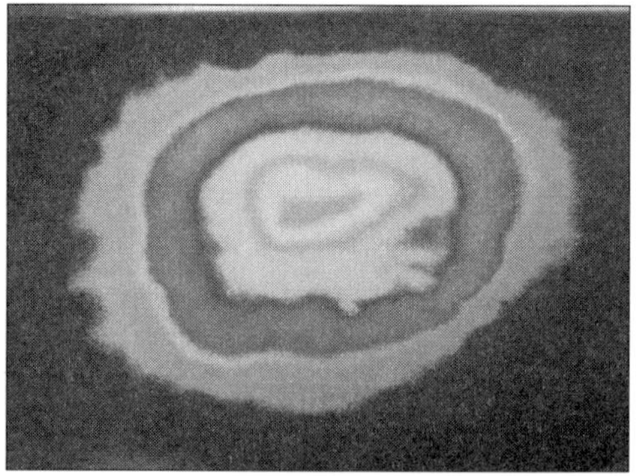

좌측의 방법으로 계속 진행하여 연마한다

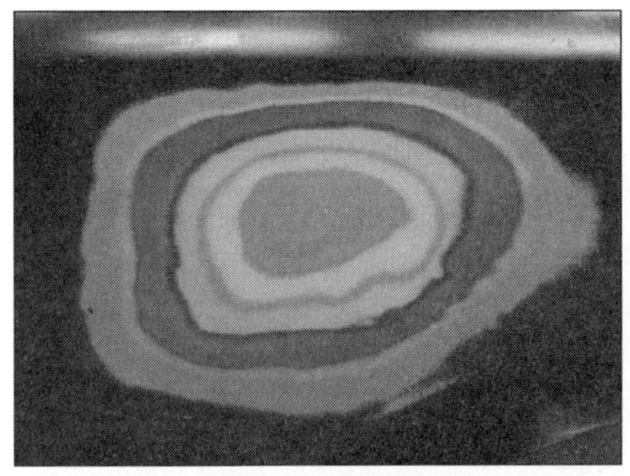

상단 우측의 방법으로 계속 진행하여 연마한다

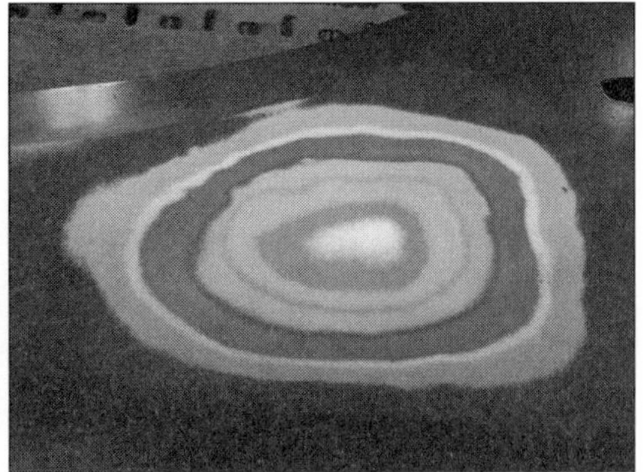

기준면이 확보되어진 것을 확인할 수 있다

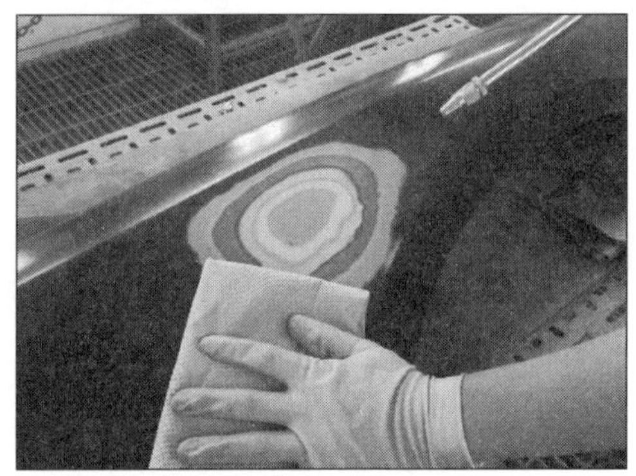

기준면을 깨끗하게 닦는다

기준면, 즉 단낮추기작업의 또 다른 예는 다음 그림과 같다.

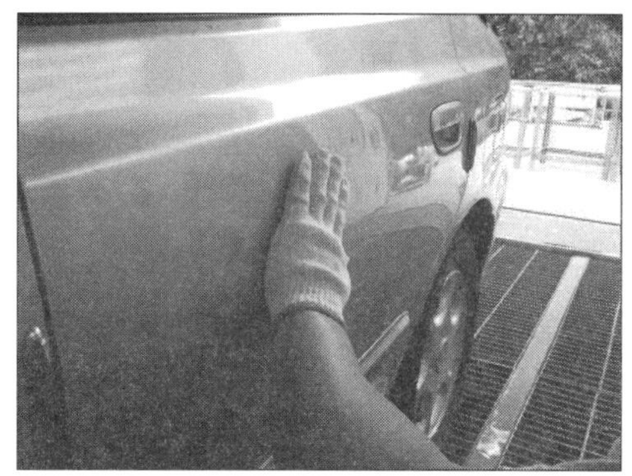
손상부분을 확인한다

손상부분 바깥쪽을 먼저 연마한다

앞의 방법을 계속 진행한다

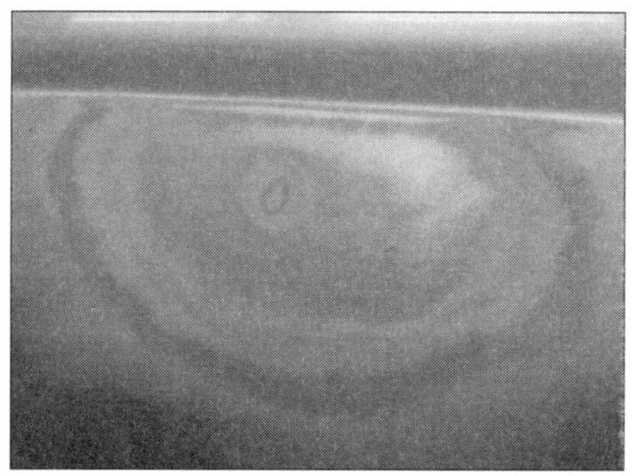
기준면을 확보한 모습

3) 퍼티(Putty, 빠데)를 작업한다

퍼티는 하도공정에 사용하는 재료로 사고나 어떠한 손상으로 인해 패널이 찌그러졌거나 그런 패널을 차체수리, 즉 판금작업을 한 후 철판에 발생된 움푹 패인 부분을 원래대로 복원하는데 사용되는 재료이다. 특히, 보수도장에서는 퍼티의 사용량이 그 어떤 도장재료에 비해 많은 편이며 퍼티가 하는 역할이 그만큼 중요하다는 것을 반증해준다.

구체적인 퍼티의 역할 및 퍼티에 요구되는 사항을 보면 다음과 같다.

- 요철 등의 홈을 메꾸어 손상부위를 원래의 모습과 형상대로 복원한다.
- 손상부위의 맨철판을 보호한다.

- 체질안료 및 증량제(양을 증가시킬 목적으로 사용하는 재료) 등으로 된 다양한 안료를 포함하고 있어 다공질의 성질을 갖는다.
- 후속도료와의 부착력을 증진시킨다.

퍼티를 사용하기 전에는 반드시 골고루 혼합한 다음 사용한다

퍼티를 준비하고 준비된 퍼티의 주제를 사용하기 전에 골고루 혼합하여 안료성분과 수지 성분을 서로 골고루 저어주는 것이 무엇보다 중요하며 퍼티를 골고루 혼합하지 않은 상태에서 주제와 경화제를 혼합하여 사용한다면 퍼티를 도포, 건조 및 연마하는 데에는 큰 문제가 발생되지 않을 수 있으나 이렇게 작업한 퍼티와 상위 도료인 프라이머 서페이서 도료와의 상호작용에서 문제가 발생되어 퍼티자국 및 퍼티로 인한 도막결함이 발생할 가능성이 매우 높다고 할 수 있다. 따라서 퍼티를 사용하고자 할 때 그림에서 보여주듯 뚜껑을 열어 사용직전에 골고루 혼합한 이후에 사용하는 것이 바람직하다.

1. 퍼티(putty, 일명 빠데라고 함)를 준비한다

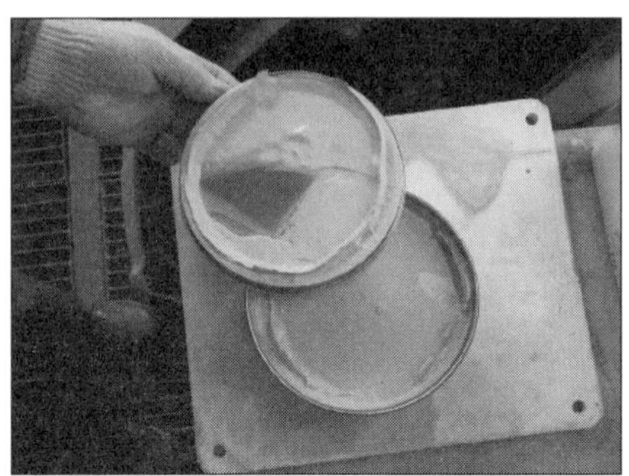

2. 퍼티 뚜껑을 연다

3. 퍼티를 골고루 젓는다

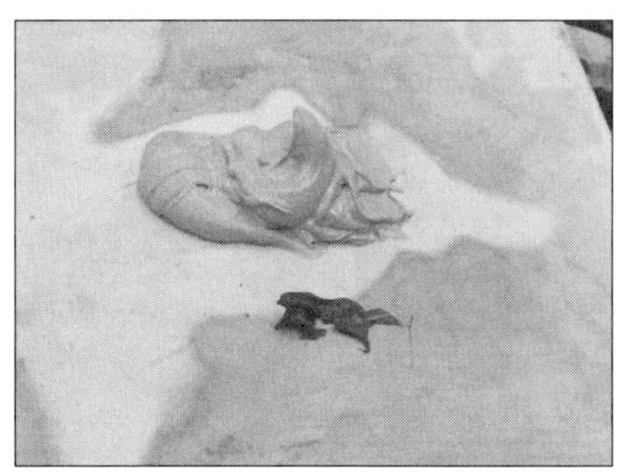

4. 퍼티(주제와 경화제)를 준비한다

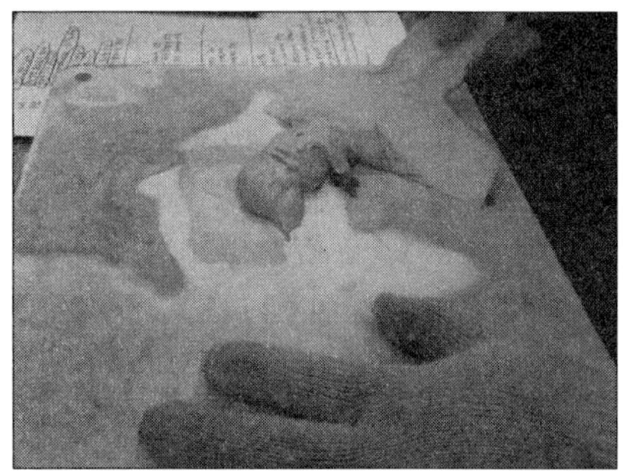

5. 퍼티(주제와 경화제)를 혼합한다

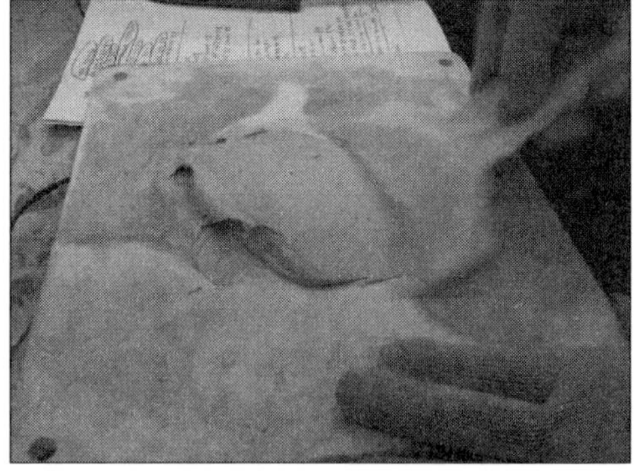

6. 퍼티(주제와 경화제)를 골고루 혼합한다

그림 4에서처럼 퍼티 주제와 경화제를 퍼티 혼합판(퍼티 이김판)에 올려놓을 때에는 주제와 경화제가 서로 혼합되지 않도록 따로 올려놓아야 한다. 그리고 나서

그림 5, 6, 7, 8을 진행하면서 주제의 색상이나 경화제의 색상이 보이지 않도록 골고루 일정한 혼합색상이 나타나도록 혼합하는 것이 포인트라 할 수 있다.

특히, 퍼티를 혼합할 때 많은 작업자들이 실수할 수 있는 부분이 바로 혼합하고 나서 퍼티 주걱에 아직 주제와 경화제가 완전하게 혼합되지 않았는데도 불구하고 그대로 사용한다는 것이다. 따라서 퍼티를 혼합한 후에는 반드시 퍼티 주걱에 묻은 주제와 경화제의 미혼합양을 확인 후 골고루 혼합하는 것이 중요하다.

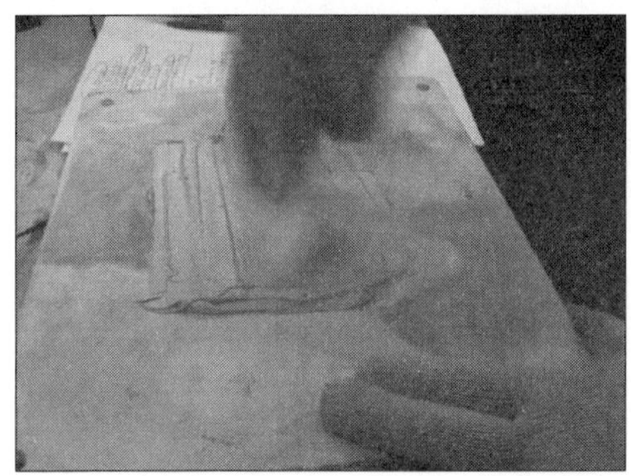

7. 퍼티(주제와 경화제)를 골고루 혼합한다(잘게 쪼개듯 혼합한다

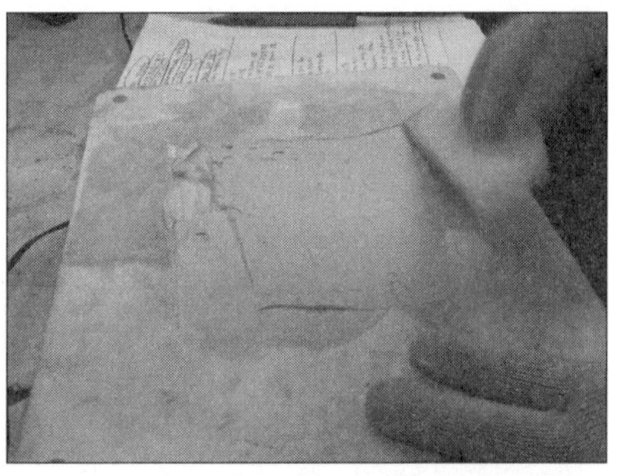

8. 퍼티(주제와 경화제)를 골고루 혼합한다(뭉쳐놓지 않고 넓게 펼친다)

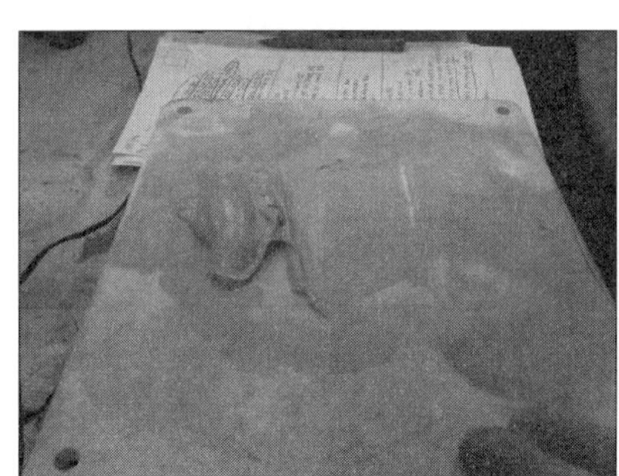

옳지 못한 방법 **(X)**
(퍼티를 뭉쳐 놓게 되면 빨리 굳는다)

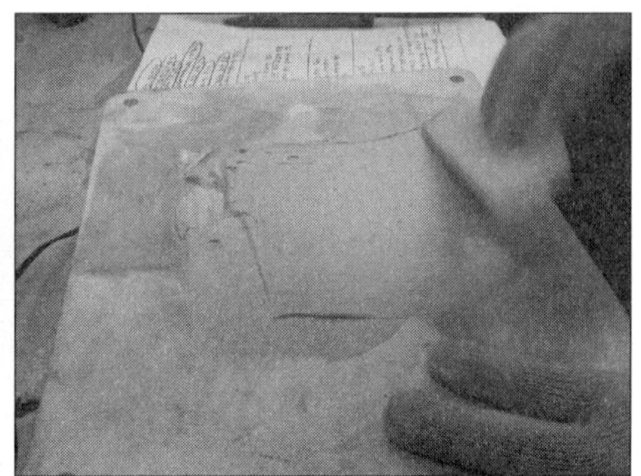

옳은 방법 **(O)**
(얇고도 넓게 펼쳐놓아야 된다)

9. 퍼티를 얇게 도포한다

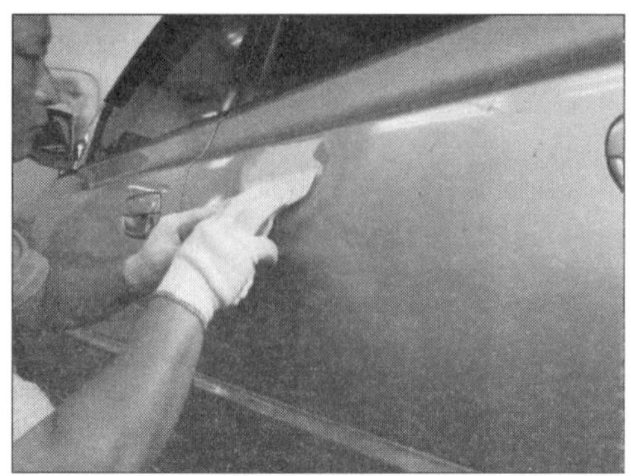
10. 퍼티를 경계부분을 얇게 하여 도포한다

11. 퍼티의 양을 늘려 도포한다

12. 퍼티도포를 마무리한다

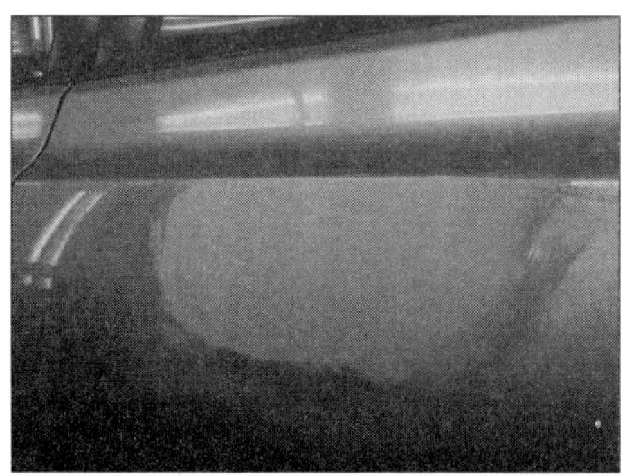
13. 퍼티도포(1차)가 마무리된 모습

그림 9, 10, 11, 12에 걸쳐 퍼티를 도포하여 마무리되었다면 원적외선 건조기 또는 히팅 건을 사용하여 퍼티를 건조시켜야 한다. 도장하는 작업장의 환경 및 여건에

따라 다소 차이는 있겠지만 건조기를 퍼티면으로부터 너무 가까이해서 건조시키지 않도록 하는 것이 중요하며 처음에는 거리를 다소 멀리(60cm 이상)했다가 1~2분 가량 지난 뒤 거리를 가까이(20~30cm)해서 건조시키는 것이 효과적인 방법이라 할 수 있다.

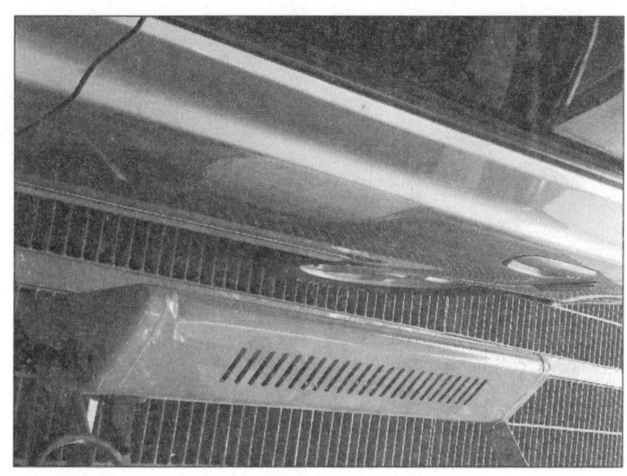

14. 퍼티를 건조한다

퍼티는 건조시키는 곳의 작업환경과 조건에 따라 다소 차이를 보이지만 일반적으로 원적외선 건조기를 사용하거나 히팅 건을 사용하여 건조를 시킬 경우, 약 10min 정도면 충분히 건조된다고 보면 된다. 퍼티의 건조가 제대로 되었는지를 확인하는 방법은 퍼티를 건조시킨 5분 정도가 지났을 때 손톱을 이용하여 가볍게 퍼티 표면을 긁어보면 알 수 있다.

퍼티의 건조가 미흡할 경우에는 긁혀지는 느낌이 약간은 소프트해서 긁었을 때의 느낌이 부드러운 면을 긁는 촉촉한 느낌이 생기는 반면, 퍼티가 완전하게 건조되었을 때는 딱딱한 표면을 긁기 때문에 긁혀져 나오는 퍼티는 노란 손톱선이 생긴다. 이렇게 완전하게 퍼티가 건조되는 것을 확인한 다음 퍼티를 연마해야 한다. 퍼티 건조가 완전하지 않은 상태에서의 연마작업은 연마지에 로딩현상이 발생하여 연마지의 손실과 퍼티면의 불량을 초래할 수 있기 때문에 선급하게 서둘지 않고 퍼티면이 완전하게 건조될 수 있도록 해야 한다.

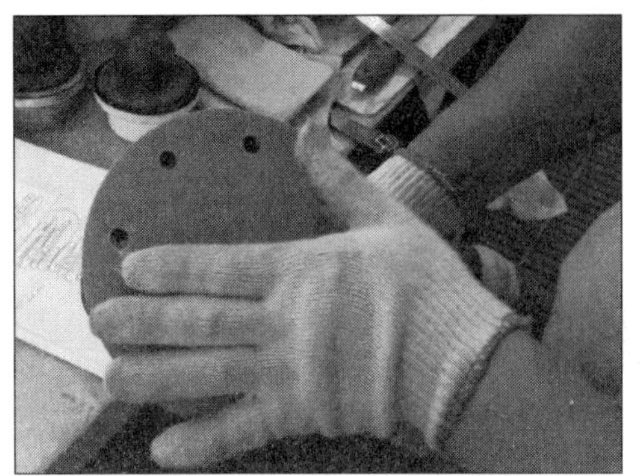

15. 연마지를 선택하여 샌더에 부착시킨다

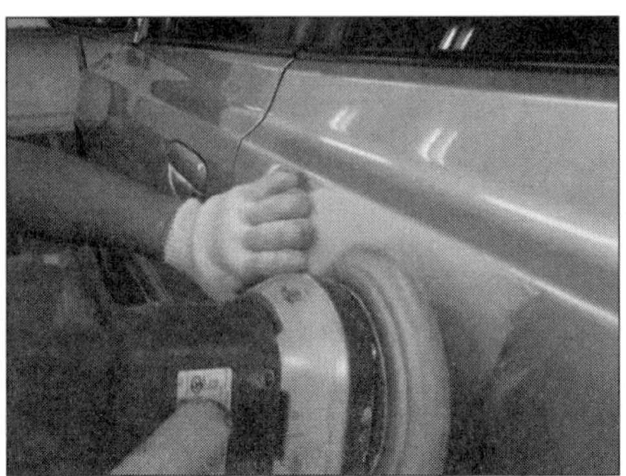

16. 퍼티를 연마하기 전에 면의 상태를 확인한다

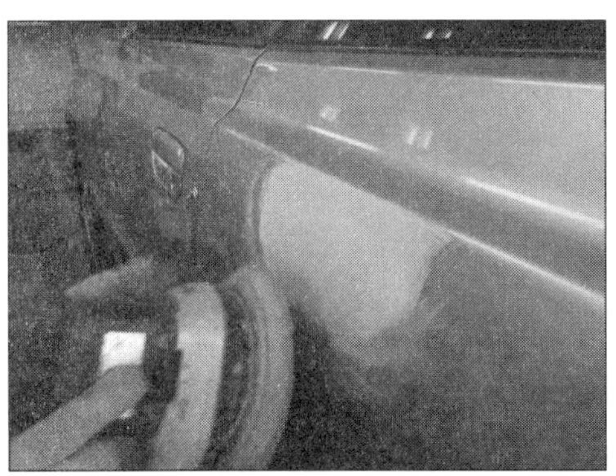

17. 퍼티면의 높은 부분을 먼저 연마한다

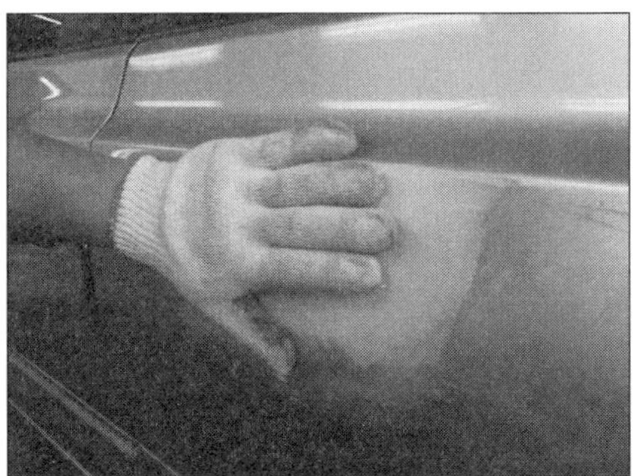

18. 퍼티면의 상태를 손바닥으로 확인한다

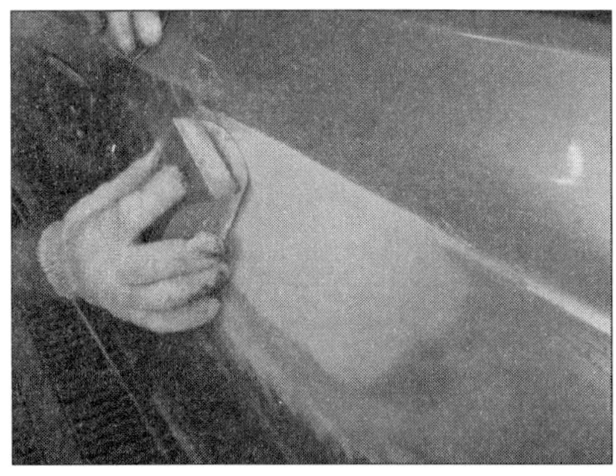

19. 퍼티면을 핸드블럭을 이용하여 연마한다

20. 퍼티면의 상태를 손바닥으로 확인한다

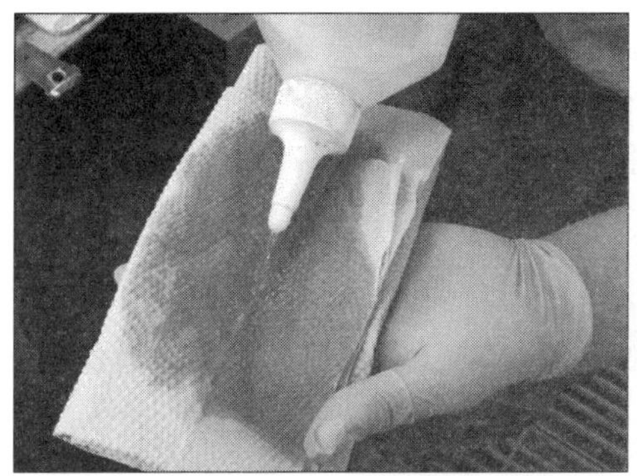

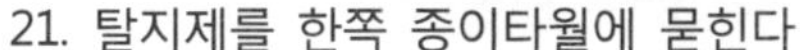

21. 탈지제를 한쪽 종이타월에 묻힌다

22. 탈지제를 묻힌 종이타월로 먼저 닦는다

23. 탈지제를 묻히지 않은 종이타월로 닦는다

그림 15~20까지 공정에서 보듯 손상부분에 대해 초벌퍼티를 도포한 후 건조를 충분히 시켰다면 적당한 연마지를 선택해야 하는데 1차 초벌퍼티를 연마하기에 적합한 연마지는 퍼티를 어느 정도 두껍게 도포하였고 또한, 그 도포된 상태가 어떠한가에 따라 연마지 선택이 달라진다. 퍼티도포가 양호하다고 판단되면 초벌퍼티 연마시 적당한 연마지는 P180에서 시작하면 된다.

그림 16, 17에서 처럼 우선 샌더를 이용하여 오버랩된 부분을 연마한 다음 손바닥 감각과 육안으로 판단하여 어느 정도 평활성이 나왔다면, 다음으로 핸드블럭을 이용하여 구도막과의 단차 및 평활성을 확보하면 된다. 따라서 정확하고도 빠른 평활성을 확보하기 위해서는 샌더만으로 작업하거나 또는 핸드블럭만으로 작업하는 것은 그다지 바람직한 방법이라 할 수 없다. 왜냐하면, 회전을 하는 샌더로 정밀한 평활성을 확보하기에는 매우 어렵고 또한, 핸드블럭을 사용하여 평활성을 확보하는 것 역시 작업시간 소요가 많아 비효율적이라 할 수 있다.

따라서 퍼티를 연마할 때에는 샌더와 핸드블럭을 적절히 병용하는 것이 가장 효과적인 방법이라 하겠다. 이렇게 하여 1차 초벌퍼티 연마작업이 완료되었다면 그림 21, 22, 23과 같이 종이타월과 탈지제를 이용하여 퍼티면을 깨끗하게 탈지하여 후속작업을 계속 진행하면 된다.

1차 초벌 퍼티작업이 끝나면 1차 퍼티작업에서 발생된 퍼티 기공이나 깊은 연마흔적 등을 제거하고 조밀한 퍼티면을 확보하기 위해 2차 마무리 퍼티작업을 해야 한다.

작업의 상태에 따라 마무리 퍼티작업을 꼭 해야 하는 것은 아니지만 마무리 퍼티작업을 통해 더욱 조밀하고 단단한 퍼티 표면을 확보할 수 있기 때문에 후속 도장작업인 프라이머 서페이서 도장작업시 도료의 손실을 막고 흡유량을 막을 수 있어 양호한 프라이머 서페이서 도막을 얻을 수 있다는 장점이 있다.

국가기술자격검정에서는 1차(초벌퍼티)와 2차(마무리 퍼티) 작업으로 구분하여 더 이상의 퍼티작업을 하지 못하도록 규정하고 있지만 작업현장에서는 1차로 퍼티작업을 마무리 하는 경우가 종종 있다. 하지만, 검정에서는 1차와 2차로 퍼티작업을 한다는 점을 상기해야 할 것이다.

퍼티작업이 완료되면 퍼티부위와 그 주변을 프라이머 서페이서 도장을 해야 한다. 그러기 위해서는 도장되면 안되는 부위에 마스킹을 해야 하는데 상도도장을 하기 위해 하는 마스킹 작업이 아니라 프라이머 서페이서 도장을 하기 위한 마스킹 작업이기 때문에 패널의 경계부위를 마스킹할 필요는 없다. 경우에 따라서는 마스킹 작업을 하지 않고 프라이머 서페이서 도장작업을 실시하는 경우도 있다. 물론, 숙련에 따라 다소 차이는 있지만 마스킹 작업은 숙련 또는 비숙련을 떠나 완벽한 품질을 위해서 필요한 필수작업이라 할 수 있다. 마스킹을 하지 않은채 도장작업을 할 경우에는 미세한 도료 더스트가 패널에 날려 붙는 경우가 있기 때문에 종이로 마스킹 하지 않더라도 비닐로 된 커버링 테이프로 하더라도 마스킹 작업은 하는 것이 효과적이다.

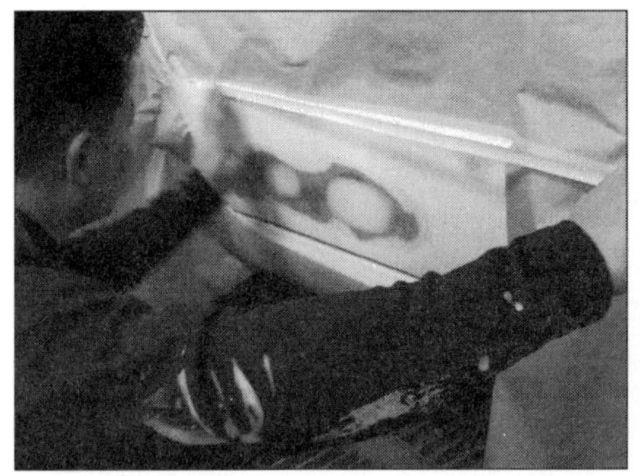

1. 작업부위를 마스킹한다(도어 하단부위)

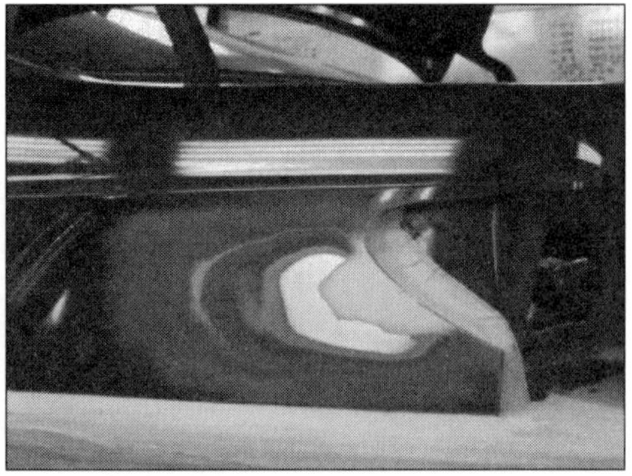

2. 작업부위를 마스킹한다(왼쪽 리어 휀더)

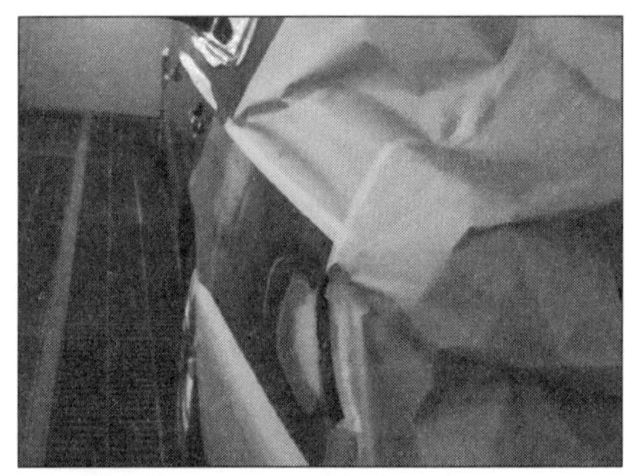

3. 작업부위를 마스킹한다(왼쪽 리어 휀더)

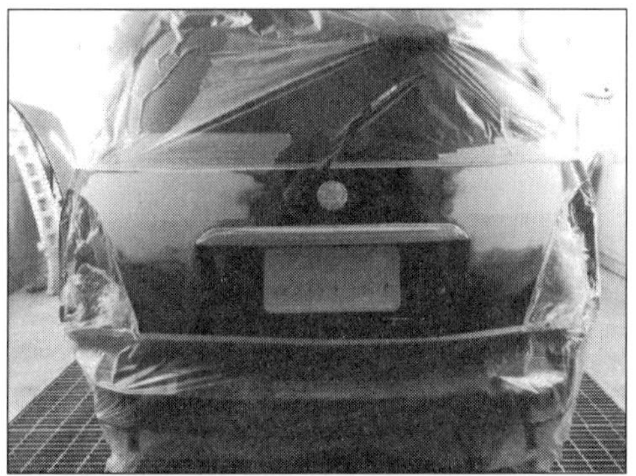

4. 작업부위를 마스킹한다(뒤쪽 도어)

5. 작업부위를 마스킹한다(전체-비닐마스킹)

6. 작업부위를 마스킹한다(전체-우측)

7. 작업부위를 마스킹한다(전체-좌측)

[일반적인 퍼티(putty, 빠데)에 대해 알아보기]

- 조성

주제가

스티렌 모노머(styrene monomer): 비닐벤젠(건조도막 형성제) : 15~25%,

나프텐 코발트(naphtenecobalt): 퍼티의 건조도막을 형성 : 0.1~1.0%,

이산화 티타늄(titanium dioxide) : TiO_2 은폐력을 위한 백색

무기안료 : 5~10%,

탄산칼슘(calcium carbonate) : 상온에서 산소와 결합하여 1차 건조

개시제 : 5~20%,

탈크(talk) : 단사 결정계 광물, 공기, 열에 안정하고 도막 충진제로 사용 : 30~50%,

폴리머(polymer) : 중합에의한 생성물, 사슬모양이나 그물모양의 결정조직 : 15~25% 등으로 되어 있으며

경화제는

시클로 핵산온 퍼옥사이드(cyclohexanoneperoxide) : 51~61%,

디메틸 프푸탈레이트(demethylphthalate) : 25~40%,

폴리머(Polymer) : 1~10% 등으로 되어 있다.

- 폴리에스테르퍼티의 조성

주제는 불포화 폴리에스테르 수지로 되어 있으며 불포화기를 가진 폴리에스테르와 비닐 단량체(SM)의 혼성 중합으로 얻어진다. 경화제는 과산화 벤조일(BP)로 된 끈끈한 황색 중합금지제를 넣어 보관 후 반응 개시제를 가해서 가교결합을 만드는 구조를 이룬다.

여기서 중합개시제로 사용되는 것은 열이나 UV(자외선), 과산화물, 아조화합물(-N=N-) 등이 있다.

- 폴리에스테르퍼티의 특징

자동차를 보수할 때 사용하는 보편적인 퍼티로 소지면의 요철 메꿈용으로 사용되며 경화가 빠르고 연마가 쉬워 보수도장에서 가장 많이 사용되고 있다. 하지만, 두께를 과도하게 두껍게 하여 도포한 경우에는 유연성이 떨어져 부착불량이나 충격에 의해 퍼티가 깨지는 현상이 발생하기 때문에 두께에 제한적이다.

【폴리에스테르 퍼티(polyester putty)작업시 주의사항】

1. 퍼티를 혼합할 때 공기가 퍼티 속에 포함되지 않도록 밀착해서 혼합한다.
2. 혼합한 퍼티는 바깥쪽에서 안쪽으로 모아 절반 정도 뒤집어 놓으며 혼합한다.
3. 주걱으로 퍼티를 잘게 부수듯 압착하면서 혼합한다.
4. 주제의 색상과 경화제의 색상이 없어지고 혼합된 일정한 색이 나올 때까지 혼합한다.
5. 퍼티를 혼합할 때 주제와 경화제의 혼합비율을 정확하게 확인한 후 사용한다.
6. 퍼티를 혼합할 때 과다하게 혼합할 경우에는 퍼티를 모두 사용하기도 전에 경화되어 낭비가 심하므로 사용할 적당량을 혼합한다.
7. 대부분의 퍼티의 주제와 경화제가 따로 분리되어있는 경우에는 혼합비가 중량비일 가능성이 매우 높다. 따라서 이럴 경우에는 전자저울을 사용하는 습관을 기르도록 해야 한다.
8. 전저저울이 없을 경우, 주제와 경화제를 적정 비율대로 혼합할 수 있도록 만든 퍼티 혼합 건을 사용하는 것이 효과적이다.
9. 퍼티를 한 번에 두껍게 도포하지 말 것(층간 부착력 약화 및 퍼티 기공의 원인이 됨).
10. 퍼티에 실버 및 기타 도료를 혼합하여 사용하지 않도록 한다.
11. 퍼티에 신너를 혼합하여 사용하지 않도록 한다.
12. 퍼티 도포를 1회(초벌 퍼티)로 마무리 하지 않도록 한다(퍼티 기공 발생 및 도료 과다소모 원인).
13. 퍼티 도포는 2회(초벌 퍼티+마무리 퍼티)로 하여 퍼티의 밀도를 높인다.
14. 퍼티를 도포한 직 후 곧바로 건조기를 가까이(10cm)해서 건조시키지 않는다.
15. 퍼티에 실버(은분) 및 기타 도료(조색제 등)를 혼합하여 사용하지 않도록 한다.
16. 퍼티에 신너(락카신너 또는 우레탄 희석제)를 혼합하여 사용하지 않도록 한다.
17. 퍼티 도포를 1회(초벌 퍼티)로 마무리 하지 않도록 한다(퍼티 기공 발생 원인).
18. 자연건조시 30min 이상 건조해야 연마가 가능하다.
19. 퍼티 도포는 2회(초벌 퍼티+마무리 퍼티)로 하여 퍼티의 밀도를 높인다.
20. 퍼티를 연마할 때 한쪽 방향으로만 연마하지 않도록 한다(상, 하, 좌, 우, 대각선

방향).

21. 샌더 및 핸드블럭만으로 처음부터 마무리까지 작업하지 않도록 한다(작업성 및 비효율).
22. 초벌퍼티 연마시에는 P80→P180, 마무리 퍼티 연마시에는 P180→P320으로 연마 한다.
23. 초벌퍼티 연마시 샌더는 다소 스트록(7mm)이 큰 것을 사용한다.
24. 마무리 퍼티 연마시 샌더는 스트록(3~5mm)이 작고 미세한 것을 사용한다.

6. 중도(프라이머 서페이서)도장을 한다

보수도장에서의 하도도장이란 퍼티작업까지를 의미할 때가 있으나 퍼티작업을 하지처리, 즉 밑바탕작업으로 관주하고 프라이머 서페이서 도장작업을 하도도장으로 보는 견해도 있다. 신차도장에서는 하도, 중도, 상도공정이 뚜렷하게 구분되어 있지만 보수도장에서는 정확하게 구분하기가 쉽지 않고 그 공정대로 진행되는 경우도 드물기 때문에 작업의 형태 및 상황에 맞게 적절히 재료를 선택하고 사용하는 것이 더 효과적일 것이다.

프라이머 서페이서는 크게 두 가지 기능을 하게 되는데 하나는 부착성과 방청력이 있는 프라이머(Primer)로, 또 다른 하나는 충진효과, 연마성이 있는 서페이서(Surfacer)로 그 기능을 대별한다. 퍼티와 구도막에 대해 차단막을 형성하여 상도도면에 균일한 면을 제공하는 동시에 상도도료와는 부착성, 내구성을 향상시켜주는 역할을 한다.

1) 프라이머 서페이서를 퍼티부위에만 도장하는 경우

도장현장에서 패널(파트)을 교환하거나 하여 퍼티를 적용한 경우, 거의 대부분 프라이머 서페이서의 적용은 그 범위가 그림 1, 2에서 보듯, 퍼티를 적용한 부위에만 프라이머 서페이서를 적용하는 것을 쉽게 볼 수 있다.

이것은 현장에서의 작업에 대한 효율을 높이기 위해서 일 것이다. 이것은 비용, 작업시간, 스케줄 등 많은 부분에 영향을 받기 때문에 원칙에서 약간 벗어나 있는 것이 아닌가 생각된다.

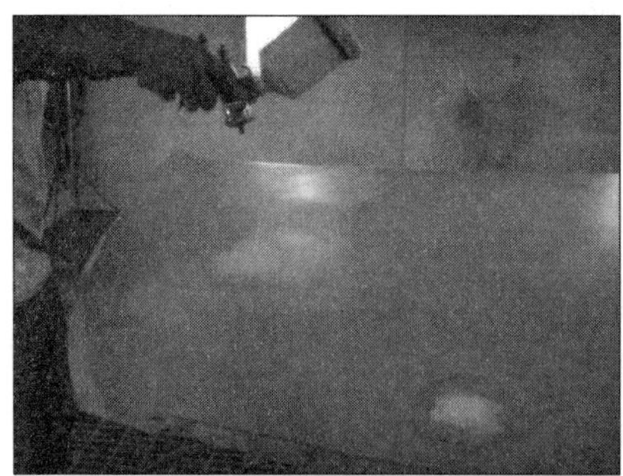

1. 퍼티부위에 우선 프라이머 서페이서를 도장한다

2. 프라이머 서페이서를 은폐시킨다

2) 프라이머 서페이서를 퍼티부위를 비롯한 패널전체에 도장하는 경우

원칙적으로는 교환 패널인 경우에는 패널(파트)전체에 프라이머 서페이서를 적용하는 것이 바람직하다. 이렇게 해야 신차도장에서 적용한 기본적인 도장시스템과 같이 하도, 중도 및 상도 시스템을 만족시킬 수 있게 된다. 하지만, 보수도장에서는 신차도장공정에서처럼 정확하게 구분된 공정에 맞도록 작업되어지기가 매우 어렵고 설비 및 그 시스템이 뒷받침이 안되기 때문에 보수도장현장에서는 패널(파트)전체에 프라이머 서페이서를 적용하는 것이 작업성이나 효율면에서 맞지 않다고 판단하는데 그 이유가 있다. 하지만, 기본적으로는 기존 시스템에 맞도록 하는 것이 원안인 동시에 패널의 내부식성과 수명에도 큰 영향을 미치게 되므로 가능한 한 패널전체에 도장하는 것이 바람직하다는 것쯤은 알고 있기를 바란다.

패널전체에 프라이머 서페이서를 적용할 때에는 촉촉하게 젖어들도록 균일하고 일정하게 도장하여 매끈한 광택면을 확보하는 것이 오렌지필 현상을 방지하고 연마작업후 상도면에 좋은 외관을 제공할 수 있는 방법이기도 하다.

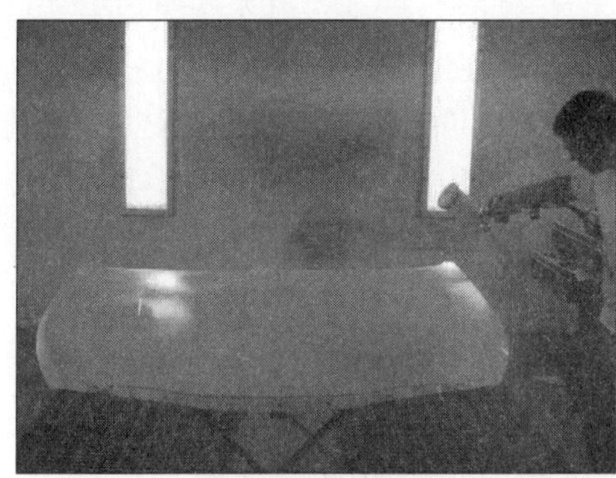
1. 패널전체에 프라이머 서페이서를 적용한다 1

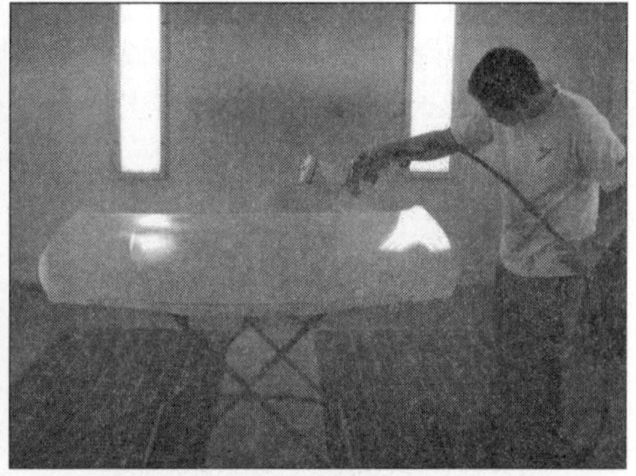
2. 패널전체에 프라이머 서페이서를 적용한다 2

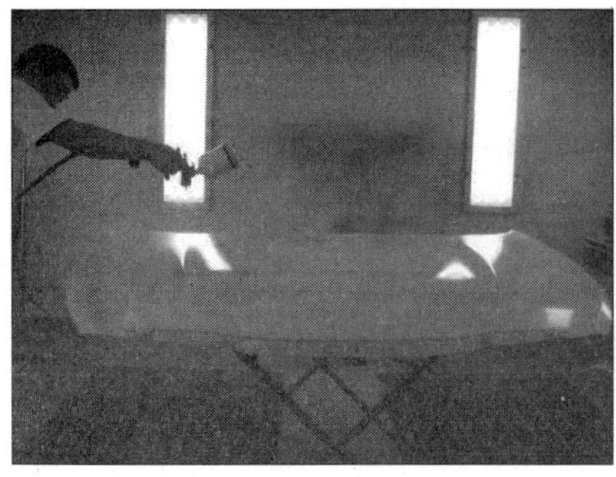

3. 패널전체에 프라이머 서페이서를 적용한다 3

4. 패널전체에 프라이머 서페이서를 적용한다 (완료)

앞서 설명한 그림 1, 2, 3에서 프라이머 서페이서를 적용하는데 있어서 주의할 사항이 있는데 그것은 바로 도장작업을 할 때, 착용해야 할 안전보호장구를 하지 않고 도장을 하고 있다는 것이다.

유기용제용 마스크 또는 방독마스크를 반드시 착용한 후 도장해야 하며 부스복을 착용하고 도장하는 것이 티나 먼지 등이 패널에 묻지 않도록 하는 방법이며 맨손으로 스프레이 건을 잡고 도장하는 것보다 1회용 비닐장갑을 착용하거나 내용제성 장갑을 착용한 후 도장하는 것이 피부, 손, 두피 등을 보호할 수 있다.

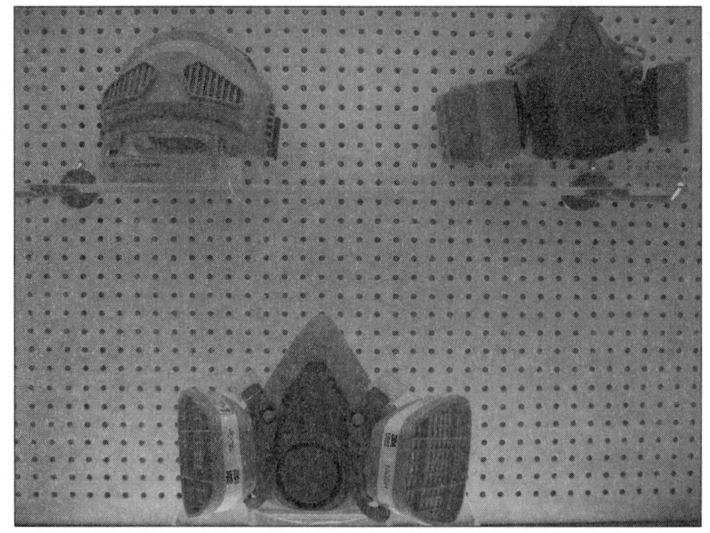

프라이머 서페이서를 적용할 때 착용해야 할 방독마스크

3) 프라이머 서페이서를 실차에 적용하는 경우

프라이머 서페이서를 실차에 적용하는 경우에는 부분적으로 손상부위와 그 주변에 적용하는 경우가 대부분이라고 봐야 할 것이다. 그림 1~5까지 보듯 패널 전체에 적용하지 않고 전부 부분적으로 적용되어 있는 것을 확인할 수 있다.

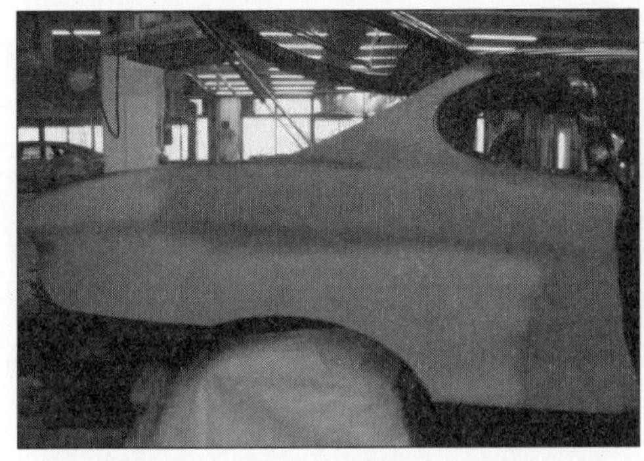

1. 프라이머 서페이서 적용(Rear Fender, R/H)

2. 프라이머 서페이서 적용(Door, R/H)

3. 프라이머 서페이서 적용(Front Door, Rear Door, Rear Fender, L/H)

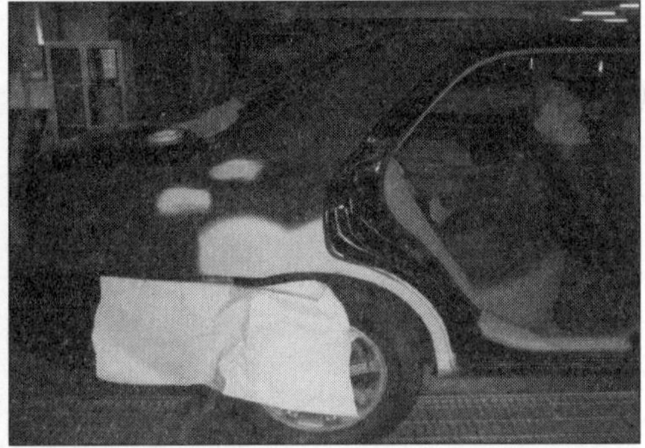

4. 프라이머 서페이서 적용(Rear Fender, R/H)

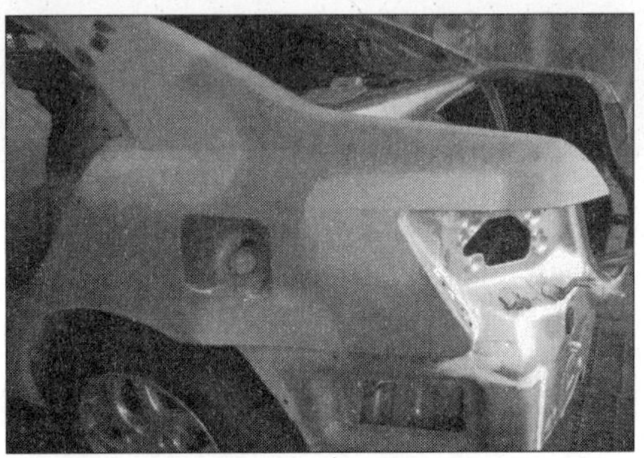

5. 프라이머 서페이서 적용(Rear Fender, L/H)

대부분 실차에 적용하는 방법을 보면, 퍼티를 도포한 곳이거나 구도막이 긁혀 그 손상이 크지 않아 단낮추기를 한 상태에서 프라이머 서페이서만으로도 그 손상이 문제가 없을 때거나 그림 5와 같이 교환한 왼쪽 리어휀더(Rear Fender, L/H)에 연마시 철판 표면이 드러난 경우거나 할 때에 부분적으로 적용한다.

프라이머 서페이서를 적용함에 있어 교환 부품에 작은 손상이 있거나 퍼티를 적용한 곳에 적용하거나 기존 구도막의 도막상태가 나빠 지지미(Lifting)가 발생할 가능성이 높은 도막, 즉 락카 도막이거나 베이스 도장만 되어 있는 도막인 경우, 그 도막의 내구성을 확보하기 위해 적용하는 경우가 대부분이라 할 수 있다. 프라이머 서페이서의 기능과 목적에 부합하기 위해 내구성이 약한 도막을 복구하고 기능을 회복하는 역할을 수행하기 위해 프라이머 서페이서는 반드시 적용되어야 할 도료라고 할 수 있다. 하지만, 그림에서 표시된 것처럼 패널과 패널사이 틈새를 막지 않고 도장할 경우에는 그 사이로 프라이머 서페이서 도료가 들어가 도장하지 않아도 되는 부분을 도장해야 하는 결과를 초래할 수도 있다. 따라서 그림과 같이 패널과 패널 사이에 마스킹 테이프를 이용하여 막아주는 것이 중요하며 프라이머 서페이서를 도장할 때에는 마스킹 페이퍼(종이)를 사용하는 것보다 비닐로 된 마스킹을 사용하는 것이 보다 빠르고 비용도 줄일 수 있는 방법이다.

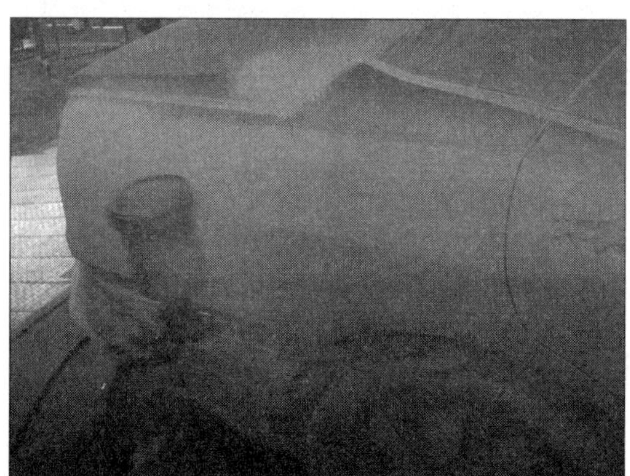

6. 프라이머 서페이서 적용(Rear Fender, R/H)

4) 프라이머 서페이서를 건조하고 연마한다

프라이머 서페이서를 도장하고나면 곧바로 원적외선 건조기나 히팅 건(Heating Gun)을 도막에 대어 건조시키지 않고 1~2분 가량 그대로 방치해 두었다가 자연 상태에서 도막내부에 있는 유기용제 성분이 공기중으로 증발하기를 기다렸다가 건조기를 일정한 거리에 두고 건조를 시키는 것이 바람직한 건조방법이라 하겠다.

도장 직후에 바로 건조기를 도막 가까이 대어 건조를 시키면 표면이 먼저 건조되어 도막 내부에 포함돼 있던 유기용제 성분들이 도막 바깥으로 빠져 나오지 못하고 도막 내부에서 대류현상에 의해 위로 올라왔다가 다시 바닥으로 내려가는 현상이 발생하다가 도막 내부의 온도나 압력이 상승하면 용제성분이 도막을 뚫고 나와 작은 핀으로 구멍을 뚫어 놓은 것과 같은 핀홀(Pinhole)현상이 발생하게 되는 것이다. 따라서 도장 직후에는 건조기를 곧바로 도막 가까이 해서는 안된다.

도막이 충분히 건조되었다면 P600 연마지(Sand Paper)와 같이 고운 연마지를 사용하여 연마해야 한다. 여기서의 연마방법은 건식연마이다. 현장에서 컬러에 따라 연마지를 따로 선별해서 사용하는 경우가 있는데 블랙컬러와 같이 어두운 색상인 경우에는 평소보다 좀 더 고운 연마지를 사용하고 화이트컬러와 같이 밝은색의 경우는 평소 사용하는 것을 그대로 사용한다.

1. 프라이머 서페이서 건조(Rear Door, L/H)

2. 프라이머 서페이서 건조(Rear Door, L/H)

3. 프라이머 서페이서 건조(Rear Fender, R/H)

4. 프라이머 서페이서 건조(Rear Fender, R/H)

그림 5의 경우에는 프라이머 서페이서 도막을 연마할 때 습식연마방법으로 연마하는 장면이다. 현장에서는 아직도 물을 사용하여 연마하는 습식(물을 사용하여 연마하는 방법)연마법으로 연마를 하는 경우가 종종 있다. 특히, 세대가 오래 될수록 물을 사용하는 빈도가 높다고 보면 될 것이다.

물과 함께 연마하는 방법이 전혀 나쁘고 건식(물을 사용하지 않고 기계식 샌더를 사용하여 연마하는 방법)연마법이 절대적으로 좋다는 것은 아니다. 다만, 물을 사용할 때에는 적은 양으로 부분도장을 위해 작업범위가 좁고 작을 때에는 분무기를 사용하여 물을 약간 뿌려 연마하는 방법은 그다지 나쁘다고 보기 어렵지만 패널 전체에 물을 묻히고 물이 줄줄 흘러내리게 해서 연마하는 방법은 추천하고 싶은 방법은 아니다.

하지만, 도장 현장에 따라, 작업자의 성향에 따라, 물을 사용해야 한다는 고정관념에 사로 잡혀 있는 작업자가 있다는 것은 아직까지도 새로운 방법을 받아들이기 어렵거나 받아들이지 않으려고 하는 경향이 있는 것은 도장현장의 설비, 장비 및 공구 그리고 소모자재 등의 하드웨어적인 문제도 있지만, 도장작업방법 및 그 기술 등 소프트웨어적인 부분에 대한 새로운 변화에 대응해 나가려는 부분에 있어서는 현실적이고 제도적이고 시스템적인 문제라고 보는 것이 더 합당할 것이다.

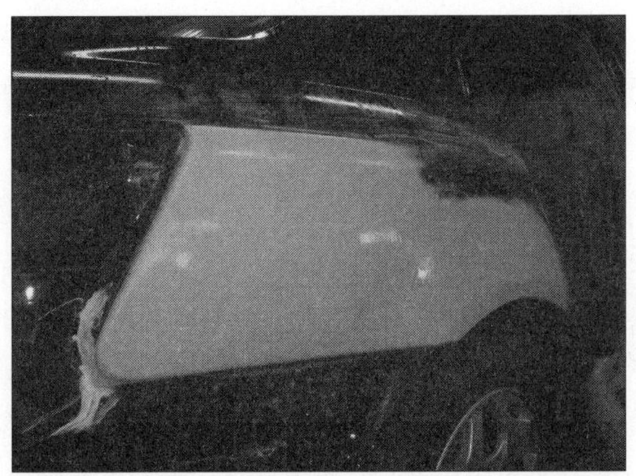

5. 프라이머 서페이서를 습식(물을 묻혀 연마하는 방법)연마하는 장면

프라이머 서페이서를 건조하고 나서 도막에 핀홀현상이나 깊은 연마자국이 발생되었다면 그림 6에서처럼 락카로 된 퍼티, 일명 기스빠데를 사용하여 도막에 발생한 기스 및 핀홀현상을 제거하기 위해 도포한다.

도포해 놓은 것은 면적으로 표시돼 있지만 연마하고 난 후의 모습은 기스자국을 메꾼 모습이거나 핀홀을 메꾼 점으로 나타나 있는 것이 합리적이라 하겠다. 레드퍼티의 모양이 면적으로 그림과 같이 남아 있다고 한다면 상도도장을 하고 나서 상도도료에 포함된 용제 성분에 락카빠데가 녹아 지지미가 생길 가능성이 매우 높다고 볼 수 있다.

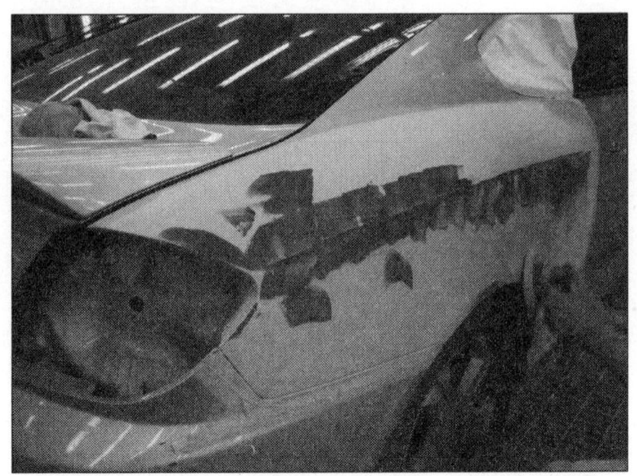

6. 프라이머 서페이서를 건식(물을 사용하지 않고 기계식 샌더를 이용하여 연마하는 방법)연마하는 장면

그림 7에서 보듯, 프라이머 서페이서를 연마할 때 프라이머 서페이서 도막에 발생한 핀홀 현상을 제거하기 위해 도포한 래커퍼티와 프라이머 서페이서 도막을 함께 연마하는 모습을 볼 수 있다.

여기서 중요한 포인트는 기스나 핀홀 등을 제거하기 위해 사용한 래커퍼티가 면적으로 남아 있지 않고 점이나 기스 모양으로 남아 있어야 도막 결함이 발생하지 않는다는 것이다. 만약, 면적으로 남아 있도록 연마한 경우에는 거의 핀홀이 발생할 가능성이 매우 높다고 볼 수 있다. 습식 연마를 할 경우, 물이 바닥에 떨어질 정도로 많이 사용하지 않고 작은 물 분무기를 사용하여 물방울이 묻을 정도로만 적게 사용하는 것이 효과적이며 이후 물과 연마가루가 혼합된 것을 제거하기 용이하다.

프라이머 서페이서 도막은 단단하고 래커퍼티는 부드럽고 미세하기 때문에 건식연마를 할경우에는 연마지에 연마입자가 끼어 로딩현상을 발생시키므로 이러한 현상을 없애기 위해 물을 사용하여 연마작업성을 높이는 것이다. 물을 뿌리지 않더라도 스펀지로 된 연마지에 물을 조금 묻혀 흐르지 않도록 하여 작업한다면 큰 문제가 발생하지 않을 것이다.

7. 프라이머 서페이서를 습식(물을 사용하여 핸드블럭을 이용하여 연마하는 방법)연마하는 장면

5) 탈지 후 상도도장을 위해 마스킹한다

프라이머 서페이서 연마작업이 완료되면 도장 표면을 그림 1과 같이 깨끗하게 탈지하고 비닐 마스킹과 마스킹 종이를 이용하여 마스킹 작업을 한다. 도료가 직접 닿는 곳과 도료 더스트가 날려가는 곳을 구분하여 마스킹하며 작은 입자로 날려갈 수 있는 곳은 비닐로 된 마스킹을 하고 패널(파트) 주변으로 도료가 직접 묻는 곳은 도료의 침투가 되지 않도록 코팅이 된 마스킹 전용지를 사용하여 마스킹한다.

그림 2, 3, 4, 7, 8, 9에서와 같이 실제 칠이 패널에만 묻는 것이 아니라 그 주변도 직접 칠이 닿기 때문에 그러한 곳은 도료의 침투가 되지 않는 전용 마스킹 종이를 사용하여야 한다. 그렇지 않고 비닐 마스킹(커버링 테이프로 된 마스킹)을 사용하는 경우에는 칠이 비닐 부분에 닿았다가 에어로 인해 붙어 있던 칠이 다시 도장면에 떨어져 티, 먼지 등의 결함이 발생하는 원인이 된다.

1. 상도 마스킹을 위한 탈지작업

2. 상도 마스킹(B Pillar부근, L/H)-루프

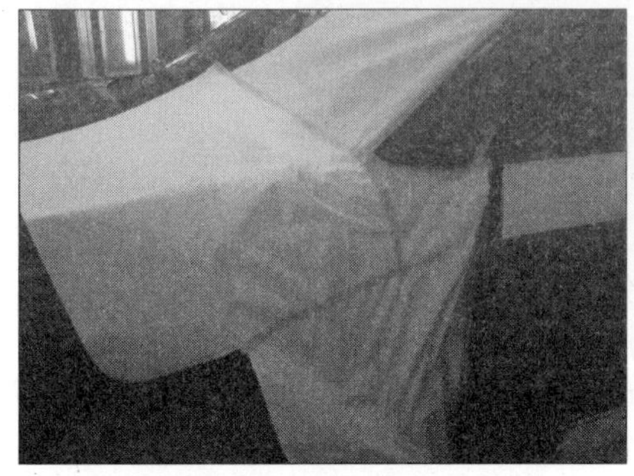

3. 상도 마스킹(A Pillar부근, L/H)하기

4. 상도 마스킹(Rear Door, L/H)

5. 상도 마스킹(Front Door, L/H)-도어안쪽

6. 상도 마스킹(Door Catch)

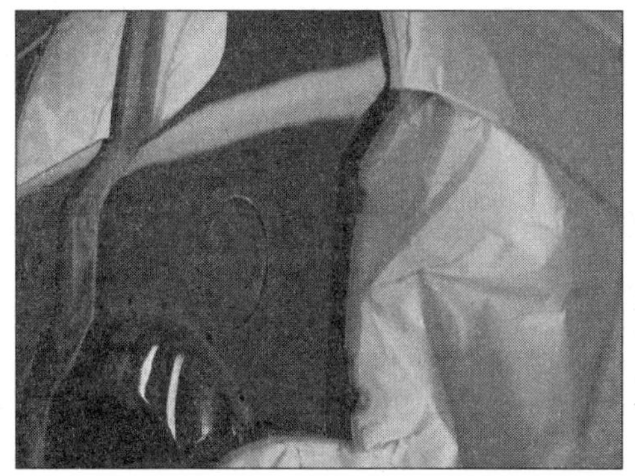
7. 상도 마스킹(Back Door)

8. 상도 마스킹(Rear Fender, A, B, C Pillar)

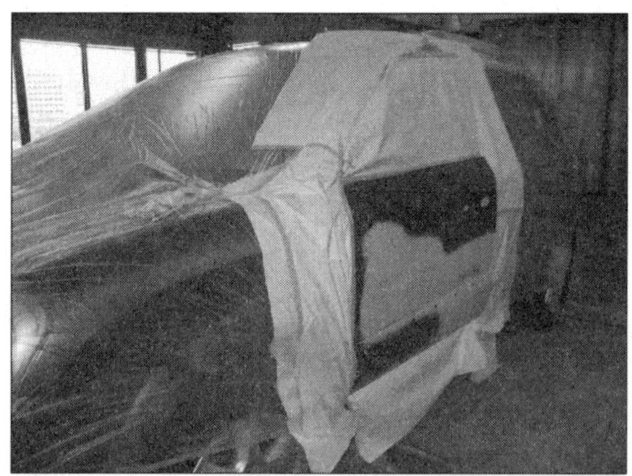
9. 상도 마스킹(Front Door)하기

7. 상도도장을 한다

프라이머 서페이서 도장작업과 상도도장을 위한 마스킹작업이 모두 완료되면 상도도장을 해야 한다. 상도도장을 하기 위해서는 실차에 곧바로 진행하는 경우와 실차의 색상과 도료의 색상을 일치시키는 작업인 조색작업을 해야 하는 경우가 있다. 일반적으로 조색작업은 대부분의 도장작업에서 필수적인 작업이지만 도장현장에서는 조색작업이 그다지 많이 이루어지고 있지는 않은 현실이다. 이유는 많겠지만 외국의 선진국에서의 도장현장에서의 조색작업의 빈도에 비하면 우리의 현장은 빨리 빨리의 작업형태와 작업환경의 열악함과 작업자들 간의 작업에 대한 개념과 그 기술력의 차이가 크고 브랜드와 브랜드 간 기술차이 및 작업방법의 차이 등도 차이가 있으며 같은 작업장 내에서의 기술자들 간의 기술력 차이가 크기 때문에 천차만별이라 할 수 있다.

따라서 현장의 도장경력은 많음에도 불구하고 조색에 대한 기술력이나 경험은 도장경력에 비하면 턱없이 부족하거나 미흡한 것이 현실이다. 즉, 조색의 필요성을 느끼는 작업자나 조색능력을 가지고 있는 작업자만이 조색을 하고 있는 실정인 것이다.

그래서 조색을 기피하는 현상이 나타나고 이로 말미암아 10명이 있어도 한 사람 또는 두 사람 정도가 조색을 한다고 보면 될 것이다. 이런 이유로 조색기술에 대한 기술력 편차가 크다고 볼 수 있다.

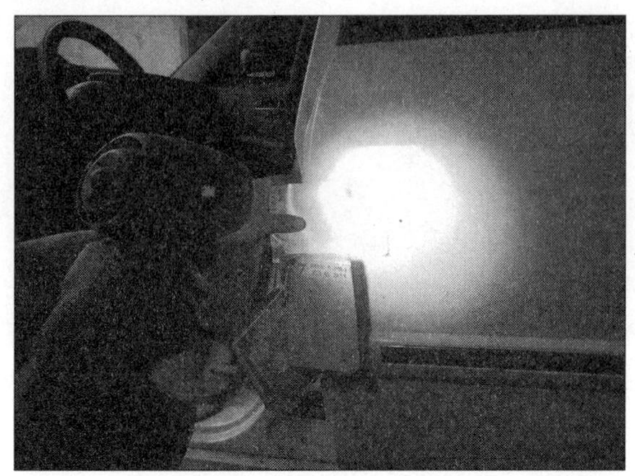

1. 상도도장을 위해 조색시편과 실차 패널과의 색상을 서로 비교하여 적합한 색상시편을 선택하는 장면

여기서 중요한 것은 도료는 완제품이 아니라 반제품이라는 것을 명심하는 것이야말로 조색은 반드시 해야 하고 조색과 도장기술이 합쳐졌을 때 비로소 좋은 품질을 만들 수 있다는 것을 인식할 때 도막결함의 발생률 또한 줄어들 것이라 생각한다.

현장에서의 조색작업이 왜 크게 이루어지고 있지 않은지에 대해서는 앞서 설명한 것에 첨언해보면 도료메이커에서의 도료 공급시스템도 일조를 하고 있다는 생각을 해본다.

일반적으로 도료는 색상코드 및 색상명에 맞도록 도료를 만들어 현장에서 곧바로 그 색상을 사용할 수 있도록 한 도료를 말하고 일명, 팩&팩(F/P)도료, RM(Ready Mixed)도료라고도 일컫는다.

2. 상도도장에 사용되는 도료로 도료메이커에서 조색을 완료해서 공급하는 RM(Ready Mixed) 사전 조색도료

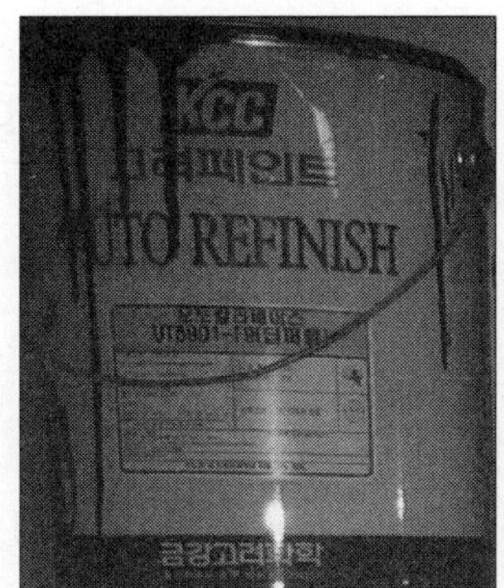

3. 색상코드 : F9
색상명 : 딥퍼플

4. 색상코드 : Y5
색상명 : 실리크실버

5. 색상코드 : VG
색상명 : 모디스트그레이

6. 색상코드 : G6
색상명 : 차밍그레이

7. 색상코드 : MO
색상명 : 화이트펄

8. 색상코드 : WO
색상명 : 라일락블루

9. 색상코드 : 9F
색상명 : 스톤블랙

10. 베이스코트를 사용하는 모습

그림 3~8은 RM(사전조색도료)도료로 도료메이커에서 색상코드별, 색상명별, 실차에 적용된 도료에 맞도록 조색을 완료해서 1L 또는 4L 단위로 포장하여 도료대리점 및 영업점으로 공급하는 도료를 말한다.

이 도료는 상도 도료 중에서도 베이스코트(Base Coat, 색상 도료)로 1액형 도료가 주를 이루며 이 원액도료에 신너(희석제)를 희석하여 곧바로 사용할 수 있다는 장점을 가지고 있는 도료이다. 하지만, 이 도료가 실차에 적용하기까지는 조색(Color Matching)과정을 거친 다음 실차 색상과 도료와의 색상차이가 현저히 적다고 판단할 때 비로소 실차 패널에 도장을 해야 하는 것이다. 그런데 대부분 이 도료를 사용하여 조색하지 않고 실차에 적용했을 때에는 실차와의 색상차이가 발생하여 재작업을 해야 하는 경우가 발생하고 있다.

이런 도료에 반해 또 다른 도료 공급 방식은 현장에서 어떤 색상코드 및 색상명에 맞는 배합비(Formula)대로 혼합하고 사용할 양을 정해서 배합 및 사용할 수 있는 도료를 말한다. 이런 도료를 현장조색도료 또는 M&M(Mix & Match)도료라고도 한다.

11. 믹싱조색기(Glasurit)

12. 믹싱조색기(KCC)

13. 믹싱조색기(Dupont)

14. 믹싱조색기(NOROO)

우리나라의 국내 유수 도료 메이커 및 수입자동차에 적용되는 도료 메이커별로 다양한 현장조색시스템이 적용 중에 있으나 조색이 되어져 나온 도료와 현장에서 조색해서 사용하는 도료의 그 비중을 보면, 우리나라의 경우에는 15%에도 못 미치고 있다는 것이 현장에서 기술지도를 하고 영업 및 판매를 하고 있는 도료관계자들의 이야기이다.

다시 말해, 현장에서 배합비를 책을 통해 보거나 인터넷을 통해 검색하여 뽑아 사용하거나 하여 사용하고자 하는 도료의 양을 정하고 그 사용량에 맞는 배합비를 출력하여 배합비대로 조색제와 수지를 첨가하여 도료를 만들어 사용하기 직전에 조색시편지에 배합된 도료를 도장하여 보고 실차와 비교한 후 그 차이를 줄이는 조색작업을 한 다음 실차에 도장하는 작업의 비중이 높지 않다는 것을 의미한다.

우리나라 사람들의 공통된 국민성 때문인지 모르겠지만 작업의 속도가 빠르고 기능의 숙련도가 높음에 비해 기본적이고 원칙적인 부분을 무시하고 과정을 중요시하지 않고 결과 중심적으로 중요성을 높여가기 때문에 체계적이고도 시스템적으로 정착하지 못하는 이유가 되는 것 같다는 생각을 해본다.

앞서 과제(2과제 조색작업)에 설명한 것과 같이 조색작업에 대해서는 언급을 하였기 때문에 여기서는 조색작업에 대한 진행방법과 그 순서는 생략하기로 하겠다. 이어 상도도장작업으로 본격적인 작업을 진행하고자 한다.

1) 상도도료를 정확히 선택한다(베이스코트 타입과 우레탄 타입의 두 종류가 사용된다)

앞서 설명한 것과 같이 조색과정은 생략하기로 하고 상도도장을 하기 위한 전체적인 작업개요를 설명하면 다음과 같다. 우선,

- 사용하고자 하는 도료의 색상코드를 정확히 파악하고 선택한다.
- 사용할 도료의 양을 결정하고 혼합한다.
- 사용할 스프레이 건에 도료를 여과하여 담는다.
- 도장할 패널과 그 주변을 깨끗하게 탈지하고 닦는다.
- 패널에 묻은 미세먼지를 제거하기 위해 송진포(Tack Cloth)를 이용하여 제거한다.
- 스프레이 건에 담긴 도료를 이용하여 도장면에 도장한다.
- 도장 중간 중간에 용제나 신너가 공기중으로 증발할 수 있도록 여유시간을 충분히 적용한다.
- 그 도료의 착색력이 나올 때까지 충분히 도장횟수와 은폐정도를 확인하면서 도장한다.
- 베이스코트 색상에 따라 다소 차이가 있지만 평균적인 도장횟수는 3~4회 정도이다.
- 베이스코트 도장작업이 마무리되면 클리어코트(Clear Coat, 투명 도료)를 준비한다.
- 준비된 클리어코트 도료를 이용하여 도장한다.
- 클리어코트의 평균적인 도장횟수는 2~3회 정도이다.

- 도료메이커별, 클리어코트 종류별로 다소 차이는 있지만 대체적으로 보수도장에서 사용하는 일반적인 클리어코트 도장횟수는 2~3회로 보면 된다.

여기서 설명한 것과 같이 사용해야 할 상도 도료를 정확히 파악하고 선택하는 것이 매우 중요하다. 이것은 작업 전에 꼼꼼하게 작업차량에 대한 색상에 맞는 코드를 확인하고 또 확인해야 발생할 수 있는 오류를 사전에 예방할 수 있기 때문이다.

사용하고자 하는 실차에 적용된 도료를 파악하는 것이 우선이며 이 도료에 대한 색상코드와 색상명(색이름)을 알아야 하고 같은 차종에 적용된 같은 색상일지라도 차량연식에 따라 그 배합비가 다르며 RM도료로 공급되는 도료 역시 제조한 날짜나 차종연식에 맞도록 최대한 가까운 날짜의 것을 사용하는 것이 컬러이색을 예방할 수 있는 방법이라 할 수 있다.

2) 상도도료 우레탄 타입(주제와 경화제를 혼합하는 타입)을 혼합한다

상도도료에는 베이스코트(1액형, 화학반응이 일어나지 않는 타입의 도료)의 도료와 우레탄(주제와 경화제가 혼합하여 화학반응이 생기는 타입의 도료) 도료가 있다. 여기서는 우레탄 타입의 도료를 사용하여 간단히 설명하고자 한다.

현장에서 사용하고 있는 도료 중에서 특히 상도용 도료는 크게 두 종류로 나뉘어지는데 솔리드 색상(Solid Color)은 우레탄 도료 및 베이스도료를 모두 사용할 수 있도록 공급되며 메탈릭 색상(Metallic Color)이나 펄 색상(Pearl Color)의 경우에는 베이스타입의 도료만 공급이 되고 있다. 현장에서는 차종과 색상 그리고 그 차의 상태와 작업현장의 여건 등을 고려하여 베이스타입의 도료를 사용할지 아니면 우레탄 도료를 사용할지를 판단하여 도료를 사용하고 있다.

솔리드 색상인 경우, 특히, 화이트 및 블랙과 같이 사용빈도가 높은 색상은 간단하게 도장할 수 있는 타입인 우레탄 타입의 도료를 사용하는 것이 일반적이라 하겠다. 이것은 상도를 베이스와 투명 도료로 구분지어 도장하지 않고 한 번에 색상과 투명 도료를 혼합한 타입의 도료이므로 도장하는 시간과 재료 및 작업성이 좋아 현장에서 선호하고 있는 작업의 형태라 할 수 있다.

우선, 사용할 도료를 뚜껑을 열어 도료 혼합봉 또는 막대를 이용하여 도료캔 바닥에서 위쪽으로 긁어 올리듯 도료를 골고루 혼합하는 것이 중요하다. 도료를 사용직전에 골고루 혼합하지 않고 사용하는 작업자가 종종 있는데 이럴 경우에는 도료가 지니는 100%의 기능을 할 수가 없기 때문에 도막결함으로 이어지기도 한다.

따라서 처음 도료를 사용하기 위해 캔을 열었다면 페인트셰이커(도료 캔을 거치하여 골고루 혼합해주는 기기)에 걸어서 골고루 혼합하거나 뚜껑을 열어 도료 막대를 이용하여 바닥에서부터 위쪽으로 긁어 올리듯하여 도료를 충분히 저어주어 혼합해야 한다. 또 다른 방법으로는 골고루 혼합한 도료에 리드기를 장착하여 믹싱머신에 거치하여 믹싱기를 약 10분~15분 정도 작동시키면 골고루 도료가 혼합되고 또 이런 상태로 매일 믹싱기를 작동시킨다면 도료의 혼합상태가 양호하여 사용하는데 큰 도움이 될 것이다.

- 화이트계통의 색상(우레탄 도료)을 실차 패널(Rear Fender, 리어휀더)에 적용하는 방법은 다음과 같다.

1. 주제를 비닐컵에 적당량 담는다

2. 주제에 맞는 경화제를 적당량 투입한다

3. 주제와 경화제를 골고루 혼합한다

4. 혼합한 도료를 여과하여 스프레이 건에 담는다

3) 상도도료를 실차에 적용한다

우레탄 타입의 상도도료는 베이스와 투명을 따로 도장하지 않고 그 둘을 한 번에 도장할 수 있다는 큰 장점 때문에 거의 일반적인 솔리드 색상을 도장할 때 현장에서는 이러한 우레탄 타입의 도료 사용 빈도가 높은 편이다.

특히, 차령(연식)이 오래된 차이거나 소형차 또는 준중형차에 이러한 1C1B(1Coat 1Baking)타입의 도료 적용 빈도가 높으며 신차이거나 고급승용차인 경우에는 베이스와 투명타입의 2C1B(2Coat 1Baking) 타입의 도료를 적용하는 빈도가 높은 편이다.

서로 장단점은 있지만 현장에서 가장 중요하게 여기는 부분 중 하나가 바로 매출과 고객에 대한 출고일자를 정확히 맞추는 것이며 최저의 비용으로 최고의 효율을 올려야 하는 부분이므로 두 번 또는 세 번에 나뉘어 도장하는 것보다 한 번에 도장되는 타입을 선호하게 되는 것이다.

여기에 같은 색상끼리는 도장작업을 할 때에도 그룹을 지어 한 부스에 넣고 도장한 후 열처리 작업을 한 번에 하는 것도 이러한 이유에서이다.

1. 처음 도장은 가볍게 도장하여 얇은 막을 형성시킨다

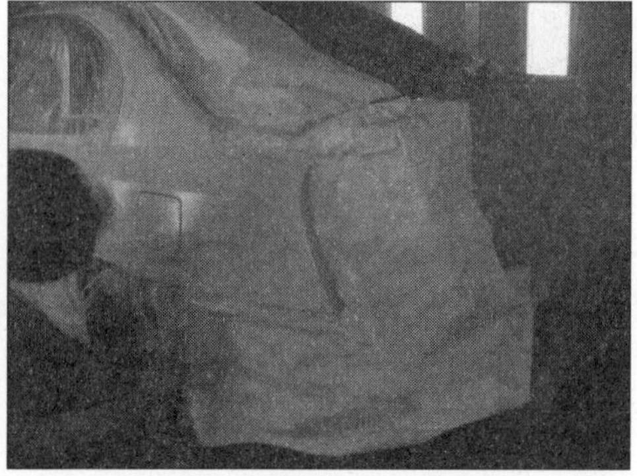

2. 가장자리를 우선 도장한다

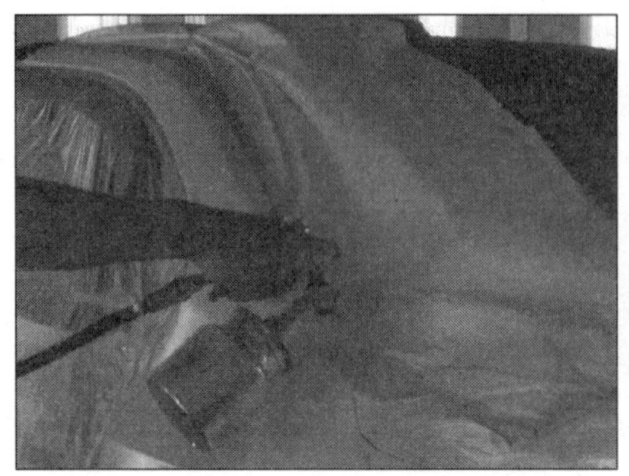
3. 상단부위를 도장하여 아래로 진행한다

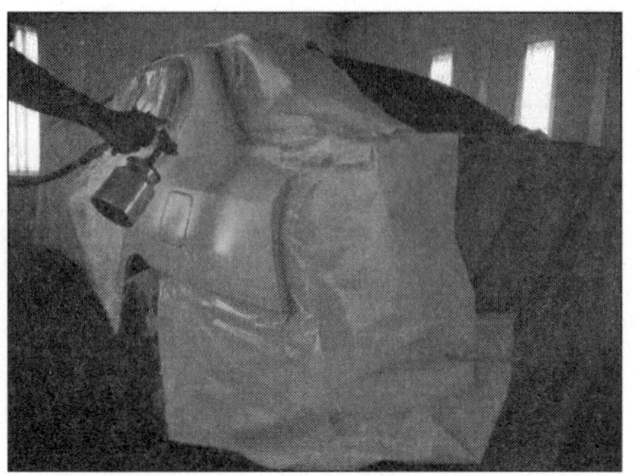
4. 본격적으로 두께를 올리며 도장한다

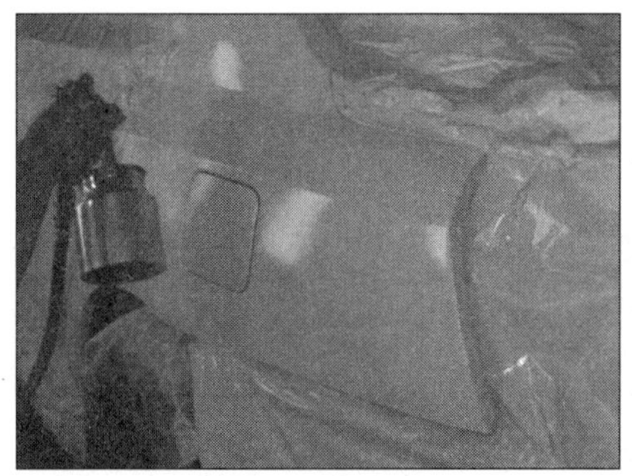
5. 균일한 도막을 만든다

6. 패널의 아랫부분을 먼저 마무리한다

그림 1, 2, 3, 4, 5, 6을 거치면서 솔리드 색상(화이트계통의 컬러)의 우레탄 도료를 도장하는데 무엇보다 중요한 부분은 한꺼번에 많은 양의 도료로 도장하지 않도록 하는 것이며 아울러, 그림 7에서와 같이 패널의 아랫부분, 즉 면적이 넓은 부분을 먼저 마무리하고 윗쪽 부분인 필러부분을 마무리해야 한다.

이때 필러 부분을 마무리하기 위해서는 부분도장 전용 신너를 사용해야 효과적이며 일반적인 우레탄 신너를 사용할 때에는 신너로 도료를 녹이는 것에 좀 더 집중하며 도장해야 좋은 마무리 외관과 가장자리를 만들어 낼 수 있을 것이다. 일반적으로 도장할 때, 위에서 아래로 도장하지만 이와 같이 마무리를 해야 할 부위가 아랫부분이 아니라 상단부위라고 하면 아랫부분의 도장을 먼저 해서 상단부위쪽으로 진행하여 마무리 부분, 즉 기존의 구도막과 보수도장한 도료와의 부분도장, 즉 블렌딩을 스무스하게 마무리하는 것이 더 효과적인 방법이라 할 수 있다.

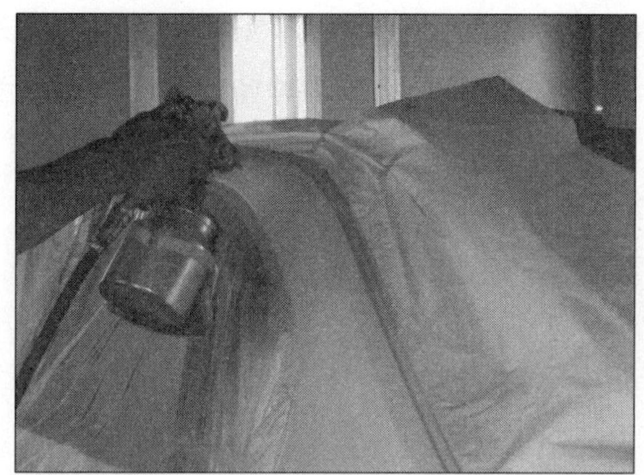

7. 필러쪽 부분을 블렌딩 신너를 사용하여 마무리한다

8. 플라스틱 범퍼에 도장하는모습

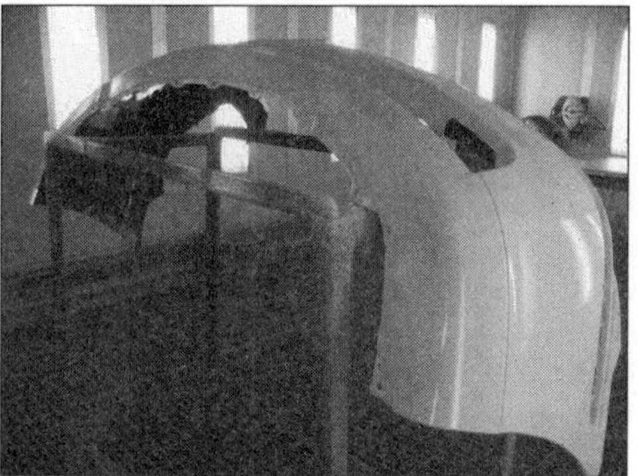

9. 플라스틱 범퍼도장이 완료된 모습

■ 우레탄 도료를 플라스틱 부품(앞, 뒤 범퍼)에 적용하는 방법은 다음과 같다

다음은 플라스틱 부품(범퍼, 그릴 등)을 우레탄 도료로 도장하는 방법을 보여주는 것으로 자동차의 철판으로 된 패널(파트)과 달리 플라스틱으로 된 부품은 도장하는 공정이 다소 차이가 있다.

철판은 부식(녹)으로부터 자유로울 수 없기 때문에 철판에 대한 녹방지 기능을 첨가하여 철판이 녹슬지 않고 오랫동안 내구성을 유지할 수 있도록 철판에 대한 내식성과 내부식성을 증가시키기 위해 신차공정에서는 도장을 하기 전에 전처리 공정을 거치며 보수도장에 설비와 공정을 거치게 되어 있다.

보수도장에서의 플라스틱 부품 도장작업 방법은 어떠한지 그림을 통해 알아보면 다음과 같다.

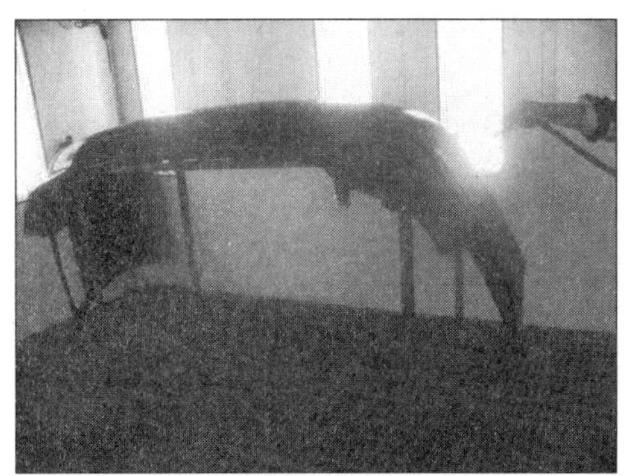

1. 범퍼를 에어블로잉으로 먼지를 제거한다

2. 그릴 등에 플라스틱 전용 프라이머를 도장한다

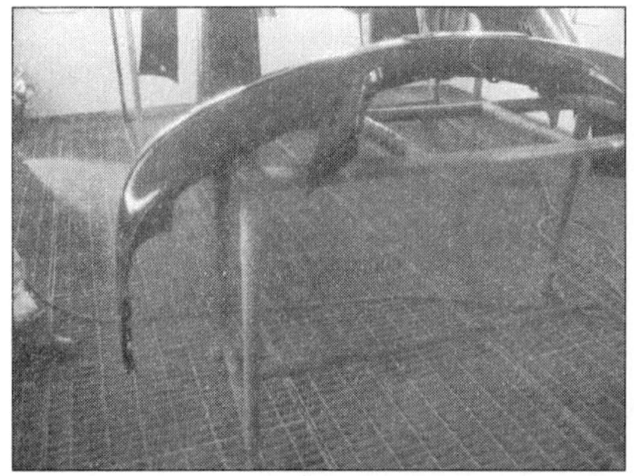

3. 범퍼에 플라스틱 전용 프라이머를 도장한다(KCC 제품 RP2840 SILVER)

4. 도료를 혼합한다(RM 도료-우레탄)

5. 도료를 건에 담는다(RM 도료-우레탄)

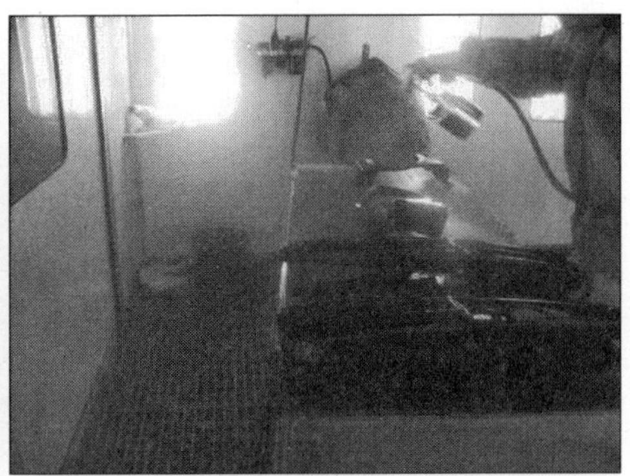

6. 그릴과 그 부품을 도장한다

7. 범퍼를 도장한다-1

8. 범퍼를 도장한다-2

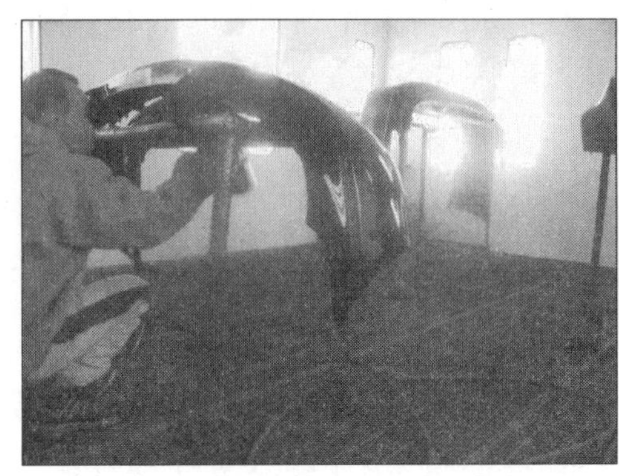

9. 범퍼 안쪽도 도장한다

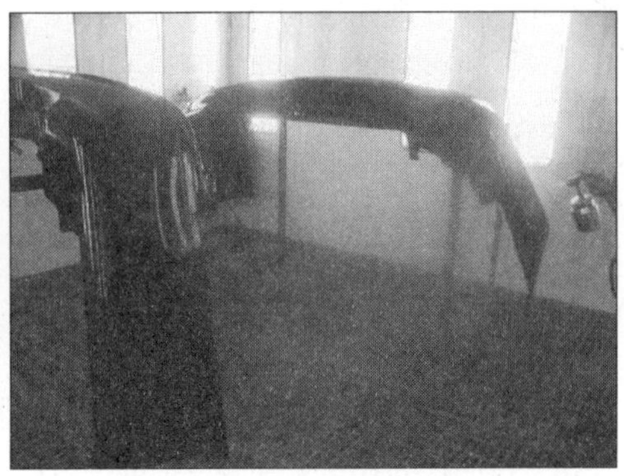

10. 범퍼도장을 마무리한다

11. 범퍼 및 그릴과 같은 플라스틱 부품도장을 마무리하고 열처리를 위해 자연상태로 방치하고 있는 모습

일반적인 자동차의 철판에 도장하는 것과는 달리 플라스틱 부품에 도장하는 경우에는 철판에 적용하지 않는 플라스틱 전용 프라이머를 도장하는 것이 큰 차이라 할 수 있다.

플라스틱은 철판 소재에 비해 도료의 부착력에서 크게 좋지 않기 때문에 플라스틱과 도료와의 부착력을 증진시키기 위해 플라스틱 전용 프라이머를 도장하는 것이다. 즉, 극과 극을 서로 변환시켜주어 도료가 부착이 생기게 하는 원리라 할 수 있다.

여기서 잠시 오류를 범할 수 있는 부분은 플라스틱 부품이 새것이거나 보수도장을 위해 연마작업 도중에 칠이 벗겨져 플라스틱 부분이 드러난 경우에 적용한다는 것이다.

즉, 신차도막이거나 보수도장한 도막이거나 도막이 벗겨지지 않고 그대로라면 플라스틱 프라이머를 도장할 필요는 없다는 뜻이기도 하다. 다만, 작업중에 플라스틱 소재가 드러났다면 반드시 프라이머를 도장하는 것이 효과적일 것이다.

플라스틱 프라이머를 도장하지 않는다하여 모든 도막이 홀러덩 벗겨지지는 않겠지만 시간이 경과할수록 충격 또는 진동 등에 의한 것으로부터 도막이 벗겨질 우려가 크다고 볼 수 있을 것이다. 따라서 그림 1 에서 범퍼에 대한 탈지작업을 하여 표면에 묻은 오물이나 이물질을 깨끗하게 제거하는 동시에 작은 기스나 흠집이 있는지 확인하여 만약 있다면 깨끗하게 제거해야 한다. 그리고 나서 그림 2, 3 에서와 같이 새 플라스틱 부품인 경우에는 플라스틱 전용 프라이머를 도장하여야 한다.

그림 2, 3과 같이 플라스틱용 프라이머를 도장할 때에는 너무 두껍게 도장하거나 흘러내릴 정도로 과도한 도장은 피해야 하며 가볍게 날려 도장한다는 느낌으로 도장하는 편이 바람직하며 두 번 또는 세 번 도장하지 않도록 하며 단 한번의 도장으로 마무리하는 것이 부착력이나 흐름의 문제를 해결할 수 있다.

신차도장공정에서는 하도(Primer), 중도(Surfacer) 및 상도(Top coat)가 잘 구분되어 있지만 보수도장 특히, 플라스틱 부품도장에서는 철판에 도장하는 중도를 도장하지 않는다는 것이 큰 특징중 하나이다. 다시 말해, 프라이머를 도장한 후 곧바로 상도 베이스(색상 도료) 또는 클리어(투명 도료)를 도장하거나 솔리드 색상의 경우, 우레탄으로 상도도장을 한다는 뜻이다. 그러기에 플라스틱 부품 도장이 패널(파트)도장에 비해 다소 간편하다는 느낌은 있다.

12. 솔리드 색상(Yellow계통)을 전체도장한 모습

■ 실버계통의 색상(베이스타입 도료)을 도장하는 방법은 다음과 같다(실차 패널, 플라스틱 부품 등)

이번에는 플라스틱 부품이 아닌 철판으로 된 패널(파트)의 블록도장에 대해 우레탄 도료가 아닌 2C1B(베이스코트+클리어코트)로 된 도장 시스템을 이용하여 도장하는 방법에 대해 살펴보기로 하겠다. 솔리드 색상의 베이스타입의 도료를 비롯한 메탈릭 색상과 펄 색상을 도장할 때 적용하는 도장시스템으로 색상 도료를 먼저 도장하여 원하는 색상을 도장한 다음 그 위에 보호막으로 투명 도료인 클리어코트를 도장하는 시스템을 말한다.

이는 앞서 설명한 1C1B타입의 우레탄 타입 도료에 비해 투명도 및 외관의 광택 및 선영성이 뛰어나 고급 승용차에 주로 사용하고 있는 도료타입이라 할 수 있다. 대부분이 그런 것은 아니겠지만 주로 우레탄 타입 도료는 연식이 오래된 차나 가격이 싼 차인 경우, 솔리드 색상의 경우에 적용하는 빈도가 높다고 볼 수 있다.

1. 메탈릭 베이스 도료를 준비한다

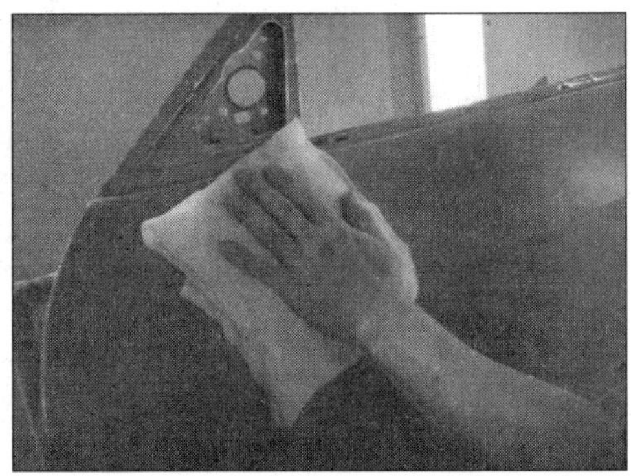

2. 실차 패널 도장을 위해 미세먼지를 제거한다

3. 실차 패널 도장을 위해 탈지한다

4. 실차 패널(쿼터) 메탈릭 베이스를 도장한다

5. 실차 패널(뒷도어) 메탈릭 베이스를 도장한다

6. 플라스틱 부품(범퍼 1) 메탈릭 베이스를 도장한다

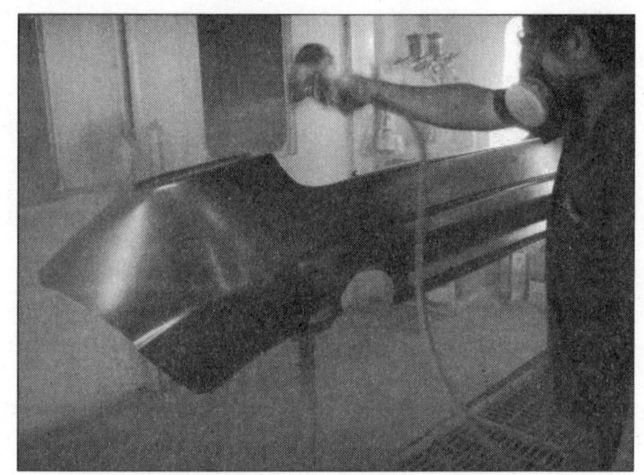
7. 플라스틱 부품(범퍼 2) 메탈릭 베이스를 도장한다

그림 1과 같이 우선, 사용할 만큼의 도료를 준비하여 그림 2와 같이 적정신너(도료메이커에서 제공하는 사양을 참고하되 현장의 다양성을 고려할 때 작업자의 기술적인 판단에 맡기는 것이 바람직 함)를 혼합하여 도료의 점도를 조절한 뒤 도장할 실차 패널에 묻은 미세먼지를 제거하기 위해 송진포를 이용하여 깨끗하게 제거한다. 그리고 나서 그림 3, 4, 5에서처럼 베이스 도료를 이용하여 도막이 은폐될 때까지 보통 3~4회 도장한다.

1회와 2회 도장 간에는 용제가 공기중으로 증발할 수 있도록 여유시간을 주어야 하며 2회와 3회 및 3회와 4회 도장 간에도 마찬가지로 플래쉬 오프타임을 적용하여 젖은 상태에서 도장하지 않고 도막이 매끈하게 건조된 상태에서 도장하는 것이 좋은 외관을 얻을 수 있다.

앞서 설명한 것처럼 칠(페인트, 도료)이 직접 닿는 부분은 마스킹 전용종이를 사용하여 칠이 도막에 스며들지 않도록 해야 하고 그 외의 부분에는 칠이 직접 닿지 않고 간접적으로 닿기 때문에 그곳에는 비닐로 된 마스킹을 이용하여 마스킹한 것을 볼 수 있다.

그림 6, 7은 다른 그림 2, 3, 4, 5와 달리 플라스틱 부품인 범퍼를 도장하기 때문에 플라스틱 소재는 탈지 후 부착력을 향상시키기 위해 플라스틱 전용 프라이머를 도장하는 것이 철판 패널에 도장하는 것과의 차이점이라 할 수 있으며 특히, 보수도장에서는 플라스틱 부품을 따로 도장할 때에는 플라스틱 소재가 지니고 있는 유연성을 부여해주기 위해 유연제를 10% 이내로 첨가해 주면 좋다. 이렇게 해야 접촉사고로 인해 충격을 받을 때 도료가 깨지지 않고 견질 수 있게 되는 것이다.

날씨가 추워 기온이 떨어진 날에 충격을 받을 경우 도막이 깨지는 현상이 발생하므로 플라스틱 소재를 도장할 때에는 유연제(Flexible agent)를 첨가해 주도록 한다.

나머지는 앞서 그림 3, 4, 5에서 설명한 것과 같이 도장 간 여유시간을 충분히 적용하면서 도료가 지닌 착색력(어떤 색상이 그 색상으로 보이게 하는 능력 또는 그 정도를 말함)이 나오도록 충분히 은폐시키면서 도장하면 된다.

8. 투명 도료를 준비한다

9. 투명 도료 주제를 투입한다

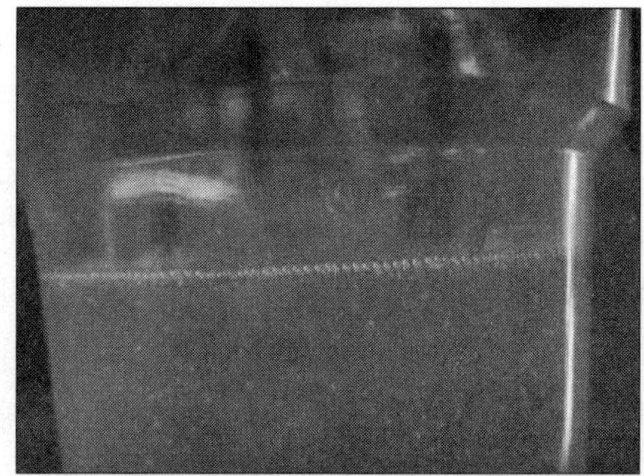

10. 투명 도료 경화제를 투입한다

11. 혼합한 투명 도료를 건에 담는다

12. 투명 도료를 2~3회 도장한다(뒷도어)

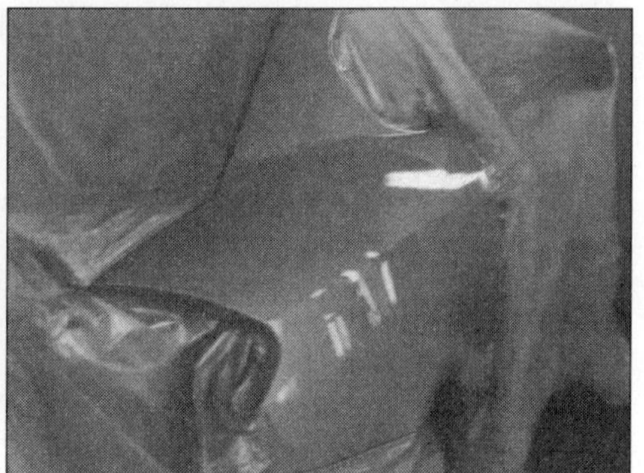

13. 투명 도료를2~3회 도장한다(쿼터)

14. 투명 도료를 2~3회 도장한다(범퍼)

여기서 중요한 점은, 그림 12, 13, 14와 같이 투명 도료인 클리어코트를 도장할 때에는 색상 도료인 베이스를 도장하고 충분히 건조(약 10~15분 정도)시킨 후에 적용하는 것이 좋은 외관을 만드는 방법이라 할 수 있다.

특히, 투명 도료인 클리어(Clear Coat)를 도장할 때에는 처음 도장할 때가 매우 중요한데 그 이유는 베이스코트 도막이 완전하게 건조되지 않은 상태이거나 부분적으로 건조가 미흡한 상태에서 베이스도막과 맞닿는 클리어를 두껍게 도장하는 것은 얼굴이나 흐름을 초래하는 원인이 될 수 있기 때문에 처음 도장할 때, 클리어의 양을 최대한 적게 하여 베이스 도막에 무화된 상태의 클리어 입자가 묻어 베이스 도막과 클리어 도막이 서로 문제(트러블)가 생기지 않도록 하는 것이 무엇보다 중요하다.

처음은 가볍게 도료의 양을 최대한 줄이거나 스프레이 건의 운행속도를 상대적으로 표준의 속도에 비해 다소 빠르게 움직여 도료입자가 작고 미세한 상태로 베이스 도막위에 얹어질 수 있도록 하는 것이 관건이며 이렇게 도장하고서 곧바로 가장자리 부분을 도장하면 된다. 도어를 도장한다고 볼 때, 위, 왼쪽과 오른쪽 그리고 아래 부분을 순서대로 도장하면 된다. 넓은 면적은 도료의 양이 매우 적게 묻어 있기에 가장자리를 도장하고 나서 바로 넓은 부분에 본격적인 도장을 하면 되는 것이다.

즉, 표준도장시 도포하는 정도로 도막을 본격적으로 올린다는 느낌으로 촉촉하게 젖어 광택이 나면서 중간중간에 오렌지필(Orange Peel, 오렌지 표면 껍질의 형상과 같은 도막결함을 말함)현상이 발생하지 않도록 매끈하게 도장하는 것이 관건이다.

본격적인 도막이 올라가고 나면 도막 내부에 있는 용제나 신너 성분들이 공기중으로 빠져 나올 수 있도록 자연상태에서 방치하는 여유시간인 플래쉬 오프타임(Flash Off Time, 도막내부에 용제성분이 공기중으로 증발할 수 있도록 방치하는 시간)을 적용해야 한다.

플래쉬 오프타임은 도막이 어느 정도 두꺼우냐, 스프레이 부스 내부의 풍속이나 작업조건 등에 따라 차이가 있지만 도막두께를 15~20μm 정도라고 가정해 본다면 대략 5~7분 정도면 적당하다고 볼 수 있다. 도막이 조금 더 두껍다면 7~10분 정도로 좀 더 기다려야 할 것이다. 작업시간을 단축하기 위해서 투명도장을 두 번 또는 세 번에 걸쳐 도장하지 않고 한 번에 도장하고 마무리하는 작업자가 간혹 있는데 즉, 플래쉬 오프타임을 적용하지 않고 곧바로 도장하는 것으로 처음에는 별 차이가 없어 보일지 모르지만 이럴 경우에는 시간 경과에 따라 도막내부에 있던 용제성분들이 증발하면서 점차적으로 도막의 두께가 얇아지게 되어 주변의 기존 구도막 그 중에서도 신차도막두께에 비해 현저히 도막두께가 상대적으로 얇다는 것을 느끼게 될 것이다.

따라서 도장 간 여유시간인 플래쉬 오프타임을 충분히 적용하는 것이 무엇보다 중요하며 도막결함을 예방하는 동시에 도장품질을 향상시키는 지름길이라 할 수 있을 것이다. 자, 이렇게 하여 충분히 두 번째 도장을 하고 플래쉬 오프타임을 적용하고서 마지막으로 마무리하기 위해 도장하는 방법은 두 번째 도장한 것과 거의 유사하게 도막을 충분히 올린다는 생각으로 도장하면 된다.

두 번째 도장까지 어느 정도 도막이 형성되어 있고 또한 마무리도장으로 외관을 좀 더 균일하고도 일정한 면을 확보하기 위함이기 때문에 흐름 걱정은 하지 않아도 될 것이다.

스프레이 패턴을 일정하게 겹쳐, 일정한 스프레이 운행속도로 도장한다면 흐름현상이나 얼룩, 오렌지 필 현상까지도 예방할 수 있을 것이다.

8. 열처리 및 마무리한다

상도도장이 모두 완료되었다면 곧바로 열을 올리지 말고 열을 올리기 전에 도막 내부에 있는 용제성분이 공기중으로 빠져나올 수 있도록 그 상태로 방치해 두어야 하는데 이런 시간을 열처리하기 전에 적용한다 하여 세팅타임(Setting Time)이라 한다.

도장 간 여유시간인 플래쉬 오프타임과는 구별해야 하며 플래쉬 오프타임의 경우에는 도장하는 과정에서 적용하는 시간을 말하며 세팅타임은 도장작업이 완료되고서 열처리를 하기 전에 적용하는 시간으로 보면 된다. 보수도장에서의 표준열처리는 도료의 종류에 따라 다소 차이가 있지만 보편적으로는 60℃×30min 또는 80℃×20min이 적용되고 있다.

보수도장에서는 신차도장공정과 달리 내(외)장재로 적용된 플라스틱 제품들이 많이 사용되어 장착된 상태이기 때문에 열을 80℃ 이상 올리거나 그 시간이 오래 지속될 경우에는 플라스틱이 변형될 가능성이 매우 높기 때문에 열변형온도 이상으로 올리지 못하게 되어 있으며 위 온도를 보수도장에서의 표준열처리 온도로 사용하고 있다. 일반적으로 현장에서는 스프레이 부스 온도 세팅을 70℃로 해 두고 사용하고 있는 것이 현실이다.

1. 클리어 도장 직후 세팅타임을 적용한 후 열처리하는 모습(2C1B타입의 도료 적용-메탈릭 색상)

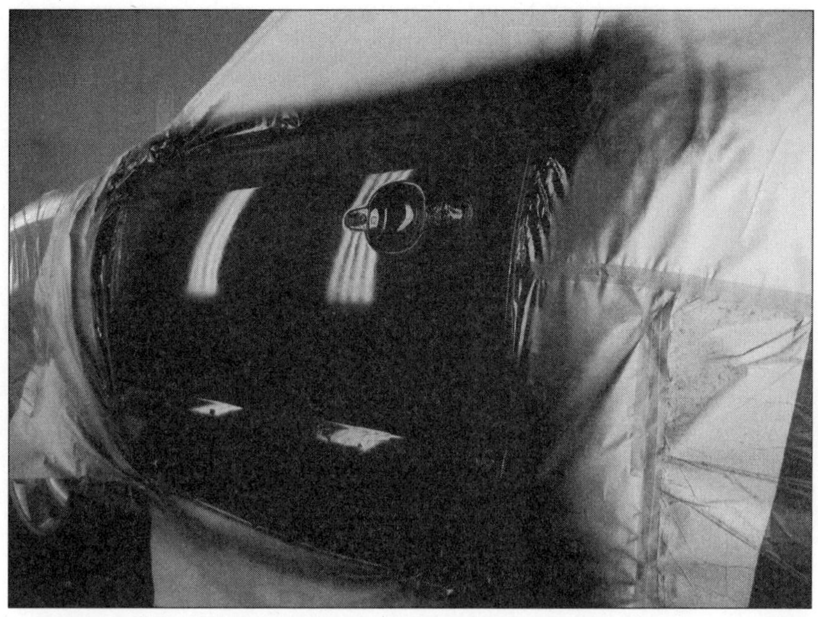

2. 우레탄 타입의 도료를 적용한 후 열처리하는 모습(실차 패널-솔리드 색상)

3. 플라스틱 부품을 우레탄 도료로 도장한 후 열처리하는 모습(솔리드 색상)

4. 우레탄 타입의 도료를 도장한 후 열처리하는 모습(실차 패널 및 플라스틱 부품-솔리드 색상)

5. 우레탄 타입의 도료를 도장한 후 열처리하는 모습(전체도장-솔리드 색상)

6. 우레탄 타입의 도료를 도장한 후 열처리하는 모습(전체도장-솔리드 색상)

그림 1은 2C1B타입의 도료이면서 메탈릭 색상을 도장한 것으로 작업부위는 실차의 쿼터패널이다. 베이스와 클리어를 따로 도장하는 타입으로 고급승용차에 주로 사용되고 있는 도장시스템으로 보면 된다.

그리고 그림 2의 경우는 1C1B 타입의 도료이며 우레탄 도료를 적용한 후 열처리하는 모습의 사진이며 그림 3은 1C1B 타입의 도료이며 플라스틱 부품(그릴, 앞, 뒤 범퍼)을 도장한 후 열처리하는 모습의 사진이다. 그리고 그림 4의 경우는 1C1B 타입의 도료이며 화이트 계통의 솔리드 색상을 도장한 후 열처리하는 모습이며 그림 5에 적용된 도료는 1C1B 타입의 도료이며 우레탄 타입의 도료를 적용한 후 열처리하는 모습이다. 그리고 끝으로 그림 6에는 1C1B 타입의 도료가 적용되었고 우레탄 도료가 적용되어 열처리하는 모습을 나타내었다.

표준열처리 온도에 맞도록 도장물을 열처리하고 나면 실차도장인 경우에는 도료가 묻으면 안되는 곳과 도장해야 할 곳을 경계하는 부위에 마스킹한 테이프를 제거해야 한다. 열처리를 하기 전, 도장 직후에 떼어내어야 한다는 작업자도 있고 열처리를 하고 난 직후에 온도가 높은 상태에서 패널이 식기 전에 떼어내어야 한다는 작업자도 있다.

어느 것이 더 효과적이냐는 작업자마다 느끼는 또 행하는 습관적인 부분이 있어

뭐라 얘기하기가 어렵지만 열처리가 끝나고 패널이 모두 식은 다음 테이프를 제거하는 것은 금물이라는 것만 알고 있으면 될 것 같다. 도장 직후에 경계테이프를 제거할 경우에는 위험성이 크다는 점이 있으나 제거하고 난 후의 경계부분의 품질은 매우 좋게 나온다는 것이다.

이렇듯, PART Ⅲ에서 다룬 자동차 보수도장공정을 참고하여 실전에 많은 도움이 되길 바라며 무엇보다 어떻게 하면 결함을 발생시키지 않고 좋은 도장품질을 만들까하는 생각을 가지는 것이야말로 계속 발전하는 작업자가 될 수 있을 것이다.

자동차 보수도장 실무

지 은 이	유창배
펴 낸 이	김형근
펴 낸 곳	도서출판 기한재
주 소	경기도 파주시 회동길 56 (파주출판도시)
전 화	031)955-0900~2
팩 스	031)955-0100
등 록	1990년 3월 15일 제2-968호
발 행	2017년 9월 20일 1판 3쇄
정 가	18,000원

Published by Kihanjae Co.

ISBN 978-89-7018-704-4

http://www.kihanjae.com

E-mail : kihanjae@hanmail.net